生物化学与分子生物学实验教程

SHENGWU HUAXUE YU FENZI SHENGWUXUE SHIYAN JIAOCHENG

主　编　侯新东

副主编　葛台明　鲁小璐　彭兆丰

编　委（按姓氏笔画排序）

　　　　李继红　侯新东　葛台明

　　　　彭兆丰　鲁小璐

中国地质大学出版社
ZHONGGUO DIZHI DAXUE CHUBANSHE

内容提要

本书由三部分内容组成。第一部分为生物化学与分子生物学实验基本知识,共三章,包括实验室规则及安全防护、实验基本操作及常用仪器、实验的基本要求。第二部分为生物化学和分子生物学实验原理与技术,共八章,分别对离心技术、分光光度技术、层析技术、膜分离技术、电泳技术、分子克隆技术、聚合酶链式反应(PCR)和核酸分子杂交进行了较为详实的介绍。第三部分为生物化学与分子生物学实验,共三章,分别为生物化学实验,包括26个实验;分子生物学实验,包括10个实验;设计性实验,包括7个实验。本书在阐明各类实验原理与方法的同时,注重实验的具体操作和合理安排,有助于读者熟悉基本实验技能,提高实践动手能力。

本书可供生物科学、生物技术等生命科学类的本科生和研究生使用,同时也可作为相关专业的教学、科研和技术人员参考。

图书在版编目(CIP)数据

生物化学与分子生物学实验教程/侯新东主编. ―武汉:中国地质大学出版社,2016.12
ISBN 978-7-5625-3996-4

Ⅰ.①生…
Ⅱ.①侯…
Ⅲ.①生物化学-实验-高等学校-教材②分子生物学-实验-高等学校-教材
Ⅳ.①Q5-33②Q7-33

中国版本图书馆 CIP 数据核字(2016)第 308280 号

生物化学与分子生物学实验教程	侯新东 主 编 葛台明 鲁小璐 彭兆丰 副主编

责任编辑:张燕霞 张琰	责任校对:代 莹

出版发行:中国地质大学出版社(武汉市洪山区鲁磨路388号)	邮政编码:430074
电　　话:(027)67883511　　传真:67883580	E-mail:cbb@cug.edu.cn
经　　销:全国新华书店	http://www.cugp.cug.edu.cn
开本:787mm×1092mm　1/16	字数:372千字　印张:14.5
版次:2016年12月第1版	印次:2016年12月第1次印刷
印刷:武汉市籍缘印刷厂	印数:1—1500册
ISBN 978-7-5625-3996-4	定价:35.00元

如有印装质量问题请与印刷厂联系调换

前言

20世纪,生命科学取得了快速的发展,进入21世纪,随着人类基因组计划的完成,生命科学将会有更大的突破,也将会对人类社会和经济的发展做出更大的贡献。生物化学与分子生物学是一门实验性学科,其涵盖的各种研究技术与方法是这门学科创立并发展的基础,已成为生物学、医学等专业必修的实验课程。近年来,生物化学与分子生物学技术日益更新,新技术、新方法不断涌现,并对其他生物相关学科的发展起着关键性的作用。

根据实验教学的需要,中国地质大学(武汉)环境学院生物系在自编《生物化学实验指导书》和《分子生物学实验讲义》的基础上,结合新的教学改革理念与技术方法,进行内容整合、补充和修改后,完成了《生物化学与分子生物学实验教程》的编写。本书涵盖了生物化学与分子生物学的基本实验方法和技术,是学习生物化学与分子生物学实验技术的一本实用教材。全书内容分为3个部分。第一部分是实验基础知识,可以让学生预先了解实验室基本操作方法与规则要求。第二部分是生物化学与分子生物学实验常用技术和原理,为学生后续实验操作奠定基础。第三部分是具体的生物化学与分子生物学实验,可以促进学生实验操作技能的锻炼,培养他们的科研思维以及分析问题、解决问题的能力。

本教材前言、第二章、第三章、第四章、第七章、第八章、第十二章实验一、实验二、实验四~实验七、实验九~实验二十二、实验二十四~实验二十六、第十三章实验二十七、实验二十八、实验三十三、实验三十六、第十四章、附录A由侯新东编写;第一章由李继红编写;第五章、第六章、第十二章实验三、实验八、实验二十三由彭兆丰编写;第十章、第十三章实验二十九~实验三十二由葛台明编写;第九章由侯新东、葛台明编写;第十一章、第十三章实验三十四、实验三十五由鲁小璐编写;最后由侯新东负责统稿。

为完成这本教材,全体参编老师付出了辛勤的劳动。在本教材编写过程中顾延生教授等多位老师提出了宝贵的意见和建议,同时也得到了学校教务处、学院的领导、生物系同事们的支持和帮助,在此表示衷心的感谢!本教材出版得到了中国地质大学(武汉)"生物科学专业综合改革试点"项目的资助,特此感谢!

由于编者水平有限,时间仓促,教材中难免出现不周全以及不妥之处,殷切希望广大读者提出宝贵意见和建设性建议,以便再版时进一步修正完善。

编 者
2016 年 10 月于南望山下

目录

第一篇 生物化学与分子生物学实验基本知识

第一章 实验室规则及安全防护 ………………………………………………… (3)

第二章 实验基本操作及常用仪器 ………………………………………………… (7)

第三章 实验的基本要求 ………………………………………………… (20)

第二篇 生物化学与分子生物学实验原理及技术

第四章 离心技术 ………………………………………………… (29)

第五章 分光光度技术 ………………………………………………… (34)

第六章 层析技术 ………………………………………………… (37)

第七章 膜分离技术 ………………………………………………… (49)

第八章 电泳技术 ………………………………………………… (52)

第九章 分子克隆技术 ………………………………………………… (58)

第十章 聚合酶链式反应(PCR) ………………………………………………… (69)

第十一章 核酸分子杂交 ………………………………………………… (79)

第三篇 生物化学与分子生物学实验

第十二章 生物化学实验 ………………………………………………… (89)

　实验一 氨基酸的分离与鉴定 ………………………………………………… (89)

　实验二 氨基酸和蛋白质的呈色反应 ………………………………………………… (92)

　实验三 紫外光吸收法测定蛋白质含量 ………………………………………………… (96)

实验四　蛋白质的沉淀和等电点的测定 …………………………………………… (98)
实验五　牛乳中蛋白质的提取与鉴定 ……………………………………………… (102)
实验六　聚丙烯酰胺凝胶电泳分离蛋白质 ………………………………………… (104)
实验七　醋酸纤维素薄膜电泳分离血清蛋白质 …………………………………… (107)
实验八　血红蛋白的凝胶过滤 ……………………………………………………… (109)
实验九　SDS-聚丙烯酰胺凝胶电泳测定蛋白质的相对分子质量 ……………… (111)
实验十　影响酶活性的因素 ………………………………………………………… (115)
实验十一　胰蛋白酶米氏常数的测定 ……………………………………………… (120)
实验十二　聚丙烯酰胺凝胶分离过氧化物同工酶 ………………………………… (122)
实验十三　凝胶层析法分离纯化脲酶 ……………………………………………… (125)
实验十四　亲和层析法从鸡蛋清中分离溶菌酶 …………………………………… (128)
实验十五　水果或蔬菜中抗坏血酸的测定(2,6-二氯酚靛酚法) ………………… (132)
实验十六　碱性 SDS 法提取大肠杆菌质粒 ……………………………………… (134)
实验十七　植物 DNA 的提取与测定 ……………………………………………… (137)
实验十八　植物总 RNA 的提取与分析 …………………………………………… (139)
实验十九　酵母核糖核酸的分离及组分鉴定 ……………………………………… (142)
实验二十　动物肝脏 DNA 的提取 ………………………………………………… (145)
实验二十一　动物肝脏 RNA 的制备 ……………………………………………… (149)
实验二十二　mRNA 的分离纯化 …………………………………………………… (151)
实验二十三　分光光度法测定丙酮酸的含量 ……………………………………… (153)
实验二十四　糖酵解中间产物的鉴定 ……………………………………………… (155)
实验二十五　脂肪酸的 β-氧化作用 ……………………………………………… (157)
实验二十六　植物体内的转氨基作用 ……………………………………………… (159)

第十三章　分子生物学实验 …………………………………………………………… (161)
　　实验二十七　PCR(聚合酶链式反应)技术扩增目的基因片段 …………………… (161)
　　实验二十八　DNA 琼脂糖凝胶电泳 ……………………………………………… (163)
　　实验二十九　大肠杆菌感受态细胞的制备 ………………………………………… (165)
　　实验三十　PCR 产物的纯化 ……………………………………………………… (168)
　　实验三十一　重组 DNA 分子连接及转化 ………………………………………… (171)
　　实验三十二　转化菌落 PCR 检测 ………………………………………………… (175)

实验三十三　质粒 DNA 的酶切与琼脂糖电泳鉴定 …………………………………（178）

　　实验三十四　Southern 印迹杂交 ……………………………………………………（182）

　　实验三十五　Northern 印迹杂交 ……………………………………………………（189）

　　实验三十六　逆转录 PCR(RT-PCR) ………………………………………………（195）

第十四章　设计性实验 ……………………………………………………………………（198）

　　实验三十七　重要蛋白质的分离纯化 …………………………………………………（198）

　　实验三十八　青豌豆素的分离纯化及其鉴定 …………………………………………（199）

　　实验三十九　卵磷脂的提取和鉴定 ……………………………………………………（200）

　　实验四十　转基因植物的 PCR 鉴定 …………………………………………………（201）

　　实验四十一　mRNA 的差异显示技术 …………………………………………………（202）

　　实验四十二　土壤酶活性鉴定与分析 …………………………………………………（203）

　　实验四十三　外源基因在大肠杆菌中的诱导表达 ……………………………………（204）

主要参考文献 ………………………………………………………………………………（205）

附录 A ………………………………………………………………………………………（206）

第一篇

生物化学与分子生物学实验基本知识

第一章　实验室规则及安全防护

第二章　实验基本操作及常用仪器

第三章　实验的基本要求

第一章　实验室规则及安全防护

生物化学与分子生物学实验室中摆放了很多电子仪器、玻璃仪器和化学药品等。此外，实验室属于公共场所，来往的人员较多，稍有不慎就会发生事故，对人体或仪器造成伤害或损坏。因此，实验室人员要严格遵守下列规则，以保证实验安全、有序、有效地进行。

一、实验室规则

(1) 实验室是实验教学和科学研究的重要基地，要求布局科学合理，设施设备完好，电路、水路、气路规范，通风、照明符合要求，环境整洁、优美、安全。

(2) 进入实验室学习、工作的学生、教师，必须遵守实验室各项规章制度。

(3) 建立、健全各种管理制度，明确责任人，明确实验室工作流程。经常开展安全教育活动，安装醒目的安全警示标志，制订应急预案，保持安全通道畅通。

(4) 实验室的仪器设备由专人管理维护，保证设备的完好率；使用仪器设备必须严格遵守操作规程，违者管理人员有责任停止其使用。

(5) 保持实验室整洁、安静，严禁喧哗、打闹，不得吸烟、饮食，随地吐痰，乱扔纸屑和其他杂物。

(6) 实验室内要穿实验服或长衣、长裤，禁止赤膊或穿短袖上衣以及短裤、拖鞋等。长发的同学要将头发扎起或盘起，衣服上的飘带等装饰品也要系好。

(7) 实验前必须认真预习，明确实验目的、原理和操作步骤及注意事项，熟悉仪器设备性能及操作规程，不得擅自修改实验方案，设计性实验的实验方案要提交老师审查，经过允许后方可开始实验。

(8) 实验时必须遵守操作规程，认真观察，准确记录，注意安全。未经教师允许，不得擅自离开岗位，如果必须离开，须委托他人照看，实验中发生异常情况要及时报告指导教师；实验过程中不做与实验无关的事情，不妨碍他人实验。

(9) 保持实验台的清洁，仪器、药品摆放整齐；打碎玻璃器皿，仪器设备损坏、丢失以及实验耗材的正常损耗，要及时上报，按有关规定处理；仪器出现故障要立刻报告教师。

(10) 实验时严格按照实验方案取用药品，杜绝浪费；公用试剂用毕，应立即盖严放回原处。勿将试剂、药品洒在实验台面和地上；用过的滤纸、棉花、动植物组织等固体废物切勿倒入水池中，以免堵塞下水道。

(11) 容量瓶是量器，不能用来存放试剂。带磨口玻璃塞的器皿，如暂时不用，要用纸条把瓶塞和瓶口隔开。

(12) 不要用滤纸称量药品，更不能用滤纸做记录。配制好的试剂应做好明确的标示，标签上要写明试剂的名称、浓度、配制的日期及配制人姓名。

(13) 取出试剂后，立即将试剂瓶塞好盖严，切勿盖错，放回原处。试剂瓶塞、专用吸量管、滴管不得与试剂瓶分家,以防污染试剂,造成自己或他人实验的失败,未用完的试剂不得倒回瓶内。

(14)使用贵重仪器如分析天平、分光光度计、冷冻离心机及层析设备前,应熟知使用方法。

(15)实验结束后,应及时切断电源、水源、气源,整理好仪器设备和器材,做好清洁工作;实验教师检查仪器设备、工具、材料及实验记录后,经允许方可离开;值日生认真打扫实验室,检查煤气、水、电和门窗关好后方可离开实验室。

二、实验室安全防护

在生物化学与分子生物学实验室中,经常与毒性很强、有腐蚀性、易燃烧和具有爆炸性的化学药品直接接触,常常使用易碎的玻璃和瓷器皿以及在煤气、水、电等高温电热设备的环境下进行实验研究与科学探索工作,因此,必须十分重视安全工作。

(一)实验室安全知识

(1)穿白大褂进入实验室,不许穿拖鞋进入实验室,以免酸、碱等试剂腐蚀衣服、灼伤皮肤。

(2)进入实验室开始工作前应了解煤气总阀门、水阀门及电闸所在处。离开时,一定要将室内检查一遍,应关闭水、电和煤气的开关,关好门窗。

(3)使用浓酸、浓碱,必须小心操作,防止飞溅。用移液管量取这些试剂时,必须使用橡皮吸耳球,绝对不能用口吸取。若不慎溅在实验台或地面,必须及时用湿抹布擦洗干净,如果触及皮肤应立即治疗。

(4)易燃和易爆炸物质的残渣(如金属钠、白磷等)不得倒入污染桶或水槽中,应收集在指定的容器内。

(5)废液,特别是强酸和强碱不能直接倒入水槽中,必须倒入专门的废液桶;实验完成后的沉淀物或其他混合物如含有有毒、有害或贵重药品者不可随意丢弃,必须放入专门的容器,最后由实验主管部门统一回收处理。

(6)实验操作中需要用到有毒、有害或腐蚀性药品以及产生有害气体的,要在通风橱内进行,并戴好橡胶手套或防护眼镜,必要时戴口罩或面罩,实验后要及时洗手。

(7)毒性物质应按实验室的规定办理审批手续后领取,使用时必须根据试剂瓶上标签说明严格操作,安全称量、妥善处理和保存。沾过毒性物质的容器应该单独清洗和处理。

(8)使用煤气灯时,灯焰大小和火力强弱,应根据实验的需要来调节。用煤气加热水浴锅时,切勿踩踏软管熄灭煤气,同时注意勿烧干水浴锅。用火时,应做到火着人在,人走火灭。

(9)使用电器设备(如烘箱、恒温水浴、离心机等)时,严防触电;绝不可用湿手开、关电闸和电器开关;应该用试电笔检查电器设备是否漏电,凡是漏电的仪器,一律不能使用。

(10)使用可燃物,特别是易燃物(如乙醚、丙酮、乙醇等)时,应特别小心。不要大量放在桌上,更不要在靠近火焰处。只有在远离火源时,或将火焰熄灭后,才可大量倾倒易燃液体。低沸点的有机溶剂不准在火上直接加热,只能在水浴上利用回流冷凝管加热或蒸馏。

(11)生物材料如微生物、动物组织和血液样品都可能存在细菌和病毒感染的潜在危险,因此处理各种生物材料时必须谨慎、小心,做完实验后必须用肥皂、洗手液或消毒液洗净双手。

(12)实验过程中,如发生安全事故,应立即报告教师,并采取适当急救措施。

(二)实验室意外事故的紧急处理

在实验操作时,当伤害发生后,正确的急救方法可以减少伤害扩大。下面介绍实验室的一些应急处理方法。

1. 化学试剂伤害的处理

(1)被酸灼伤:先用流水冲洗,再用低浓度的弱碱溶液,如3%~5% $NaHCO_3$ 溶液或5%氨水擦洗,最后用大量的水冲洗,严重时要消毒,拭干后涂烫伤药膏。

(2)被碱灼伤:先用流水冲洗,再用1%硼酸或2%醋酸溶液擦洗,最后用大量的水冲洗,严重时处理同上。

(3)被溴灼伤:先用流水冲洗,再用乙醇擦至无溴液存在,最后涂上甘油或烫伤药膏。

(4)被氢氟酸灼伤:氢氟酸(包括氟化物)具有强烈腐蚀性,它不仅腐蚀皮肤和组织,甚至能腐蚀骨骼,形成难以治愈的烧伤,所以使用时要非常注意。一旦灼伤,应立即用大量清水冲洗20min以上,再敷上新配制的20% MgO甘油悬浮液。

(5)眼睛灼伤:灼伤后要用大量的清水冲洗眼睛,时间不少于15min,如有必要应立即送往医院。

2. 毒物伤害的处理

(1)吸入有毒气体:应立即转移到通风处或室外,解开衣领及纽扣,吸入煤气者深呼吸换气即可,严重中毒者需进行人工呼吸并送医院;吸入少量氯气或溴者,可用碳酸氢钠溶液漱口。

(2)误食有毒物质:有毒物质误入口中,未咽下时要立即吐出,并用大量水漱口;如不慎吞下,应根据毒物性质给以解毒剂,并立即送医院。刺激性或神经性毒物入口要服用牛奶或鸡蛋清缓和,之后用5~10mL稀硫酸铜溶液加一杯温开水送服,再经过催吐后送往医院;误食酸或碱的,先喝大量的水,再饮牛奶或鸡蛋清,不能催吐;重金属中毒,服用一些硫酸镁稀溶液,立即就医。

3. 机械损伤的处理

(1)玻璃割伤:首先用消毒棉签或纱布将伤口清理干净,并用镊子小心取出伤口中的玻璃碎片,涂上红药水或碘酒,必要时可包上创可贴或用纱布包扎。

(2)刀具或其他机械损伤:首先要去除伤口中的异物,再用蒸馏水冲洗,切勿用手揉动,然后涂上碘酒或红药水并包扎。如果伤口较深,血流不止,可在伤口上部10cm处扎上止血带,用纱布包扎伤口,送往医院治疗。

4. 其他事故的处理

(1)烫伤:使用火焰、蒸气、加热的玻璃仪器和金属时易发生烫伤。轻度烫伤时一般可涂上苦味酸软膏或医用橄榄油;如果皮肤出现水泡,不要挑破以免引起感染;若烫伤皮肤呈棕色或黑色,应用干燥无菌的消毒纱布轻轻包扎好,急送医院治疗。

(2)触电:当发生触电事故时,首先要切断电源,或用绝缘的木棍、竹竿等使触电者与电源脱离。在没有断开电源时,不可直接接触触电者,以确保施救者自身安全。

(3)失火:起火后要保持镇静,首先果断地采取相应措施,如切断电源、停止通风、移走易燃物品等,防止火势扩展或引发其他事故,同时立即组织实施灭火。灭火的方法要适当,一般的小火可用湿布、石棉布或沙子覆盖燃烧物,火势较大可使用灭火器,但电器设备起火只能使用 CO_2 或 CCl_4 灭火器;酒精或其他易溶液体着火时,可用水灭火;汽油、乙醚、甲苯等比水轻的有机溶剂或与水发生剧烈作用的化学药品着火时,不能用水急救,应用石棉布、沙土灭火;衣服着火时,要立即脱下衣服或就地卧倒打几个滚,或用石棉布覆盖着火处,伤者须送医院治疗。如果火势过大无法扑灭,立即拨打119火警,并警示周围人员逃离火场。

三、实验室废弃物的处理

生物化学与分子生物学使用的试剂为易燃易爆、有毒有害的物品。如果这些物品不经过处理就直接排放,将会对环境和人体健康造成极大危害。因此,实验室人员要节约使用试剂,尽量循环使用,养成废弃物集中处理的习惯,并且能够正确地处理每种废弃物。

实验室产生的有害废弃物要集中收集,单独存放。严格禁止将有害废液、废渣直接倒入下水道或弃于垃圾桶内,不能将收集的废弃物放置在楼道和阳台等公共场所。

1. 固体废弃物的收集、存放

固体废弃物要保存在原有的空试剂瓶中,注明废弃试剂,暂时存放在试剂柜中。

(1) 碱金属及其衍生物。对于这一类的废弃物,处理的一般原则是在不反应的中性溶剂中缓慢加入醇类,使其反应放出氢气后,再以稀酸中和,并冲入下水道。

(2) 酰氯、酸酐、五氧化二磷、氧化亚砜等酸性化合物。用大量水溶解后,加碱中和至中性冲走。

(3) 含镍、铜、铁等重金属的固体。1g 以下可用大量水冲走。量多时应该密封于容器内,贴好标签,集中深埋。

(4) 氯气、二氧化硫等酸性气体。用 NaOH 溶液吸收,中和至中性后冲走。

2. 液体废弃物的收集、存放

实验室的废弃物大部分呈现液体状态,所以各种废液的收集方法也不相同。

(1) 一般废液。实验室阴凉处一般应该准备3个带盖的废液桶,分别标明无机废液、有机废液和卤素有机废液。每个废液桶都要建立"废液成分记录单",倒入的废液要记录主要成分的全称或分子式,不能只写简称或缩写。

(2) 有毒、有害、含爆炸性物质或高浓度的废液。不能将有毒、有害、含爆炸性物质或高浓度的废液倒入普通的废液桶内,要单独收集,尽快处理。

3. 气体废弃物的收集、存放

一般产生有害废气的实验都是在通风橱内进行。在搭设实验装置时就要加装废气吸收装置,用特定的溶液或有机溶剂吸收废气,并尽快处理。

此外,在生物化学实验中,常常会用到纤维素、淀粉、蛋白质、动植物油脂等原料。实验完成后会产生大量的天然有机化合物残渣。这些残渣在自然界很容易被微生物分解,因此可以将其用大量水稀释后直接冲走。

第二章　实验基本操作及常用仪器

一、玻璃器皿的清洗与使用

(一) 玻璃仪器洗涤

实验中所使用的玻璃器皿清洁与否直接影响实验结果。由于器皿的不清洁或被污染,往往造成较大的实验误差,甚至会出现相反的实验结果。因此,玻璃器皿的洗涤清洁工作是非常重要的。

玻璃器皿在使用前必须洗刷干净。将锥形瓶、试管、培养皿、量筒等浸入含有洗涤剂的水中,用毛刷刷洗,然后用自来水及蒸馏水冲洗。移液管先用含有洗涤剂的水浸泡,再用自来水及蒸馏水冲洗。洗刷干净的玻璃器皿置于烘箱中烘干备用。

生物化学与分子生物学实验中要用洁净的仪器,如果有残余的污物和杂质,会影响对实验现象的观察,影响实验的准确度和精密度,从而导致实验失败。一般来说,玻璃仪器上的污物可分为尘土、可溶性杂质、不溶性杂质和有机物等。清洗时要根据这些污物的性质和污染程度来选择使用何种方法洗涤。

1. 用水刷洗

根据玻璃仪器的形状选择合适的毛刷进行刷洗。常用的毛刷有试管刷、烧杯刷和滴定管刷等。刷洗时,用毛刷蘸水刷洗玻璃仪器,再用自来水反复冲洗。此种方法可洗掉水溶性杂质和尘土等污物,但洗不掉有机物和油污等。毛刷要经常更换,用脏、用旧、秃头的毛刷不仅不能达到洗净的效果,甚至还有可能划伤、戳破玻璃仪器。

2. 用去污粉、洗衣粉或洗涤剂洗

去污粉中含有碳酸钠、白土和细沙,通过毛刷刷洗,可有效地除去一般油污和黏附较牢的不溶物。洗衣粉和洗涤剂中的主要成分是表面活化剂,对于油污和有机物有很强的洗涤能力。

3. 用碱洗

特别难以洗去的油污,用 30%～40% 的热 NaOH 溶液清洗,有很好的效果。有的实验也可用 NaOH-乙醇溶液洗去油污。配制方法:将 120g NaOH 溶解于 120mL 水中,再用 95% 乙醇稀释至 1L。注意,碱对玻璃仪器有腐蚀作用,此种洗液不能长期与玻璃仪器接触。

4. 用酸洗

实验室中常用盐酸来洗涤一些难溶的碳酸盐和氧化物。与其他的溶液混合,对一些特定的物质有特别好的洗去能力。例如,盐酸/过氧化氢特别容易洗去容器上残存的 MnO_2,有时也用 5%～10% 草酸溶液加入少量浓盐酸来除去 MnO_2。而体积比为 1∶2 的盐酸/酒精溶液适用于洗涤被有机染料染色的仪器。

5. 用铬酸洗

铬酸是一种具有强酸性和强氧化性的洗涤液,实验室中常简称为"洗液"。它对有机物和油污有非常好的除净能力,特别适用于洁净程度要求较高又不能高温加热的定量器皿(如滴定管、容量瓶、移液管等),或者形状复杂、毛刷不易刷洗的器具。配制铬酸洗液的方法为:称 5g 重铬酸钾,研细后加入 5mL 水中,加热溶解,之后边搅拌边缓慢加入 100mL 浓硫酸,冷却后倒入磨口瓶中备用。

6. 用有机溶剂洗

对于大量脂肪性油污,可用一些有机溶剂浸泡清洗。常用的有机溶剂有汽油、甲苯、二甲苯、丙酮、乙醇、三氯甲烷、乙醚等。由于有机溶剂价格较高,所以一般用它来清洗难以使用毛刷的小件物品或形状复杂的仪器,如移液管、滴定管的尖头和滴管等。

7. 超声波清洗

将待洗仪器浸入适当的洗涤液中,放入超声波清洗器中,接通电源,超声数分钟。

玻璃仪器的漂洗与仪器洁净的标志:用上述方法洗涤后的仪器,要用自来水充分漂洗以清除残留的洗涤液。对于要求较高的实验,还需要用去离子水或蒸馏水润洗 3 次仪器。清洗后的仪器不应附着肉眼可见的不溶物和油污。仪器倒置时,水即顺着器壁流下,器壁上只留下一层薄而均匀的水膜,不挂水珠,这样的仪器才算洗净。

(二)一些常用的洗涤剂

1. 肥皂水或洗衣粉溶液

这是最常用的洗涤剂,主要是利用其乳化作用以除去污垢,一般玻璃仪器均可用它刷洗。

2. 铬酸洗液(重铬酸钾-硫酸洗液)

铬酸洗液广泛用于玻璃仪器的洗涤,其清洁效力来自于它的强氧化性(6 价铬)和强酸性。铬酸洗液具有强腐蚀性,使用时应注意安全。铬酸洗液可反复使用多次,如洗液由红棕色变为绿色或过于稀释则不宜再用。常用的配制方法有以下 4 种。

(1)取 100mL 工业浓硫酸置于烧杯内,小心加热,然后小心慢慢加入 5g 重铬酸钾粉末,边加边搅拌,待全部溶解后冷却,贮于具玻璃塞的细口瓶内。

(2)称取 5g 重铬酸钾粉末置于 250mL 烧杯中,加水 5mL,尽量使它溶解。慢慢加入浓硫酸 100mL,边加边搅拌。冷却后贮存备用。

(3)称取 80g 重铬酸钾,溶于 1000mL 自来水中,慢慢加入工业硫酸 100mL(边加边用玻璃棒搅拌)。

(4)称取 200g 重铬酸钾,溶于 500mL 自来水中,慢慢加入工业硫酸 500mL(边加边搅拌)。

3. 5%~10% 乙二胺四乙酸二钠(EDTA-2Na)溶液

加热煮沸,利用 EDTA 和金属离子的强配位效应,可去除玻璃器皿内部钙镁盐类的白色沉淀和不易溶解的重金属盐类。

4. 45%的尿素洗液

尿素洗液是蛋白质的良好溶剂,适用于洗涤盛蛋白质制剂血样的容器。

5. 乙醇-硝酸混合液

用于清洗一般方法难以洗净的有机物,最适合于洗涤滴定管。在滴定管中加入3mL酒精,然后沿管壁慢慢加入4mL浓硝酸(相对密度1.4),盖住滴定管管口,利用所产生的氧化氮洗净滴定管。

6. 有机溶剂

如丙酮、乙醇、乙醚等可用于洗去油脂、脂溶性染料等污痕。二甲苯可洗脱油漆的污垢。

7. 氢氧化钾的乙醇溶液和含有高锰酸钾的氢氧化钠溶液

这是两种强碱性的洗涤液,对玻璃仪器的侵蚀性很强,清除容器内壁污垢,洗涤时间不宜过长。使用时应小心慎重。

上述洗涤液可多次使用,但是使用前必须将待洗涤的玻璃仪器先用水冲洗多次,除去肥皂、去污粉或各种废液。若仪器上有凡士林或羊毛脂时,应先用纸擦去,然后用乙醇或乙醚擦净后才能使用洗液,否则会使洗涤液迅速失效。例如肥皂水、有机溶剂(乙醇、甲醛等)及少量油污都会使重铬酸钾-硫酸洗液变成绿色,降低洗涤能力。

(三)玻璃仪器的干燥

1. 晾干法

玻璃仪器洗净后,通常倒置在干净的仪器柜、托盘或纱布上,对于口径较小或倒置不稳的仪器,倒插在试管架、格栅板上,置于通风干燥处自然晾干。

2. 吹干法

洗涤后需要立即使用的仪器,将水沥干后直接用吹风机吹干,也可先加入少量的乙醇后再用吹风机吹干,先吹冷风1~2min,再吹热风直至完全干燥。

3. 高温干燥法

烧杯、试管、培养皿、锥形瓶等普通玻璃仪器可置于烘箱内高温烘干,通常是将其清洗干净后沥干水分,置于烘箱隔板上,瓶口向上,箱内温度设置为105℃,或倒插在烘干器上,烘至无水,降温后取出。

4. 低温烘干法

对于有刻度的离心管、滴定管、移液枪、量筒、容量瓶等不宜加热烘干,通常采用自然晾干或低温(60℃以下)干燥,置于烘箱内鼓风,烘至无水取出保存备用。分光光度计中的比色皿,四壁是用特殊的胶水黏合而成的,不易受热干燥,所以不能烘干。

(四)玻璃仪器的存放

洁净干燥的玻璃仪器要小心放置,以免再次污染。实验室中将干净的玻璃仪器倒置于专用的柜子中,隔板垫上干净的滤纸或在仪器上覆盖干净的纱布,关闭柜门,以防止落上灰尘。

存放玻璃仪器时要分门别类地放置,以方便取用。一些特殊仪器的保管方法如下:

(1)移液管洗净后要放入专用的带盖防尘盒中,垫上清洁的纱布;也可以置于移液管。

(2)洁净的滴定管可倒置夹在滴定管架上;或者将它注满蒸馏水,上口加盖玻璃短试管或小烧杯。

(3)称量瓶等精确称量玻璃仪器干燥后要放在干燥器中保存。

(4)比色皿、比色管、离心管等要放在专用盒内或倒置于专用架上。

(5)容量瓶、称量瓶、碘量瓶等具塞玻璃仪器长久不用时,要在瓶塞处垫上衬纸,以免粘住。

(6)凡是具有配套塞(盖)的玻璃仪器,如称量瓶、容量瓶、分液漏斗、滴定管、密度瓶等,其塞(盖)要与原容器成套存放,不能拆散使用或分开存放。

(7)凯氏微量定氮仪、K-D蒸发浓缩器的等专用组合式仪器要放在专用的盒子内或加上防尘罩后摆放。

(五)玻璃器具的使用

1. 刻度吸量管

刻度吸量管是用来精确转移一定体积溶液的量器。根据有无分度,分成单标线吸量管和分度吸量管两类。单标线吸量管,只有一条位于吸管上方的环形标线,用来标示吸量管的最大容积量,属于完全流出式,主要有 1.0mL、2.0mL、3.0mL、5.0mL、10mL、15mL、20mL、25mL、50mL、100mL 10 种规格。目前,单刻度的奥氏吸量管和移液管在生物化学与分子生物学实验中已基本不用。分度吸量管包括完全流出式、不完全流出式和吹出式 3 种。完全流出式吸量管,有的上端有"0"刻度,下端有总量刻度,有的上端有总量刻度,下端无"0"刻度,这种吸量管有快、慢两种,慢的要求在溶液放尽后等待 15s 并沿壁旋转。吹出式吸量管的上端标示着"吹"字,在溶液放尽后,必须将尖嘴部分残留液吹入容器内。不完全流出式吸量管上既有总量刻度也有"0"刻度,使用时全速流出即可。分度吸量管的规格有 0.1mL、0.2mL、0.25mL、0.5mL、1.0mL、2.0mL、5.0mL、10mL、25mL、50mL 10 种,在吸量管上端往往印有各种彩环以示区别。

使用吸量管时,用拇指和中指靠近顶端部分。将管的下端插入液体里,用洗耳球吸入液体至需要刻度的标线上 1~2cm 处(插入液面下的部分不可太深,以免管的外壁黏附的溶液太多;也不可太浅,防止空气突然进入管内,将溶液吸入洗耳球内),将已充满液体的吸量管提出液面,用小片滤纸处理管外黏附的液体,把吸管提到与眼睛在同一水平线上。然后小心松开上口,按所需要液体容积缓缓自由流出。最后再根据规定吹出或者不吹出尖端的一滴溶液。

2. 量筒和量杯

量筒和量杯是实验室常用的计量仪器,适合于量取要求不太严格的溶液的体积,可用于定性分析和粗略的定量分析实验。

量筒和量杯外壁上有刻度,规格以所能量取的最大容量(mL)表示,最大容积值刻于上方,没有"0"刻度,"0"刻度即为其底部。量筒管径上下一致,刻度均匀,规格有 5mL、10mL、25mL、50mL、100mL、200mL、250mL、500mL、1000mL、2000mL 共 10 种;规格越大,直径越大,读数误差越大。量杯管径上大下小,刻度上密下疏,规格有 5mL、10mL、20mL、50mL、100mL、250mL、500mL、1000mL、2000mL 共 9 种。

量取液体体积只是一种粗略的计量法,在使用中必须选用合适的规格,用大规格量取小体积和用小规格量取大体积都会人为增大误差。观察刻度时,应把仪器放在水平的桌面上,使视线、刻度线和仪器凹液面的最低点在同一水平面上,读取和凹面相切的刻度。

3. 容量瓶

容量瓶又称量瓶,是用来配制一定体积、一定物质的量浓度溶液的精密计量仪器。容量瓶是一个细长颈梨形的平底容器,带有磨砂玻璃塞或塑料塞,颈部刻有一条环形标线,表示在所示温度下当液体充满到标线时,液体体积恰好与瓶下所注明的体积相等。容量瓶的规格有1mL、2mL、5mL、10mL、25mL、50mL、100mL、200mL、250mL、500mL、1000mL、2000mL 共 12 种,有白色、棕色两种颜色。

在配制溶液前,先要弄清楚需要配制的溶液的体积,然后再选用相同规格的容量瓶。不能将盛有溶液的容量瓶放入冰箱进行冷冻,容量瓶也不能直接加热或在烘箱内烘烤。当配制溶液需要加热促其溶解时,必须在烧杯中加热溶解,并待溶液温度与室温一致后,再定量地转入容量瓶内,然后加水定容,至瓶内凹液面底部与环形标线相切为止,最后加塞盖紧容量瓶,轻轻振荡、颠倒容量瓶,使溶液充分混合均匀。

4. 滴定管

滴定管是专门用于滴定操作的精密玻璃仪器,种类较多,常见的有酸式滴定管和碱式滴定管两种。酸式滴定管用于盛装酸性或氧化性溶液,下端带有磨砂玻璃阀。碱式滴定管用于盛装碱性溶液,下端用一小段橡胶管将滴定管柱与滴头连接,橡胶管内有一个外径略大于胶管内径的玻璃珠封闭液体。滴定管的分度表数值自上而下或自下而上排列,分布均匀,规格有5mL、10mL、25mL、50mL、100mL 共 5 种,常用的是 25mL 和 50mL 两种规格。

滴定管在使用前应检查活塞是否转动良好,玻璃珠是否挤压灵活,要检查是否漏水。还必须用少量滴定液润洗 2~3 次后,才可以装入滴定液。安装滴定管时,管身必须与地面垂直,滴定前应先读取滴定管刻度的起始点,读数时眼睛与溶液月形面下缘在同一水平线上,不要仰头或低头读数。

二、生物化学与分子生物学实验常用仪器

除了玻璃仪器外,生物化学与分子生物学实验常用的仪器还有很多,下面简单介绍一下移液器、超净工作台、高压灭菌锅、电子分析天平、恒温振荡器等常规仪器的使用,对于离心机、电泳仪、电泳槽、分光光度计、层析设备、PCR 仪等仪器的原理及使用将在教材后续的章节中分述。

(一) 移液器

移液器又称可调式移液器、微量加样器、移液枪,是一种取液量连续可调的精密仪器。1956 年由德国生理化学研究所的 Schnitger 发明,1958 年由德国 Eppendorf 公司开始生产。移液器发展至今,不但移取溶液更为精确,而且种类也更加多样,有手动的、电动的,还有单通道的、多通道的。每种移液器都有其专用的聚丙烯塑料吸头,也称为移液枪头,吸头通常是一次性使用。目前,移液器在生物化学与分子生物学实验中普遍使用,主要用于多次重复的快速定量移液,可以单手操作,十分方便。

1. 常用移液器分类

(1) 单通道移液器。

根据容量大小可分为微量移液器和大容量移液器,又根据其移液量是否可变分为连续式和固定式。连续可调式微量移液器规格有:0.2～2μL、1～10μL、2～20μL、10～100μL、20～200μL、100～1000μL等规格,另有1～5mL、1～10mL等大容量移液器。

(2)多通道移液器。

规格包括8、12、24通道,与单通道移液器一样,有多种容积范围可选择,可同时向8、12、24份样品中加入同一试剂,方便快捷。

(3)电动移液器。

电动移液器配有微小马达及充电电池,每次充电后可连续使用几小时,方便省力。其中,微控电动移液器与连续可调式微量移液器规格类似,但价格昂贵;而大容量电动移液器有一个标准吸口,可配任何市售标准刻度吸管,4s内充满25mL体积,且可单手使用,操作简便快捷,主要用于细胞培养。

2. 移液器的组成部件

手动移液枪(移液器)主要由按钮、枪体和吸液杆3部分组成。按钮有两个:一个是推动按钮(有时兼有调节轮的功能),可以推动枪内活塞上下移动;另一个是卸枪头按钮,按下时可以卸掉吸杆上的移液枪头。枪体上有调节轮和容积刻度显示窗口,调节轮用来确定吸取液体的容积。吸液杆用来安装移液枪头。

3. 移液器的使用

1)基本原理

移液器是一种取样量连续可调的精密取液仪器,基本原理是依靠活塞的上下移动。其活塞移动的距离是由调节轮控制螺杆机构来实现的,推动按钮带动推杆使活塞向下移动,排除了活塞腔内的气体;松手后,活塞在复位弹簧的作用下恢复其复位,从而完成一次吸液过程。

2)选择原则

首先认清各微量移液器的最大容量,其容量标识一般都在移液器的弹簧按钮上。不同规格移液器配不同的移液枪头,一般100～1000μL的移液器配蓝色大枪头,2～20μL、10～100μL、20～200μL配黄色中枪头,0.2～2μL、1～10μL的移液器配白色小枪头。根据需量取的液体体积选用合适的微量移液器,如欲取5μL液体,应选用1～10μL的移液器。

3)使用方法

取液:根据取样量选择好合适的移液器后,看清数字标记方式,将调节轮调至取量刻度,套上合适的移液枪头。手握移液器,大拇指按压弹簧按钮至第一着力点,然后将带有加样枪头的移液器插入液体中,注意液体平面不应超出加样枪头的上缘,轻放大拇指至弹簧按钮完全松弛,枪头内所含液体即为所需体积。

放液:移液器移入准备接受溶液的容器中,大拇指按压弹簧按钮至第二着力点,需要时可使枪头尖端轻靠管壁,待液体完全进入容器,将加样器向上提至加样枪头离开液面,然后松开拇指。

移液器的操作见图2-1。

4. 移液器使用注意事项

(1)根据移取液体量,合理选择相近规格的移液器。移取不同溶液时,必须更换新的移液枪头。

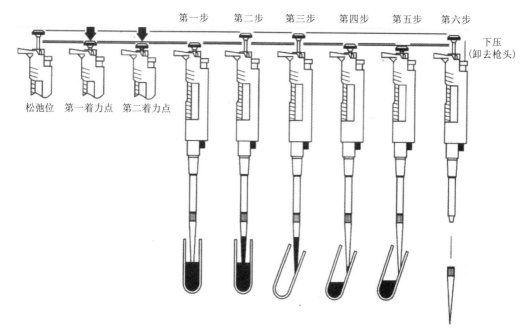

图 2-1 移液器的操作步骤

(2) 看清移液器的最大容量,旋钮调节轮时,不要用力过大,调节取量刻度时不能超出或低于移液器的限定容量。

(3) 调节容量刻度时,眼睛要正面对着刻度框,将数字调至刻度框的正中间。

(4) 微量移液器的弹簧按钮被下压时,有两挡着力点。取液时,按第一着力点;放液时,按至第二着力点。

(5) 取液时,先应看清液面高度。不要让液体漫过加样枪头,造成移液器污染。

(6) 吸取液体时,一定要缓慢平稳地松开拇指,绝不允许突然松开,以防将溶液吸入过快而冲入移液器吸杆内腐蚀柱塞而造成漏气。

(7) 当移液枪头中有液体时,移液器不能倒放,防止残留液体倒流,导致移液器内的弹簧生锈。

(8) 禁止使用移液器吸取有强挥发性、强腐蚀性的液体(如浓酸、浓碱、有机物等)。

(9) 移液器使用完毕后,要将移液器的量程调至最大容量刻度,使移液器弹簧处于松弛状态,可延长使用寿命。

(二)超净工作台

超净工作台可以为生物化学与分子生物学实验提供局部的无菌工作区域。它的原理是在特定的空间内,室内空气经预过滤器初滤,由小型离心风机压入静压箱,再经空气高效过滤器二级过滤。从空气高效过滤器出风面吹出的洁净气流具有均匀的断面风速,可以排出工作区原来的空气,将尘埃颗粒和生物颗粒带走,以形成无菌、高洁净的工作环境。

1. 使用方法

使用前应提前 30min 开机,同时开启紫外杀菌灯,处理操作区内表面积累的微生物,

30min后关闭杀菌灯(此时日光灯即开启),启动风机,即可开始无菌操作。

2. 注意事项

(1)对新安装的或长期未使用的工作台,使用前必须对工作台和周围环境先用超净真空吸尘器或用不产生纤维的工具进行清洁,再采用药物灭菌法或紫外线灭菌法进行灭菌处理。

(2)定期对环境周围进行灭菌工作,同时经常用纱布蘸酒精或丙酮等有机溶剂将紫外线杀菌灯表面擦干净,保持表面清洁,否则会影响杀菌效果。

(3)当加大风机电压已不能使风速达到0.32m/s时,必须更换高效空气过滤器。

(三)高压灭菌锅

高压灭菌锅又名蒸汽灭菌器,是利用电热丝加热水产生蒸汽,并能维持一定压力的装置,它主要由一个可以密封的桶体、压力表、排气阀、安全阀、电热丝等组成。实验室用灭菌锅可分为手提式高压灭菌锅和立式高压灭菌锅。

1. 手提式高压灭菌锅

手提式高压灭菌锅是利用加压的饱和蒸汽对物品、器械、药液等灭菌的设备,适用于医疗卫生、食品等行业,结构简单可靠,操作简便。

1)使用方法

(1)准备。将内层灭菌桶取出,向外层锅内加入适量的水,使水面与三角搁架相平为宜。

(2)放回灭菌桶,并装入待灭菌物品。

(3)加盖。先将盖上的排气软管插入内层灭菌桶的排气槽内,再以两两对称的方式同时旋紧相对的两个螺栓,使螺栓松紧一致,勿使漏气。

(4)加热。先打开排气阀,再打开电源开关加热。当排气阀有水蒸汽逸出时,等待3~5min,这时锅内冷空气基本排尽。关上排气阀,让锅内的温度随蒸汽压力增加而逐渐上升。当锅内温度或者压力达到所需时(一般为121℃,0.1MPa),切断电源,停止加热。当温度下降时,再开启电源开始加热,如此反复,使温度维持在恒定的范围之内。灭菌时间一般为20min。

(5)达到灭菌所需时间后,切断电源,让灭菌锅内温度自然下降。当压力表的压力降至0时再打开排气阀,残余蒸汽完全排出后,旋松螺栓,打开盖子并取出灭菌物品。

2)注意事项

(1)一般来说,每次灭菌前都应该加水。加水不能太少,否则会引起烧干或者爆裂。有条件的实验室最好加去离子水或蒸馏水,这样产生的水垢少些,而且锅体不容易被腐蚀。

(2)待灭菌物品不要装得太挤,以免妨碍蒸汽流通而影响灭菌效果。锥形瓶与试管口端均不要与桶壁接触,以免冷凝水淋湿包口的纸而透入棉塞。

(3)灭菌后必须等压力降至0时再打开排气阀。如果压力未降到0时就打开排气阀,会因锅内压力突然下降,使容器内的液体由于内、外压力不平衡而冲出烧瓶口或试管口,造成棉塞沾染培养基而发生污染。

(4)灭菌后,待温度自然降至60℃以下再取出灭菌物品,以免烫伤或骤冷导致玻璃器皿炸裂。

2. 立式高压灭菌锅

立式高压灭菌锅采用微电脑智能化设计,能够全自动控制灭菌压力、温度和时间。其内部的超温自动保护装置、门安全连锁装置、低水位报警、进口断水检测装置和漏电保护等装置则使灭菌过程安全有效地进行而无需人工监管。

1)使用方法

(1)开启电源开关接通电源,使控制仪器进入工作状态。

(2)开盖。开盖前必须确认压力表指针归零,锅内无压力。逆时针转动手轮数圈,直至转动到顶,使锅盖充分提起,向旁推开横梁。取出灭菌网篮并关紧放水阀,在外桶内加入水,水位至灭菌桶搁脚处。把灭菌网篮放入外桶内,再放入待灭菌物品。

(3)推进锅盖,使锅盖对准桶口位置。顺时针方向旋紧手轮直至关门指示灯灭为止,使锅盖与灭菌桶口平面完全密合,并使联锁装置与齿轮凹处吻合。

(4)用橡胶管连接在手动放气阀上,然后插到一个装有冷水的容器里,并关紧手动放气阀(顺时针关紧,逆时针打开)。在加热升温中,当温控仪显示温度小于102℃时,由温控仪控制的电磁阀将自动放汽,排除灭菌桶内的冷空气。当显示温度大于102℃时,自动放汽停止,此时如还在大量放汽,则手动放气阀未关紧。

(5)在确认锅盖已完全密闭锁紧后,此时可开始设定温度和灭菌时间。

(6)当设定的温度和灭菌时间完成时,电控装置将自动关闭加热电源,"工作"指示灯、"计时"指示灯灭,并伴有蜂鸣声提醒,面板显示"End",灭菌结束。此时先将电源切断,待其冷却直至压力表指针回至零位,再打开放气阀排尽余汽,最后旋转手轮把外桶盖打开。物品在灭菌后要迅速干燥,可在灭菌终了时将灭菌器内的蒸汽通过放气阀予以迅速排出,使物品上残留的水蒸气得到蒸发。灭菌液体时严禁使用此干燥方法。

2)注意事项

(1)使用前一定要加水至灭菌桶搁脚处,如发现螺丝、螺母松动现象,应及时加以紧固,确保正常使用。

(2)堆放灭菌物品时,严禁堵塞安全阀的出气孔,必须留出空间保证其畅通放气。

(3)当灭菌锅持续工作时,在进行新的灭菌作业时,应留有5min的时间,并打开上盖使设备冷却。

(4)灭菌液体时,应将液体灌装在硬质的耐热玻璃瓶中,以不超过3/4体积为好,瓶口选用棉花纱塞,切勿使用未开孔的橡胶或软木塞。特别注意:在灭菌液体结束时不准立即释放蒸汽,必须待压力表指针恢复到零位后方可排放余汽。

(5)对不同类型、不同灭菌要求的物品,如敷料和液体等,切勿放在一起灭菌,以免顾此失彼,造成损失。

(四)电子分析天平

分析天平是广泛应用的精密质量计量仪器。在生物化学与分子生物学实验室多配置电子分析天平,最常用的是各种千分之一的扭力电子天平和各种万分之一的电子天平,它们主要用于各种缓冲液的配制和标准物质的称量等。电子分析天平主机上有水平泡指示器和两只水平调节旋钮,能方便调整仪器的水平。称量盘上有防风护罩,能防止或减弱空气流动对称量造成的影响。

1. 使用方法

(1)观察天平是否水平,必要时进行调整,务必使水平泡处在中央位置。

(2)检查称量盘和防风护罩内有无撒落的药品,清扫干净后方可使用。

(3)插上电源,打开天平的电源开关,显示屏闪烁几次之后出现"0.0000",如有其他读数,按"O/T"键使读数回零。

(4)将称量纸轻轻放在称量盘中央,待数值显示稳定后,按"O/T"键扣除皮重,使数字显示为0;然后小心加入被称量物,待数字显示稳定后,即可读数。

(5)称量完毕,取下被称量物,关闭电源开关,拔下插头。

(6)检查并做必要的清洁工作,罩上防尘罩,并登记使用情况。

2. 注意事项

(1)电子分析天平是精密称量仪器,使用时务必按规程操作,如无异常可工作数年无需维修。

(2)天平必须安放在稳固、表面平整的工作台上,远离气体对流、腐蚀性、震动、温度、湿度变化较大的环境。

(五)恒温振荡器

恒温振荡器具有不锈钢万用夹具、数显控温、无级调速和良好的热循环功能,是一种多用途的生物化学实验仪器。在实验中进行生物、生化、细胞、菌种等各种液态、固态化合物的振荡培养。根据加热介质的不同,恒温振荡器可分为气浴恒温振荡器和水浴恒温振荡器。水浴恒温振荡器,又称水浴恒温摇床,该系列产品温度控制采用提前系统,LED 显示。控温精度高,温度调节方便,示值准确直观,性能优越可靠。气浴恒温振荡器工作室内有照明装置便于观察,采用优质全封闭压缩机,制冷量大,箱内配有风机和装置,强迫空气对流,温度分布更加均匀。

1. 振荡方式

(1)回旋振荡。这种工作方式也叫圆周振荡,在水平面上 360°旋转振荡,被振荡的液体在容器内呈现漩涡状态,以达到均匀的效果。

(2)往复式振荡。就是在振荡时往返振荡,利用惯性对样品进行振荡。如果液体黏稠度较高的时候,这种振荡方式的效果要优于回旋振荡。

(3)双功能振荡。包括结合回旋和往复振荡两种方式,根据样品性状和工作要求,可自行选择任一工作方式。

2. 使用方法

(1)打开振荡器的盖子,把待振荡的样品用万用夹具固定好。

(2)接通电源,打开开关,设置振荡温度和转速后,开始振荡培养。

(3)培养物达到实验要求后,停止振荡,取出培养物,关闭电源。

3. 注意事项

(1)器具应放置在较牢固的工作台面上,环境应清洁整齐,通风良好。

(2)用户提供的电源插座应有良好的接地措施。

(3)严禁在正常工作的时候移动机器。

(4)严禁物体撞击机器,严禁样品溢出。严禁儿童接近机器,以防发生意外。

三、实验中的基本操作技术

(一)配制标准溶液

配制溶液的一般步骤是用一定质量的固体或者一定体积的浓溶液加入一定量的水混合配制成符合浓度要求的溶液。在实验中普通的溶液可以用天平称取固体质量或用量筒(杯)量取一定体积的浓溶液,再用量筒(杯)量取定量溶剂,溶解或混合即可。

标准溶液是用来衡量其他化学物质含量的,所以标准溶液的浓度要准确可靠。配制原料、所用仪器和配制方法所要求的精密度都很高。

1. 配制原料

配制标准溶液所用的试剂要选用标准试剂,这是因为标准试剂主体含量高且准确可靠。新购入的固体标准试剂要恒重之后保存在特定的干燥器中,称量之前再取出。

2. 使用仪器

配制标准溶液要选用精密的实验仪器:万分之一或十万分之一电子天平、移液管或移液枪、容量瓶、烧杯、玻璃棒、胶头滴管、药匙等。

3. 配制步骤

(1)计算。计算所需固体溶质的质量或液体的体积。

(2)称量或量取。固体用电子天平称量(易潮解物质要在经过恒重的小烧杯中称量,并且称取要快速而准确)。液体用移液管或移液枪量取。

(3)溶解或稀释。将称量(量取)好的试剂转移到烧杯中,加入少量蒸馏水。用玻璃棒搅拌使之完全溶解(稀释)。

(4)移液。把溶解后的溶液用玻璃棒引流至容量瓶。

(5)洗涤。洗涤烧杯和玻璃棒各2~3次,洗涤液一并移入容量瓶,振荡摇匀。

(6)定容。向容量瓶中注入蒸馏水至距离刻度线2~3cm处,改用胶头滴管滴加蒸馏水至溶液凹液面与刻度线正好相切。

(7)混匀。盖好瓶塞,倒转振荡,使溶液均匀,贴上标签。

4. 试剂的配制

(1)称量要精确,特别是在配制标准溶液、缓冲液时,更应注意严格称量。有特殊要求的,要按规定进行干燥、提纯等。

(2)一般溶液都应用蒸馏水或无离子水(即离子交换水)配制,有特殊要求的除外。

(3)试剂应根据需要量配制,一般不宜过多,以免积压浪费,过期失效。

(4)试剂(特别是液体)一经取出,不得放回原瓶。以免因量器或药勺不清洁而污染整瓶试剂。取固体试剂时,必须使用洁净干燥的药勺。

(5)配制试剂所用的玻璃器皿,都要清洁干净。存放试剂的试剂瓶应清洁干燥。

(6)试剂瓶上应贴标签,写明试剂名称、浓度、配制日期及配制人。

(7)试剂用后要用原瓶塞塞紧,瓶塞不得沾染其他污物或沾污桌面。

(8)有些化学试剂极易变质,变质后不能继续使用。

需要密闭的化学试剂,可以先加塞塞紧,然后再用蜡封口。有的平时还需要保存在干燥器内,干燥剂可以用生石灰、无水氯化钙和硅胶。需要避光保存的试剂,可置于棕色瓶内或用黑纸包装。

5. 注意事项

(1)容量瓶使用之前一定要检查瓶塞是否漏水。

(2)不能把溶质直接放入容量瓶中溶解或稀释。

(3)若溶解时放热,必须将溶液冷却至室温后才能移液。

(4)定容后,经反复颠倒,摇匀后会出现容量瓶中的液面低于容量瓶刻度线的情况。这时不能再向容量瓶中加入蒸馏水,因为定容后液体的体积刚好为容量瓶标定容积。出现上述情况是因为部分溶液挂在容量瓶刻度线之上的部分没有及时流下以及在润湿容量瓶磨口时有所损失。

(5)如果加水定容时超过了刻度线,不能将超出部分再吸出,必须重新配制。

(二)溶液的混匀

生物化学与分子生物学实验中,为使化学反应充分进行,必须使反应体系内各种物质迅速地相互接触,因此除特别规定外,一般都需要将反应物彻底混匀。混匀方式大致有以下几种,可随使用器皿的液体容量而选用。

(1)旋转混匀法。右手持容器上端,利用手腕的旋转,使容器做圆周运动,将液体混匀。这种方法适用于未盛满液体的试管或小口器皿,如三角瓶等。

(2)弹指混匀法。左手持试管上部,试管与地面垂直。右手手指呈切线方向快拨试管下部,使管内液体呈涡状转动。

(3)倒转混匀法。适用于有玻璃塞的瓶子,如容量瓶等。

(4)吹吸混匀法。用吸管、滴管或移液器将溶液反复吹、吸数次,使溶液混匀。适用于量少而无沉淀的液体。

(5)弹动混匀法。以左手大拇指、食指、中指握住离心管上部,将离心管放平,于左手掌中弹动。

(6)搅拌混匀法。适用于烧杯等大口容器所盛之溶液的混匀,一般在配制混合试剂时,用玻璃棒搅动大试管或烧杯内容物(如固体试剂)助溶,或混匀大量的溶液。

(7)甩动混匀法。试管内液体较少时可采用。

(8)磁搅拌混匀法。一般用于烧杯内容物的混匀。

所有混匀操作都应防止管内液体溅出,以免造成液体流失。严禁用手指堵住试管口混匀液体,防止污染和样品的损失。

(三)过滤

通过溶液过滤,可以收集滤液,去除杂质,收集沉淀和洗涤沉淀。过滤分为常压过滤和减压过滤两类:①常压过滤就是不另外加任何压力,滤液在自然条件下通过介质进行过滤的一种方法,适用于滤液黏度小、沉淀颗粒粗、过滤速度快的样品,过滤介质可选用孔隙较大的滤纸、脱脂棉和纱布等;②减压过滤是在介质下面抽气减压、提高过滤速度的方法,适用于滤液黏度较大、滤液为胶体溶液、沉淀颗粒小、过滤速度慢的样品,常用布氏漏斗或玻璃砂芯漏斗来进行实验。

在生物化学实验中,如需要收集滤液应选用干滤纸,不应将滤纸先浸湿,因为湿滤纸会影响滤液的浓度。滤纸过滤一般采用平折法(即两次对折法)并且使滤纸上缘与漏斗壁完全吻合,不留缝隙。向漏斗内加入液体时要用玻璃棒导流,并且不能倒入太快,勿使液面超过滤纸上缘。

(四)保温与加热

为使某一化学反应在一定的温度下进行,常需要保温;为促进或停止化学反应,有时需要加热。

(1)保温。常用恒温箱或恒温水浴进行,后者的温度较前者稳定。

(2)加热。加热常用两种方法:一是直接把试管、烧杯等器皿在酒精灯、电炉或煤气火焰上加热;二是在水浴中加热或煮沸,应根据实验的目的而定。

(五)溶液 pH 值测定

测定溶液 pH 值通常有两种方法,最简便但较粗略的方法是用 pH 试纸,分为广泛和精密 pH 试纸两种。广泛 pH 试纸的变色范围是 1~14、9~14 等,只能粗略确定溶液的 pH 值。另一种是精密 pH 试纸,可以较精确地测定溶液的 pH 值,其变色范围是 2~3 个 pH 单位,例如有 1.4~3.0、0.5~5.0、5.4~7.0、7.6~8.5、8.0~10.0、9.5~13.0 等许多种,可根据待测溶液的酸、碱性选用某一范围的试纸。测定的方法是将试纸条剪成小块,用镊子夹一小块试纸(不可用手拿,以免污染试纸),用玻璃棒蘸少许溶液与试纸接触,试纸变色后与色阶板对照,估读出所测 pH 值。切不可将试纸直接放入溶液中,以免污染样品溶液。也可将试纸块放在白色点滴板上观察和估测。试纸要存放在有盖的容器中,以免受到实验室内各种气体的污染。

第三章 实验的基本要求

一、生物大分子的制备

生物大分子主要是指动物、植物和微生物在进行新陈代谢时所产生的蛋白质、糖类、脂类、酶、核酸等化合物的总称,是生命活动的物质基础,是生命科学、尤其是生物化学、分子生物学研究的重要实验材料。这些大分子除了采购外,有些可以在实验室自行制备,原材料主要来自微生物或动物、植物的组织、器官。

(一)生物材料的选择

制备生物大分子,要选择合适的生物材料,符合实验预定的目标要求,选材一般要求:①来源丰富、收集容易、材料新鲜;②有效成分含量高;③目的物与非目的物容易分离。在选择材料时还要考虑植物的季节性、地理位置和生长环境等。选动物材料时要注意其年龄、性别、营养状况、遗传和生理状态等。选微生物材料时要注意菌种的代数和培养基成分等之间的差异。

材料选定后要尽可能保持新鲜,尽快加工处理,动物组织要先除去结缔组织、脂肪等非活性部位,绞碎后在适当的溶剂中提取。如果所研究的成分在细胞内,就必须先破碎细胞。植物种子需要去壳,除脂。微生物材料要及时将菌体与发酵液分开。生物材料如暂不提取,应冰冻保存。

(二)生物材料的前期处理

动物、植物和微生物材料的生物学特性各异,进行前期处理的方法和要求也各不相同。

1. 植物材料

对于植物的根、茎、叶、果实及种子样品的处理,通常要经过净化、杀青、风干(或烘干)处理。如果要测定样品中酶活性、DNA、RNA 以及次生代谢物的含量时,需要对新鲜材料立即处理,也可冷冻干燥后,置于 0~4℃ 冰箱中保存,保存时间不宜过长,一般 1~2 周。净化是指处理新采集材料表面的泥土等杂质,一般不宜用水冲洗,可用柔软湿布擦干净,但批量处理样品,则需用水冲洗干净。杀青是为了保持样品的有效活性成分,置于 105℃ 的烘箱中处理 15~20min,终止样品中酶的活动。样品杀青后,要进行自然风干或维持在 70~80℃ 的烘箱中烘干,干燥的样品要分类保存。对种子的处理,一般采取泡涨、去壳或干制、粉碎保存。

2. 动物材料

动物内脏含有效成分比较丰富,但脏器表面常附有脂肪和筋膜等结缔组织,必须首先进行脱脂肪、去筋皮处理。动物组织一旦离体,自身细胞会分泌一些破坏性的酶,促进组织中生大分子迅速降解,所以对新鲜材料最好立即进行提取处理。如果不能立即进行实验,可在液氮或超低温条件下进行冷冻保存备用。对于耐高温的材料,如提取肝素的材料,可经沸水蒸煮后烘干保存。

3. 微生物材料

微生物易培养、繁殖快、种类多、代谢能力强,蛋白质、酶等大分子可通过微生物发酵获得。从微生物发酵液中提取目的物,需要对发酵液进行预处理,以利于后续步骤的操作。一般用离心、过滤法进行固液分离,从上清液中获得酶和其他代谢物质。上清液中往往含有多种物质,也要根据需要进行相应处理。脱色常用活性炭或离子交换树脂、大孔吸附树脂;去除蛋白质,一般根据其理化性质,采用沉淀、变性、吸附等方法。

(三)生物大分子的制备

生物大分子存在于生物细胞内,获得生物大分子的步骤包括:破碎细胞、分离纯化目的物及其纯度鉴定。

细胞破碎的方法主要有4类:①机械破碎。通过机械运动的剪切作用使细胞破碎,包括研磨破碎法(使用研钵或匀浆器)和组织捣碎法(使用内刀式组织捣碎机)。②物理破碎。通过温度、压力、超声波等物理因素使组织细胞破碎,包括反复冻融法、冷热交替法、真空干燥法、超声波破碎法、微波破碎法与高压匀浆法等。③化学试剂破碎。使用变性剂、表面活性剂、抗生素和金属螯合物等,改变细胞壁或细胞膜的通透性,使细胞内物质有选择地释放出来,常用的化学试剂包括氯仿、丙酮、甲苯等脂溶性溶剂或SDS(十二烷基硫酸钠)等表面活性剂。④酶促破碎。通过细胞自身酶系或外加酶制剂,分解并破坏细胞壁的特殊化学键,从而破碎细胞使其内容物渗出。

生物大分子分离纯化的方法有很多,主要是利用大分子之间特异性的差异,如分子的大小、形状、溶解性、极性、酸碱性、电荷和与其他分子的亲和性等进行分离。其基本原理可以归纳为两个方面:①利用混合物中几个组分分配系数的差异,把它们分配到两个或几个相中,如盐析、层析、有机溶剂沉淀和结晶等。②强混合物置于某一物相(大多数是液相)中,通过物理力场的作用,使各组分分配于不同的区域,从而达到分离的目的,如电泳、离心、超滤等。在实际科学研究中往往要综合运用多种方法,才能制备出高纯度的生物大分子。

1. 蛋白质类物质的制备

大部分蛋白质都可溶于水、稀酸、稀碱或稀盐溶液,少数与脂类结合的蛋白质则溶于乙醇、丙酮等有机溶剂,因此,可采用不同溶剂提取、分离和纯化蛋白质及酶。提取组织蛋白时,应遵守下列原则:尽可能地采用最简单的方法,以避免蛋白质丢失;制备过程应在低温下进行,以减少蛋白质降解;提取的蛋白质应分装后置于-80℃下,切勿反复冻融,以免失活。

蛋白质类物质分离纯化常用的方法主要有以下几种。

(1)根据蛋白质的分子大小进行分离,主要方法有透析法、超滤法、凝胶过滤法。透析法是利用半透膜将分子大小不同的蛋白质分开。超滤法是利用高压或离心力,使水和其他小分子溶质通过半透膜,而蛋白质则留在膜上,可选择不同孔径的滤膜截留不同相对分子质量的蛋白质。凝胶过滤也称为分子筛层析,常用的介质是琼脂糖凝胶(agarose gel)和葡聚糖凝胶(sephadex gel),这是根据分子大小分离蛋白质混合物最有效的方法之一。

(2) 根据蛋白质的溶解度进行分离,主要方法有盐析法、等电点沉淀法和有机溶剂沉淀法。盐析法是将中性盐离子加到蛋白质溶液中,破坏蛋白质分子表面的水化层,使其沉淀析出。等电点沉淀法是利用蛋白质在等电点时溶解度最小的原理,调节溶液的 pH 值,达到某一种蛋白质的等电点时使之沉淀。有机溶剂沉淀法是使用乙醇或丙酮等有机溶剂,使多数蛋白质溶解度降低并析出,该方法易使蛋白质变性,因此必须在低温下进行。

(3) 根据蛋白质的带电性质进行分离,主要方法有电泳法、离子交换层析法。电泳法是利用各种蛋白质在同一 pH 值条件下,相对分子质量和电荷数量不同而在电场中的迁移率不同而得以分开的方法。离子交换层析法是指当被分离的蛋白质溶液流经离子交换层析柱时,带有与离子交换剂相反电荷的蛋白质被吸附在离子交换剂上,随后用改变 pH 值或离子强度的办法将吸附的蛋白质洗脱下来的分离方法。

(4) 根据配体特异性进行分离,主要是亲和层析法,是利用某种蛋白质与一种称为配体(ligand)的分子特异、非共价地结合而分离,是分离蛋白质的一种非常有效的方法。

蛋白质纯度常用沉降法、电泳法、HPLC 分析等进行鉴定。纯蛋白质在离心场中,应以单一的沉降速度移动;在电泳时,在一系列不同的 pH 值条件下以单一的速度移动,它的电泳图谱只呈现一个条带。HPLC 常用于多肽、蛋白质纯度的鉴定。

2. 核酸类物质的制备

核酸的分离与纯化是在破碎细胞的基础上,利用苯酚使蛋白质变性沉淀于有机相,用乙醇、丙酮等有机溶剂沉淀核酸,从而达到分离核酸的目的。为了得到纯的核酸,可使用蛋白酶除去蛋白质,加入 RNA 酶除去 RNA 而得到纯的 DNA,或用 DNA 酶降解 DNA 而获得纯度较高的 RNA。目前市场上有许多商品化的核酸分离柱可供选择,可快速地分离得到纯度很高的 RNA 或 DNA。

3. 脂类物质的制备

中性脂主要由范德华力和疏水键相互作用束缚,可选择非极性溶剂;磷脂是通过静电作用缔合的,要用极性更强的溶剂混合物来抽提。抽提脂类的一般方法是:将样品和溶剂置于组织匀浆器中匀浆,用布氏漏斗过滤混合物,用水和盐溶液洗涤,直至分成两相,将有机相分离并浓缩;用凝胶过滤层析法纯化脂抽提液,纯化的脂类置于 $-20\ ℃$ 下无氧保存。

4. 糖类物质的制备

糖类可从细胞内用水溶性溶剂抽提出来,通过理化处理,去除蛋白质和核酸等杂质而纯化。对于易溶于温水而难溶于冷水的多糖,应进行加热提取;对于在中性溶剂溶解度较小的多糖,应调节合适的 pH 值。多糖的提取液一般浓度较低,需要进行浓缩,然后加入有机溶剂,可将多糖从溶液中沉淀出来,在 40~50 ℃下真空干燥成粉状物。

二、实验记录和实验报告

实验的目的在于通过实践掌握科学观察的基本方法和技能,培养学生科学思维、分析判断和解决实际问题的能力,也是培养探求真知、尊重科学事实和真理的学风,培养科学态度的重要环节。在实验记录和撰写实验报告时,需要实验者做到认真、仔细、实事求是,分析总结实验的经验和问题。

(一)实验记录

实验课教学的一个重要内容,就是记录实验数据,完成实验报告,这是学生以后从事科学研究的非常重要的基本功。详细、准确、如实地做好实验记录极为重要,不能夹杂主观因素。在定量实验中观测的数据,如称量物的质量、滴定管的读数、分光光度计的读数等,都应设计表格,准确记下正确的读数,并依据仪器的精确度记录有效数字。

实验课前每位实验操作者必须准备一个实验记录本。该记录本必须装订结实,有页码、有日期,纸张结实、墨迹明显,记录中不应留有任何空白页。不要撕去任何一页,更不要擦抹及涂改,写错时可以准确地划去重写。记录时最好用中性笔,不要用铅笔。

实验中观察到的现象、结果和数据,应该及时地记在记录本上,绝对不可以用单片纸做记录或草稿。原始记录必须准确、简练、详尽、清楚。原始实验记录的内容包括:实验的日期、时间、地点,实验的环境因素(如温度、阳光、压力等),实验的标题和识别号,实验方法的文献出处,实验者预先设想的目标,实验材料的名称(如细胞的株系等)、来源,生化试剂的名称、产地、纯度级别及溶液的配制方法,重要仪器的参数及测量数据,观察的结果和实验现象(包括不正常的操作及数值和观察结果),以及其他一切可能影响实验的偶发性事件(如停电、他人来访、接电话中断实验等)。仪器测出的原始图表应与实验记录粘在一起,不要另外保存。所有实验课都应该养成这种良好的习惯。

实验中使用仪器的类型、编号以及试剂的规格、化学式、相对分子质量、准确的浓度等,都应记录清楚,以便总结实验时进行核对和作为查找成败原因的参考依据。如果发现记录的结果有疑问、遗漏、丢失等,都必须重做实验,以期获得可靠的结果和数据。

(二)实验报告

实验结束后,应及时整理记录,分析总结实验结果,按要求写出实验报告。实验报告的写作过程是一个对实验结果分析归纳、去粗取精、去伪存真、把感性认识上升到理性认识的过程。实验报告有以下基本格式:

实验名称　　　　　　　　　　实验地点
实验者姓名　　　　　　　　　日期
实验目的
实验原理
实验材料、仪器和试剂
操作步骤
结果与讨论

书写实验报告应注意以下几点:

(1)书写实验报告最好用规范的实验报告纸,为避免遗失,实验课全部结束后可装订成册以便保存。

(2)简明扼要地概括出实验的原理,涉及化学反应,最好用化学反应式表示。

(3)应列出所用的试剂和主要仪器。特殊的仪器要画出简图并有合适的图解,说明化学试剂时要避免使用未被普及的商品名或俗名。

(4)实验方法步骤的描述要简洁,不要照抄实验指导书或实验讲义,但要写得明白,以便他人能够重复。

（5）为了能重复以前的某些实验结果，或此次的结果能在今后再现，因此应记录实际观察到的实验现象而不是照抄实验指导书所列应观察到的实验结果，并记录实验现象的所有细节。

（6）实验结果的讨论要充分，尽可能多查阅一些有关的文献和教科书，充分运用已学过的知识和生物化学原理，对于实验方法、操作技术及其他有关实验的一些问题进行深入的探讨，勇于提出自己的分析和见解，并对实验设计、实验方法等提出合理的改进意见，以便教师今后能更好地讲解和安排实验。

撰写实验报告使用的语言要简明清楚，抓住关键，各种实验数据都要尽可能整理成表格并作图表示，以便一目了然，如原始数据及其处理的表格，标准曲线图以及比较实验组与对照组实验结果的图表等。对实验作图尤其要严格要求，必须使用坐标纸，每个图都要有明显的标题，坐标轴的名称要清楚完整，要注明合适的单位，坐标轴的分度数字要与有效数字相符，并尽可能简明，若数字太大，可以简化，并在坐标轴的单位上乘以 10 的 n 次方。通常横轴是自变量，往往知道得很准确，纵轴是应变量，是测量的数据。曲线要用曲线板或曲线尺画出光滑连续的曲线，各实验点均匀分布在曲线上和曲线两边，且曲线不可超越最后一个实验点。两条以上的曲线和符号应有说明。

三、实验的准确度与误差

在生物化学与分子生物学实验中，由于实验者对实验技术的熟练程度、测量分析的仪器、实验方法、实验试剂以及实验室环境条件的影响与限制，所得到的实验结果与客观真实值很难达到完全一致，实验过程中存在一定的误差是不可避免的。实验操作者要正确对待测定结果，并客观地进行评价，判断它的准确度和可信度，分析产生误差的可能原因，采取有效措施减少误差，提高实验结果的准确度。

（一）实验准确度和误差

准确度表示实验分析测定值与真实值相接近的程度。在分子测定中，实验者在相同条件下，即使对同一样品进行多次重复测定，所得结果也不完全一致，常取其平均值。因为物质的真实值一般是无法知道的，往往就用相对正确的平均值代替真实值，所以很多情况下，准确度是以平均值为标准的。

测定值与真实值之间的差值为误差，误差愈小，测定值愈准确，即准确度愈高。绝对误差为测定值与真实值之差，相对误差表示绝对误差在真实值中所占的百分率。

（二）实验误差的来源

产生误差的原因很多，根据误差的性质和来源，可将误差分为两类：系统误差（可测误差）和随机误差（偶然误差）。

1. 系统误差

系统误差是指在实验操作过程中，由于某些固定的因素所造成的误差。其特点是：在相同条件下重复测定时会重复出现，使测定结果具有单向性；总是偏向某一方，或是偏高，或是偏低，具有一定的规律，故又称为可测误差。常见的系统误差有以下 4 个方面。

(1)仪器误差。因为使用的仪器本身不够精确或年久失修而造成的误差。如未经过校正的容量瓶、移液管,被腐蚀的砝码,或没有根据实验的要求选择一定精密度的仪器等。

(2)方法误差。由于实验设计不合理、分析方法不恰当等因素造成的误差。例如重量分析中沉淀不彻底或洗涤中少有溶解产生负误差;滴定分析中,干扰离子的影响、副反应发生、化学计量点和滴定终点不符合等,都会引起系统误差。

(3)试剂误差。由于所用试剂和水的纯度不够,含有微量元素等其他影响测定结果的杂质而引起的误差。

(4)操作误差。由于实验者个人操作不熟练、观察不敏锐和固有的习惯所造成的误差。如滴定分析中,不同操作者对滴定终点的颜色变化的分辨能力的差异,使用滴定管或吸量管时个人视差引起不正确读数等。

系统误差是客观存在的,并且是不可避免的,只能在实验中尽最大限度降低系统误差,以期提高实验的准确度。

2. 随机误差

随机误差是由于在测量过程中,一些无法控制的、难以预料的偶然因素所造成的误差,又称不可测误差、偶然误差。如处理实验样品时,环境的温度、湿度、光照和气压的波动,仪器的电压、反应时间的变化,生物材料的新鲜程度,以及实验者操作时未察觉的微小变化等,都可能引起偶然误差。这种误差是随机出现的,没有规律性,它的数值有时大、有时小、有时正、有时负,难以找出确定原因。其特点为:正误差和负误差出现的概率相等;小误差出现的次数多,大误差出现的次数少,个别特别大的误差出现的次数极少。

除去上述两类误差,因实验操作者的疏忽、粗心大意、操作不当引起"过失误差",如加错试剂、溶液溅出、读错数据、计算错误等,这时可能出现一个很大的"误差值",这种误差应当舍去不用。

(三)降低误差的方法

影响准确度的主要因素是系统误差,影响精确度的主要因素是偶然误差。精确度是保证实验准确度的先决条件,要提高实验结果的正确性必须降低实验误差。

1. 减少系统误差的方法

(1)校正仪器。仪器不准确引起的系统误差可以通过仪器校正来降低。因此,实验前必须对测量仪器(如分光光度计、电子天平等)进行预先校正,以减小误差,并在计算实验结果时用校正值。

(2)对照实验。在测定实验中,应该使用标准品进行对照实验,以判断操作是否正确,试剂是否有效,仪器是否正常等。使用标准品可以制作标准曲线,如果按照完全相同的方法处理待测样品,根据标准曲线就可以正确读出测量值。标准品应该和待测样品相似,最好相同。

(3)空白实验。在任何测量实验中,应该设置空白实验作为对照,以消除由于试剂或器皿所产生的系统误差。用等体积的去离子水代替待测溶液,在相同条件下,严格按照相同的方法同时进行平行测定,所得结果称为空白值,它是由所用的试剂而不是待测样品所造成的。将待测样品的分析结果扣除空白值,就可以得到比较准确的结果。

2. 减少偶然误差的措施

(1) 平均取样。动物、植物新鲜组织制成匀浆后取样,菌体样品应于取样前先进行粉碎、混匀,细菌可制成悬浮液,打散、摇匀后取样,可以有效地消除实验的偶然误差。

(2) 多次取样。进行多次平行测定,计算平均值,可以有效地减少偶然误差。

第二篇

生物化学与分子生物学实验原理及技术

第四章　离心技术

第五章　分光光度技术

第六章　层析技术

第七章　膜分离技术

第八章　电泳技术

第九章　分子克隆技术

第十章　聚合酶链式反应(PCR)

第十一章　核酸分子杂交

第四章　离心技术

离心技术(centrifugal technique)是生物化学与分子生物学研究中的常用技术之一,而且随着离心技术的不断发展和完善,尤其是高速离心机和冷冻离心机的相继问世,离心技术在生物化学与分子生物学研究中的地位日趋重要。离心技术是物质分离的一个重要手段,是利用物质在离心力的作用下,做匀速圆周运动,最终按照其沉降系数的不同而分离。在19世纪末,人们就开始用手摇离心机来分离蜂蜜和牛奶。20世纪初,超速离心机被发明,由于超速离心法能够分离的样品量大,因此应用范围很广,诸如分离化学反应后的沉淀物、天然的生物大分子、无机物、有机物,以及收集细胞和细胞器等,离心技术在生物学、医学、制药工业等领域中被广泛使用。

一、基本原理

当一个粒子(生物大分子或细胞器)在高速旋转下受到离心力作用时,此离心力(F)可由下式表示:

$$F = ma = m\omega^2 r$$

式中:a 为粒子旋转的加速度;m 为沉降粒子的有效质量;ω 为粒子旋转的角速度;r 为粒子的旋转半径(cm)。

离心力常用地球引力的倍速来表示,因而称为相对离心力(RCF)。相对离心力是指在离心场中,作用于颗粒的离心力相当于地球重力的倍数,单位是重力加速度(g,即980cm/s^2)。相对离心力也可用数字乘以 g 来表示,例如 25 000×g,表示相对离心力为 25 000。相对离心力的计算公式如下:

$$RCF = \omega^2 r/980 \quad \omega = 2\pi \times N/60$$
$$RCF = 1.119 \times 10^{-5} \times N^2 r$$

式中:N 为每分钟转数(revolutions per minute, r/min)。

由上式可见,只要给出旋转半径 r,则 RCF 和 N 之间就可以相互换算。但是由于转头的形状及结构的差异,使每台离心机的离心管从管口至管底的各点与旋转轴之间的距离是不一样的,所以在计算中规定,旋转半径一律用平均半径(r_{av})代替:

$$r_{av} = (r_{min} + r_{max})/2$$

一般低速离心时常以转速(r/min)表示,高速离心时常以相对离心力(g)表示。计算颗粒的相对离心力时,应注意离心管与旋转轴中心的距离"r"不同,即沉降颗粒在离心管中所处的位置不同,所受离心力也不同。因此在报告超离心条件时,通常总是用地心引力的倍数(×g)代替每分钟转数(r/min),因为它可以真实地反映颗粒在离心管内不同位置的离心力及其动态变化。科技文献中离心力的数据通常是指其平均值(RCF_{av}),即离心管中点的离心力。

不同的颗粒,由于其自身的质量、密度、大小等因素的不同,在同一液相介质中做圆周运动时所受的浮力、摩擦力及离心力的大小不同,因而其沉降速度亦不相同。这样,在同一离心力场作用一定时间后,就会彼此分离开来,离心机就是根据这一原理进行工作的。

有4种因素会影响物质颗粒在离心管中的沉降,它们分别是:①离心速度。离心速度大小决定了颗粒沉降的快慢,不同大小的颗粒使用不同的离心速度。颗粒质量大,在离心场中沉降速度快,只需低速离心;反之,颗粒质量小,在离心场中沉降速度慢,需高速离心。②温度。不同温度下,离心介质的黏度不同,多数离心介质的黏度都会随着温度的变化而变化。因此,在离心时要求温度恒定,尤其梯度离心对温度较敏感,对离心环境的温度要求更严格。③离心时间。通过离心机设定和记录一个精确的时间并不难,但如何控制达到最大速度离心所要的时间是很重要的。有的离心机提速较快,有的离心机提速较慢。如果设定一个同样的离心时间,提速较快的离心机就会先达到离心所需的最大速度,提速较慢的离心机就会较迟达到离心所需的最大速度。因此,离心时间较短样品的离心时间往往与真正所需的离心时间差别较大,而对于离心时间较长的样品影响不大。④离心半径。离心机转头的半径大小会影响到离心体积和颗粒下沉的距离。尤其是在梯度离心时,颗粒下沉距离短不易把物质分开。

二、离心机的类型、主要构造及使用方法

离心机从19世纪末就开始在实验室使用,最初是以手摇为驱动力。到了1912年开始使用电机作为驱动,并进行大规模的商业化生产。现在离心机已在工业生产和科学研究中被广泛应用。如今可以根据不同要求制造出不同用途的离心机,随着离心速度的提高,其构造也越来越复杂,科技含量、自动化程度也在不断地提高。最早、最简单的离心机是由一个电机和一组管架组成的,直径不过十几厘米,高6~7cm,重约1kg,转速为200r/min。而现在生产的离心机不仅具有很高的离心力,而且还具有性能稳定、容量大、恒温、恒压等优点。离心机的精密构件和复杂程度给离心机的制造带来了一系列的技术难题,包括制造工艺、自动控制、真空技术和制冷技术等方面。此外,离心机还涉及光学、电学、力学、材料科学、机械学和计算机科学等学科。一台高性能的超速离心机体现了科学技术的综合水平,目前只有少数几个国家能够生产。

(一)离心机的类型

1. 按转速分类

离心机根据转速的大小可分为低速、高速和超速离心机。低速离心机转速低于6000r/min,高速离心机转速可达到25 000r/min,超速离心机的转速大于25 000r/min。由于转速太高会产生大量的热量,因而高速及超速离心机都附有制冷装置,以降低转子室温度;同时为了减少摩擦,还附有抽真空装置,使转子在真空条件下运转。

2. 按用途分类

1)小型离心机

一般是指体积较小的台式离心机,转速可以从每分钟数千转到每分钟数万转,相对离心力由数千到数十万,离心管的容量由数百微升到数十毫升。小型离心机多用于快速的离心。为适应当前生物化学与分子生物学研究的需要,有的厂商又研发了带有制冷装置的小型离心机。

2)制备型大容量低速离心机

制备型离心机一般是离心的体积较多、机型体积较大的落地式离心机。最大转速为

6000r/min左右,最大离心力在6000×g左右,最大容量可达数千毫升。

3)高速冷冻离心机

高速冷冻离心机与大容量低速离心机相似,二者之间的主要差异在于前者的离心速度比后者高,并设有制冷系统。高速冷冻离心机的最大转速在18 000~21 000r/min,最大离心力在50 000×g左右,可以更换转头调整离心容量。通常用于微生物菌体、细胞碎片、大细胞器、硫酸铵沉淀物和免疫沉淀物等的分离纯化工作,但不能有效地沉降病毒、小细胞器(如核蛋白体)或单个分子。

4)超速离心机

超速离心机具有很大的离心力,最大转速可达100 000r/min,最大离心力可达800 000×g,超速离心机可以进行小量制备,最大容量可达数百毫升。超速离心机的出现,使生物科学的研究领域有了新的扩展,它能使过去仅仅在电子显微镜观察到的亚细胞器得到分级分离,还可以分离病毒、核酸、蛋白质和多糖等。

5)分析型离心机

该类型离心机主要用于生物大分子的定性,测定生物大分子的分子量,估计样品的纯度,检测生物大分子构象的变化和定量分析,等等。最大转速在80 000r/min,最大离心力可达800 000×g以上。

6)连续流离心机

它主要用于处理类似于发酵液等特大体积、浓度较稀的样液。最大离心速度与高速离心机相近。

(二)离心机的主要构件

下面主要介绍制备型超速离心机。该类型离心机主要由离心室、驱动和速度控制系统、温度控制、真空系统、转子、操作系统6部分组成。

1. 离心室

离心室是转头在真空、低温下进行高速运转的地方。由两层钢筒组成。内层由防腐蚀性的钢材制作,用来防止溢出样品液的腐蚀。外层由10mm左右厚的钢板作为装甲防护。两筒间有给离心室制冷的蒸发管。

2. 驱动和速度控制系统

超速离心机的驱动装置是由水冷或风冷电动机通过精密齿轮箱或皮带变速,或直接用变频感应电机驱动,并由微机进行控制。由于驱动轴的直径较细,因而在旋转时此细轴可有一定的弹性弯曲以适应转头轻度的不平衡,而不致于引起振动或转轴损伤。通过变阻器和带有旋速计的控制器对转头的转速进行选择,除此之外,还有一个过速保护系统,以防止转速超过转头最大规定转速而引起转头的撕裂或爆炸,为此,离心室用能承受此种爆炸的装甲板密闭。

3. 温度控制

离心室内的温度控制是由安装在转头下面的红外线射量感受器直接并连续监测转头的温度,以保证更准确、更灵敏的温度控制,这种红外线温控比高速离心机的热电偶控制装置更敏感、更准确。温度控制系统由制冷压缩机、冷凝器、干燥过滤器、膨胀阀、蒸发管等组成。

4. 真空系统

超速离心机装有真空系统,这是它与高速离心机的主要区别。离心机的速度在2000r/min以下时,空气与旋转转头之间的摩擦只产生少量的热;速度超过 20 000r/min 时,由摩擦产生的热量显著增大;当速度在 40 000r/min 以上时,由摩擦产生的热量就成为严重的问题。为此,将离心室密封,并由机械泵和扩散泵串联工作的真空泵系统将其抽成真空,使温度的变化容易控制,摩擦力很小,这样才能达到所需的超高转速。

5. 转子

转子是离心机的重要组成部分,一般有数十种不同容量和性能的转子供用户选择。按旋转时离心管中心线与离心机转轴间的夹角大小,离心机转子通常分为两大类:角式转子和甩平式转子。

(1)角式转子。固定角度转子呈伞形,离心管放置其中,与转轴形成固定角度,角度变化在20°~45°之间,其特点是容量大、转速高。离心管的倾角对离心沉降有很大的影响:角度越大,沉降越结实,分离效果越好;角度越小,颗粒沉降距离越短,沉降不结实,分离效果也越差。固定角度转子重心低,运转平衡,寿命较长。

(2)甩平式转子。该类转子是可活动的离心管套用钉鞘固定于主体上,当离心机不工作时,由于受重力的作用,离心管处于竖直方向;启动离心机后,由于受离心力的作用,离心管由开始的竖直方向甩成水平方向,因此甩平式转子又称水平转子。甩平式转子适用于密度梯度离心,主要优点是离心管始终处于重力和离心力两者合力的作用下,不管转子加速还是减速都不产生样品扰动的现象。

6. 操作系统

操作系统由开关、旋钮、指示灯、指示仪表灯组成。各系统控制均由操作系统完成。

(三)离心机的使用

以高速冷冻离心机为例来介绍离心机的使用方法。操作规程与方法如下:
(1)选择合适的转子,安装到离心室内承载转子的轴上。
(2)接通电源,打开电源开关,调节温度控制按钮,设定所需温度,待离心室冷却至所需温度时,方可离心。
(3)离心管要精密地平衡,并对称地放入转子中(绝对不能装载单数的离心管),调节速度按钮和定时按钮,设定所需的时间和速度。
(4)打开启动开关,观察离心机上的各种数值显示是否正确。
(5)在自动关机或手控关机后,可开启制动开关,使离心机较快地停止转动。
(6)全部离心工作完成后,关闭电源开关,切断电源。
(7)取出转子,用纱布擦拭干净,将离心机的盖子敞开放置,使冷凝的水汽蒸发至干。

三、超速离心在生物学中的应用

根据物质的质量、沉降系数、浮力因子等不同,应用强大的离心力使物质分离、浓缩、提纯的方法称为超速离心技术,它是生物化学、细胞生物学以及分子生物学常用的重要技术。离心分离是制备生物样品时被广泛应用的重要手段,如分离活体生物(细胞、微生物、病毒)、细胞器

(细胞核、细胞膜、线粒体)、生物大分子(核酸、蛋白质、酶)、小分子聚合物等。

超速离心在生物学中主要应用在以下几个方面。

(1) 相对分子质量的测定。由沉降系数根据 Svedberg 公式可以计算出物质的相对分子质量。

(2) 未知 DNA 样品密度的测定。借助于已知密度的 DNA 样品，通过作图的方法，可以求出未知 DNA 样品的密度。

(3) 从密度推算出 DNA 的 G-C 碱基含量。G-C 为 DNA 总碱基含量中鸟嘌呤和胞嘧啶的含量，以 mol% 表示。利用 CsCl 密度梯度离心以及由此测出的 DNA 样品的密度推算。

(4) 检测生物分子中构象的变化。分析型超速离心机已成功地用于检测大分子构象的变化。如 DNA 可能以单股或双股出现，对于每一股可能是线性的，也可能是环状的。如果遇到某些因素，DNA 分子可能发生一些构象的变化。这些变化也许是可逆的，也许是不可逆的。构象上的变化可以通过检查样品在沉降速度中的差异来证实。分子越紧密，在溶剂中的摩擦阻力越小，沉降越快；分子越是不规则，摩擦阻力就越大，沉降就越慢。因此，通过样品在处理前后沉降速度的差异就可以检测它在构象上的变化。

四、离心操作中的注意事项

离心机是生物化学与分子生物学教学和科研的重要精密设备，因其转速高，产生的离心力大，如使用不当或缺乏定期的检修和保养，都可能发生严重事故，因此使用离心机时必须严格遵守操作规程。

(1) 使用各种离心机时，必须事先在天平上精密地平衡离心管及其内容物，平衡时重量之差不得超过各个离心机说明书上所规定的范围。每个离心机不同的转子有各自的允许差值，转子中绝对不能装载单数的管子。当转子只是部分装载时，管子必须互相对称地放在转子中，以便使负载均匀地分布在转子的周围。

(2) 装载溶液时，要根据各种离心机的具体操作说明进行，根据待离心液体的性质及体积选用适合的离心管。无盖的离心管，液体不得装得过多，以防离心甩出，造成转子不平衡、生锈或被腐蚀。制备型超速离心机的离心管，一般要求将液体装满，以免离心时塑料离心管的上部凹陷变形。严禁使用显著变形、损伤或老化的离心管。每次使用后，必须仔细检查转子，及时清洗、擦干。转子是离心机中需重点保护的部件，搬动时要小心，不能碰撞，避免造成伤痕，转子长时间不用时，要涂上一层上光蜡保护。

(3) 若要在低于室温的温度下离心时，转子在使用前应放置在冰箱或置于离心机的离心室内预冷。使用后要用温水洗涤并干燥，必要时要用中性去污剂去污，然后再用清水除去去污剂，并用蒸馏水冲洗并干燥。

(4) 离心过程中不得随意离开，应随时观察离心机上的仪表是否正常工作，如在离心过程中出现异常的声音或振动，应立即停机检查，及时排除故障。

(5) 每个转头各有其最高允许转速和使用累积时限，使用转头时要查阅说明书，不得过速使用。每一个转头都要有一份使用档案，记录累积的使用时间，若超过了该转头的最高使用限时，须按规定降速使用。

第五章　分光光度技术

分光光度技术(spectrophotometry)，也称为分光光度法，是利用紫外光、可见光、红外光等测定物质的吸收光谱，利用此吸收光谱对物质进行定性、定量分析和物质结构分析的技术。物质的吸收光谱与它们本身的分子结构有关，不同物质由于其分子结构不同，对不同波长光线的吸收能力也不同，因此每种物质都具有其特异的吸收光谱，在一定条件下，其吸收程度与物质浓度成正比，故可利用各种物质的不同的吸收光谱特征及其强度对不同物质进行定性和定量的分析。

分光光度技术使用的仪器为分光光度计，该仪器测定速度快，灵敏度较高，精确性好，应用范围广，其中的紫外/可见分光光度技术已成为生物化学与分子生物学研究工作中必不可少的实验手段之一。人肉眼可见的光线称为可见光，波长范围为 400～760nm。波长介于 10～400nm 的光线叫紫外线，波长大于 760nm 的光线称为红外线。

一、基本原理

朗伯-比尔(Lambert - Beer)定律是比色分析的基本原理，这个定律是有色溶液对单色光的吸收程度与溶液及液层厚度间的定量关系。此定律由朗伯定律和比尔定律归纳而得。

Lambert 指出，当一定强度的光线(I_0)通过溶液时，如果溶液的浓度一定，则透过光线强度(I)随吸光溶液的厚度 L(cm)的增加呈指数减少。

$$I = I_0 \times 10^{-\varepsilon L}$$

Beer 指出，当溶液厚度一定时，透过光线的强度随吸收物质的浓度 c(mol/L，若不知相对分子质量，则为 g/L 或％浓度)的增加呈指数减少。

$$I = I_0 \times 10^{-\varepsilon c}$$

在上面的两个公式中，ε 为常数，称为摩尔吸收系数，它与照射光线的波长和吸收光线物质的性质有关，将两式合并得：

$$I = I_0 \times 10^{-\varepsilon c L}$$

将上式取对数后得：

$$\lg(I/I_0) = -\varepsilon c L$$

式中：I/I_0 为透光度，以 T 表示，通常以百分率来表示，也可称为透光率 $T(\%)$。透光度或透光率是表示光线透过情况的量度，其数值 <1，若用透光度的负对数来表示，可得：

$$A = -\lg T = \varepsilon c L$$

式中：A 为吸光度(消光度或光密度)，是表示光线被吸收情况的量度，吸光度与被测溶液的浓度 c、溶液的厚度或光程 L 的乘积成正比。此关系式即为 Lambert - Beer 定律。分光光度计的基本原理见图 5-1。

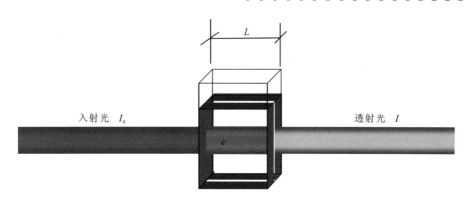

图 5-1　分光光度计的基本原理示意图

二、分光光度计的结构

分光光度计的种类和型号很多,但各种类型分光光度计的结构和原理基本相似。最常用的是可见光分光光度计和紫外-可见光分光光度计。分光光度计基本上由 5 部分组成(图 5-2)。

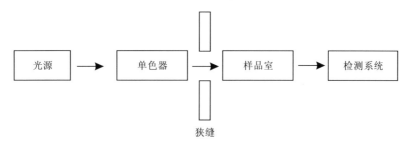

图 5-2　分光光度计基本结构示意图

1. 光源

理想光源的条件是:①能提供连续的照射;②光强度足够大;③在整个光谱区内光谱强度不随波长有明显变化;④光谱范围宽;⑤使用寿命长,价格低。

常用的光源是钨灯和氢灯,前者适用波长范围是 320～1000nm。用于紫外光区的是氢灯,适用波长范围是 195～400nm。光源的供电需要由稳定电源供给,以保证发射出的光线稳定。

2. 单色器

单色器是把来自光源的混合光分解为单一波长光的装置,多用棱镜或光栅作为色散元件,通过此色散系统可根据需要选择一定波长范围的单色光,单色光的波长范围越窄,仪器的敏感性越高,测定的结果越可靠。

3. 狭缝

狭缝是由一对隔板在光通路上形成的缝隙,通过调节缝隙的大小调节入射单色光的纯度和强度,并使入射光形成平行光线,以适应检测器的需要。狭缝可在 0～2 mm 宽度内调节,先进的分光光度计的缝隙宽度可随波长一起调节。

4. 样品室

样品室包括池架、吸收池(比色杯)以及各种可更换的配件。

比色杯一般由无色透明、耐酸碱、耐腐蚀的玻璃和石英制成。光学玻璃比色杯因为吸收紫外光，因此只能用于可见光波长范围内的测量。石英玻璃比色杯可透过紫外光、可见光和红外光，是最常使用的比色杯。比色杯上的指纹、油污或壁上的沉积物都会影响其透光性。因此在使用时要注意以下几点：①不要使比色杯的光学面接触硬物，以免产生划痕；②测定完毕后，不要残留液体于杯内，特别是蛋白质和核酸溶液，它们将会黏附在杯壁上；③擦拭比色杯时必须用软绸缎布或擦镜纸，以免发生光学面永久性擦伤。

5. 检测系统

检测系统由检测器和显示器两部分组成。常用的检测器有光电池、真空光电管或光电倍增管等，它们将接收到的光能转变为电能，并应用放大装置将弱电流放大，提高敏感度。显示器是将光电倍增管或光电管放大的电流通过仪表显示出来的装置，通过电流计显示出电流的大小，在仪表上可直接读得 A 值(吸光度值)、T 值(透光度值)。现代高性能分光光度计均可以连接电脑，而且有的主机还使用液晶等荧屏显示的微处理机、自动记录仪和打印绘图仪。

三、分光光度技术的应用

分光光度技术利用朗伯-比尔定律的原理可用于以下几个方面。

(1)通过测定某种物质吸收或发射光谱来确定该物质的组成。

(2)通过测定不同波长下的吸收来测定物质的相对纯度(在 DNA 的浓度测定中最为常用，测定 A_{260}/A_{280} 值，纯度较好的 DNA 样品的比值为 1.8，样品如混有蛋白质等杂质，此比值将变小)。

(3)通过测量适当波长的信号强度确定某种单独存在或与其他物质混合存在的一种物质的含量。

(4)通过测量某一种底物消失或产物出现的量同时间的关系，追踪反应过程。

(5)通过测定微生物培养体系中的 A 值，可以得到体系中微生物的密度，从而可以对培养体系中微生物的数量进行动态的监测。

四、分光光度计使用的注意事项

(1)分光光度计必须放置在稳固的工作台上，尽量不要随意搬动。操作时，动作要轻柔，以防损坏仪器的配件。仪器应放在干燥的地方，光电管附近放置干燥剂。防止长时间的连续照射，避免强光照射。试管架或试剂瓶不得放置于仪器上，以防试剂溅出腐蚀机壳。拉比色杯时动作要轻，以防溶液溅出，腐蚀机器部件。若不慎将试剂溅在仪器上，应立即用棉花或纱布擦干净。

(2)仪器连续工作的时间不宜过长，每次读完比色架内的一组读数后，立即打开检测室盖，以防光电管疲乏。仪器连续使用不应超过 2h，必要时可间歇 30min 后再用。仪器较长时间不使用，应定期通电，使用前预热。

(3)手持比色杯的毛面(粗糙面)，不可用手或滤纸擦拭比色杯的透光面；比色杯先用蒸馏水冲洗后，再用比色液润洗才能装比色液。盛装待测定的溶液时，不能超过比色杯容积的2/3，不宜过多或过少；比色杯使用后应立即用自来水冲洗干净，若不能洗净，可用洗洁精稀溶液浸泡，也可用新鲜配制的重铬酸钾洗液短时间浸泡，然后用水冲净倒置晾干。

第六章 层析技术

层析(或称色谱)技术是现代生物化学最常用的分离技术之一。它是利用混合物中待分离各组分的理化性质的差异(如吸附力、分子大小和形状、分子极性、分子亲和力、分配系数等),在经过两相时不断地进行交换、分配、吸附和解吸附等过程使其以不同速度移动,可将各组分间的微小差异经过相同的重复过程累积而放大,最终达到分离的目的。早期的色谱只是一种分离方法/技术,但随着物质检测技术的提高(配合相应的光学、电学、电化学和质谱等检测手段),色谱法已成为集分离和测试为一体的高效现代仪器分析手段,可用于定性、定量和纯化特定的物质。层析法的特点是分离效率与选择性均非常高,尤其适合样品含量少而杂质含量多的复杂生物样品分析、分离及纯化。

各种层析系统由两相组成,即固定相和流动相。固定相是层析的一个基质,它可以是固体物质(如吸附剂、凝胶、离子交换剂等),也可以是液体物质(如固定在硅胶或纤维素上的溶液)。流动相可以是液体或气体,它推动固定相上待分离的物质朝着一个方向移动。

一、层析的基本理论

1941 年,Martin 和 Synge 根据氨基酸在水浴氯仿两相中的分配系数不同建立了分配层析分离技术,同时提出了液-液分配层析的塔板理论,为不同类型的层析法建立了牢固的理论基础。目前,塔板理论已被广泛地用来阐明各种层析法的分离机理。它是基于混合物中各组分的物理性质不同,当这些物质处于相互接触的两相之中时,不同物质在两相中的分布不同从而得到分离。

(一)分配平衡

在层析分离过程中,溶质既进入固定相,又进入流动相,这个过程称作分配过程。不论层析机理属于哪一类,都存在分配平衡。分配进行的程度可用分配系数 K 表示。

$$K = 溶质在固定相中的浓度/溶质在流动相中的浓度 = C_s/C_m$$

不同的层析,K 的含义不同。在吸附层析中,K 为吸附平衡常数;在分配层析中,K 为分配系数;在离子交换层析中,K 为交换常数;在亲和层析中,K 为亲和常数。K 值大表示物质在柱中被固定相吸附较牢,在固定相中停留的时间长,流动相迁移的速度慢,出现在洗脱液中较晚。相反,K 值小,溶质出现在洗脱液中较早。因此,混合物中各组分的 K 值相差越大,则各物质越能得到完全分离。

(二)塔板理论

层析分离的效果,与层析柱分离效能(柱效)有关。Martin 和 Synge 认为,层析分离的基本原理是分配原理,与分馏塔分离挥发性混合物的原理类似,因此采用"塔板理论"解释层析分离的原理。

每个塔板的间隔内,混合物在流动相和固定相中达到平衡,相当于一个分液漏斗。经多次平衡后相当于一系列分液漏斗的液-液萃取过程。Martin等把一根层析柱看成许多塔板。当流动相A与固定相接触时,两种溶质按各自的分配系数进行分配。假设甲物质的$K=9$,乙物质的$K=1$,则溶质甲有1/10进入流动相,溶质乙有9/10进入流动相,流动相继续往下移动。A代表溶解的溶质与没有溶质的固定相第二段相接触,固定相第一段则又接触没有溶质的流动相B,溶质又继续在两相中进行分配。如此下移,经过多次分配后,甲物质主要停留在DC层,乙物质主要停留在CB层。若溶质在两相中反复分配数次,该物质可因分配系数不同而被分离。

二、层析的分类

(一)根据分离的原理不同

(1)吸附层析。用吸附剂为支持物的层析称为吸附层析,利用各种组分在吸附剂表面吸附能力的差别而分离。

(2)分配层析。它是根据在一个有两相同时存在的溶剂系统中,不同物质的分配系数不同而设计的一种层析方法。

(3)离子交换层析。它的支持物或固定相是一种离子交换剂,离子交换剂上含有许多可解离的基团,利用各物质对离子交换剂的亲和力不同而进行分离。

(4)凝胶层析。也称为凝胶过滤,是一种用具有一定孔径大小的凝胶颗粒为支持物的层析方法,利用各物质在凝胶上受到阻滞的程度不同而进行分离。

(5)亲和层析。这是专门用于分离生物大分子的层析方法,生物大分子能和它的配体(如酶和其抑制剂、抗体与其抗原、激素与其受体)特异结合,而在一定的条件下又可分离。

(二)按照操作方式的不同

(1)纸层析。以滤纸为液体的载体,点样后,用流动相展开,以达到组分分离的目的。

(2)薄层层析。以一定颗粒度的不溶性物质均匀涂铺在板上形成薄层作为固定相,点样后,用流动相展开,使组分得以分离。

(3)柱层析。将固定相装填在柱中,样品上样在柱子一端,流动相沿柱流过,使样品得以分离。柱层析的基本装置包括恒流泵、层析柱、紫外检测器、记录存储设备和部分收集器。

(三)根据流动相的不同

(1)液相层析。也称为液相色谱,流动相为液体的层析统称为液相层析,是生物领域最常用的层析形式,适于生物样品的分析、分离。

(2)气相层析。流动相为其他的层析统称为气相层析,也称为气相色谱。气相层析因所用的固定相不同又可分为两类:用固体吸附剂为固定相的称为气-固吸附层析;用某种液体为固定相的称为气-液分配层析。气相层析测定样品时需要气化,主要用于氨基酸、核酸、糖类、脂肪酸等生物分子的分析鉴定。

三、常用层析方法

(一)纸层析

纸层析以滤纸作为惰性支持物,滤纸纤维与水有较强的亲和力,而与有机溶剂的亲和力很小,所以以滤纸的结合水为固定相,以水饱和的有机溶剂为流动相(展层剂)。当流动相沿滤纸经过样品点时,样品点上的溶质在水和有机相之间不断进行溶液分配,各种组分按其各自的分配系数进行不断分配,从而使物质得到分离和纯化。纸层析结果的优劣与选用展开剂的种类、实验中点样量的多少以及点样是否扩散、实验条件是否稳定、所选用滤纸的质量好坏等各种因素密切相关。对层析用滤纸的要求是:质地均匀、厚薄均一、机械强度好、平整无折叠痕、无明显横向和纵向纸纹等。溶质在纸上的移动速度可以用迁移率 R_f 值表示(图 6-1)。

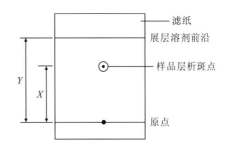

图 6-1 纸层析溶质迁移率(R_f)值计算示意图

$$R_f = X/Y$$

式中:X 为原点到层析斑点中心的距离;Y 为原点到展层溶剂前沿的距离。

R_f 值主要取决于分配系数。一般分配系数大的组分,因移动速度较慢,所以 R_f 值也较小。而分配系数较小的组分,则 R_f 值较大。可以根据测出的 R_f 值对层析分离出的各种物质进行判断。与标准样品在同一标准条件下测得的 R_f 值进行比较,即可确定某一特定组分。

影响 R_f 值的因素很多,除被分离组分的化学结构、样品和溶剂的 pH 值、层析的温度等之外,流动相的极性也是一个重要因素。流动相极性大,则极性大的物质有较大的 R_f 值,极性小的物质 R_f 值小。常用流动相的极性大小依次排列如下:

水>甲醇>乙醇>丙酮>正丁醇>乙酸乙酯>氯仿>乙醚>甲苯>苯>四氯化碳>环己烷>石油醚

层析时,流动相不应吸取滤纸中的水分,否则就会改变分配平衡,影响 R_f 值。所以多采用水饱和的有机溶剂作为流动相。被分离的物质不同,选择的流动相也不同。

纸层析既可定性又可定量。定量方法一般采用剪洗法和直接比色法。剪洗法是将组分在滤纸上显色后,剪下斑点,用适当的溶剂洗脱,用分光光度计进行定量测定。直接比色法是用层析扫描仪在滤纸上测定斑点的大小和颜色的深度,绘制出曲线并进行自动积分,计算出含量。

为了提高分辨率,纸层析可用两种不同的展开剂进行双向展开。双向纸层析一般把滤纸裁成正方形或长方形,在一角点样。先用一种溶剂系统展开,吹干后旋转 90°,再用第二种溶剂系统进行第二次展开。这样,单向纸层析难以分离清楚的某些 R_f 值很接近的物质,通过双向纸层析往往可以获得比较理想的分离效果。

(二)薄层层析

薄层层析时利用玻璃板、塑料板、铝板、聚酰胺膜等作为固定相的载体,在板上涂一薄层不溶性物质作为固定相,再将样品涂铺在薄层的一端,然后用合适的溶剂作为流动相。薄层层析因固定相涂布物质的不同,可分成吸附薄层层析、离子交换薄层层析和分配薄层层析3种。通常说的薄层层析就是指吸附薄层层析。有关薄层层析的基本原理与纸层析基本相似。在此对薄层层析的注意事项加以说明。

1. 吸附剂的选择

吸附剂的选择是否合适是吸附层析的关键。常用的吸附剂有硅胶、氧化镁、氧化铝、硅藻土和纤维素等。硅胶为微酸性吸附剂,适合分离酸性和中性物质。氧化铝和氧化镁是微碱性吸附剂,适合分离碱性和中性物质。硅藻土和纤维素为中性吸附剂,适合分离中性物质。

2. 吸附能力

一般用活度来表示吸附剂的吸附能力。吸附能力主要受吸附剂含水量的影响。吸附能力由强到弱以Ⅰ、Ⅱ、Ⅲ、Ⅳ、Ⅴ表示。吸附剂活度强时,能吸附极性较小的基团;吸附剂活度弱时,对极性基团的吸附能力也较强。一般利用加热烘干的办法减少吸附剂的水分,从而增强其活度。通常分离水溶性物质时,因其本身具有较强的极性,故吸附剂活度可以减弱一些。相反,分离脂溶性物质时,吸附剂的活度需要强一些。

3. 颗粒大小

无论哪一种薄层层析,其吸附剂颗粒的大小和均匀性,是保证每次实验 R_f 值恒定的基础。一般使用的吸附剂颗粒为无机类 0.07~0.1mm(150~200 目),有机类 0.1~0.2mm(70~140 目)。颗粒太粗,层析时溶剂推进快,但分离效果差。而颗粒太细,层析时展开太慢,容易造成斑点不集中并有拖尾现象。

薄层层析的优点是设备简单、操作容易、层析展开时间短、分离效果好、可使用腐蚀性的显色剂并且可以在高温下显色。

纸层析和薄层层析均可用于氨基酸、肽、核苷酸、糖类、脂类和激素类等物质的分离和鉴定。

(三)离子交换层析

离子交换层析是以离子交换剂为固定相,依据流动相中的组分离子与交换剂上的平衡离子进行可逆交换时的结合力大小的差别而进行分离的一种层析方法。20世纪40年代,出现了具有稳定交换特性的聚苯乙烯离子交换树脂。20世纪50年代,离子交换层析进入生物化学领域,应用于氨基酸的分析。目前离子交换层析仍是生物化学领域中常用的一种层析方法,广泛地应用于各种生物化学物质如氨基酸、蛋白质、糖类、核苷酸等的分离纯化。

1. 离子交换剂

离子交换剂是由不溶于水、具有网状结构的高分子聚合物及与其共价结合的带电离子所组成的,这些带电离子主要靠静电引力与溶液中的相反电荷离子相结合,这些反离子又可与溶液中带有相同电荷的其他离子进行可逆交换而不改变交换剂本身性质。离子交换剂上共价结合阳离子的称为阴离子交换剂,反之结合阴离子的称为阳离子交换剂。

根据高分子聚合物的化学本质,离子交换剂可以分为下列3类:

(1)离子交换树脂。常见的是以苯乙烯和二乙烯苯的多聚物(如 Dowex 树脂)为骨架,再引入酸性基团或碱性基团。根据引入的可解离基团的性质又可分为:①阴离子交换树脂,均含有胺基,按胺基碱性的强弱可再分为强碱型(季胺基)、弱碱型(叔胺基、伯胺基等)和中强碱型;②阳离子交换树脂,可分为强酸型(磺酸基)、中强酸型(磷酸根)与弱酸型(羧基)。

(2)离子交换纤维素。这类离子交换剂以从棉花软木和硬木提取出来的纤维素作为载体,主要有 DEAE 纤维素、CM 纤维素和磷酸纤维素。根据它们联结在纤维骨架上的交换基团,可分阳离子交换纤维素和阴离子交换纤维素两类。

(3)离子交换交联葡聚糖。离子交换交联葡聚糖是将离子交换基团联结于交联葡聚糖上制成各种交换剂,由于交联葡聚糖具有三维空间网状结构,因此,离子交换交联葡聚糖既有离子交换作用,又有分子筛作用。

常用离子交换剂的种类及解离基团见表 6-1。

表 6-1 常用离子交换剂的种类及解离基团

种类		解离基团
阳离子交换树脂	强酸型	磺酸基
	弱酸型	羧基酚羟基
阴离子交换树脂	强碱型	季胺盐
	弱碱型	叔胺、仲胺、伯胺
阳离子交换纤维素	强酸型(磺乙基纤维素)	磺乙基
	弱酸型(羧甲基纤维素)	羧甲基
阴离子交换纤维素	强碱型(胍乙基纤维素)	胍乙基
	弱碱型(二乙基氨基乙基纤维素)	二乙基氨基乙基
阳离子交换交联葡聚糖	强酸型(磺乙基交联葡聚糖)	磺乙基
	弱酸型(羧甲基交联葡聚糖)	羧甲基
阴离子交换交联葡聚糖	强碱型(胍乙基交联葡聚糖)	胍乙基
	弱碱型(二乙基氨基乙基交联葡聚糖)	二乙基氨基乙基

2. 基本原理

离子交换层析是依据各种离子或离子化合物与离子交换剂的结合力不同而进行分离纯化的。离子交换层析的固定相是离子交换剂,它是由一类不溶于水的惰性高分子聚合物基质通过一定的化学反应共价结合上某种电荷基团形成的。离子交换剂可以分为三部分:高分子聚合物基质、电荷基团和平衡离子。电荷基团与高分子聚合物共价结合,形成一个带电的可进行离子交换的基团。平衡离子是结合于电荷基团上的相反离子,它能与溶液中其他的离子基团发生可逆的交换反应。平衡离子带正电的离子交换剂能与带正电荷的离子基团发生交换作用,称为阳离子交换剂;平衡离子带负电的离子交换剂与带负电的离子基团发生交换作用,称为阴离子交换剂。

阴离子交换剂的电荷基团带正电,装柱平衡后,与缓冲液中的带负电的平衡离子结合。待分离溶液中可能有正电基团、负电基团和中性基团。加样后,负电基团可以与平衡离子进行可逆的置换反应而结合到离子交换剂上。而正电基团和中性基团则不能与离子交换剂结合，随流动相流出而被去除。随着洗脱液离子强度的增加，洗脱液中的离子可以逐步与结合在离子交换剂上的各种负电基团进行交换而将各种负电基团置换出来，随洗脱液流出。与离子交换剂结合力小的负电基团先被置换出来，而与离子交换剂结合力强的、需要较高的离子强度才能被置换出来，这样各种负电基团就会按其与离子交换剂结合力从小到大的顺序逐步被洗脱下来，从而达到分离目的。

3. 离子交换层析的基本操作

1）交换剂的处理及转型

首先将离子交换剂用水浸泡使之充分膨胀，再用酸和碱处理除去其中不溶性杂质；根据需要选用适当的试剂，使树脂成为所需要的型式（称为转型），阳离子交换剂用 HCl 处理转为 H^+ 型，用 NaOH 处理则为 Na^+ 型；阴离子交换剂用 HCl 处理转为 Cl^- 型，用 NaOH 处理则为 OH^- 型。已经用过的离子交换剂，也可用这种处理方法使它恢复原来的离子型，这种处理称为"再生"。

2）装柱及加样

将处理好的离子交换剂装柱，注意防止出现气泡和分层，装填要均匀。装柱完毕后，用平衡缓冲液平衡到所需的条件，如特定的 pH 值、离子强度等，即可加样。加样量的多少和体积主要取决于待分离组分的浓度及其与交换剂的亲和力，当然也要考虑实验的目的。通常柱上吸附的样品区带要紧密且不超过交换剂总体（柱床体积）的10%。

3）洗脱

首先用平衡缓冲液充分冲洗层析柱，除去未吸附的物质。然后再应用离子强度或 pH 不同的洗脱缓冲液使交换剂与被吸附离子间的亲和力降低，样品离子中的不同组分便会以不同速度从柱上被洗脱下来，从而达到分离的目的。

4）样品的浓缩、脱盐

离子交换层析得到的样品往往盐浓度较高，而且体积较大，样品浓度较低，所以一般离子交换层析得到的样品要进行浓缩、脱盐处理。

（四）凝胶层析

凝胶层析又称为凝胶排阻层析、分子筛层析、凝胶过滤等，它是以多孔性凝胶填料为固定相，按分子大小顺序分离样品中各个组分的液相色谱技术。凝胶填料是一类具有三维空间多孔网状结构的干燥颗粒，当吸收一定量的溶液后溶胀成一种柔软、富有弹性、不带电荷、不与溶质相互作用的惰性物质。1959 年，Porath 和 Flodin 首次用一种多孔聚合物——交联葡聚糖凝胶作为层析柱填料，分离水溶液中不同相对分子质量的样品。1964 年，Moore 制备了具有不同孔径的交联聚苯乙烯凝胶，它能够进行有机溶剂中的分离。层析所用的凝胶大多为人工合成，目前应用最多的是葡聚糖凝胶（sephadex）。它是一种以次环氧氯丙烷作交联剂交联聚合而成的右旋糖苷珠形聚合物。聚合物具有多糖网状结构，其网孔大小与交联度有关。交联度越大，网状结构越致密，网孔的孔径越小；交联度越小，网状结构越疏松，网孔的孔径越大。

凝胶层析所用设备简单、操作方便、样品回收率高、实验重复性好，特别是具有不改变样品生物学活性等优点，目前已广泛应用于生物化学、分子生物学、生物工程学及医药学等有关领域，主要对蛋白质（包括酶）、核酸、多糖等生物分子的分离纯化，同时也应用于蛋白质相对分子量的测定、脱盐、样品浓缩等。

1. 凝胶层析的基本原理

当含有大、小分子的混合物样品加入到层析柱中时,这些物质随洗脱液的流动而移动。大、小分子(指分子量)流速不同,分子量大的物质沿凝胶颗粒间的孔隙随洗脱液移动,流程短,移动速度快,先流出层析柱;而分子量小的物质可进入凝胶颗粒内部,然后再扩散出来,故流程长,移动速度慢,最后流出层析柱。也就是说,凝胶层析的基本原理是按溶质分子量的大小,分别先后流出层析柱,大分子先流出,小分子后流出。当两种以上不同分子量的分子均能进入凝胶离子内部时,则由于它们被排阻和扩散程度不同,在层析柱内所经过的时间和路程长短不同,从而得到分离。由上述内容可见凝胶层析中的凝胶起着分子筛的作用,因而又称为分子筛层析,或排阻层析(图6-2)。

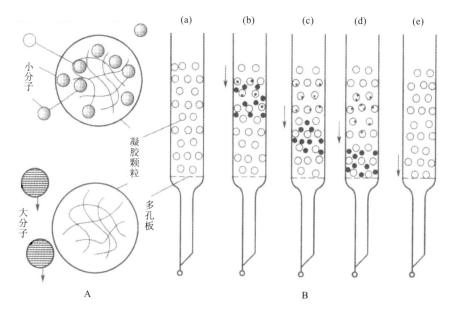

图6-2 凝胶层析的原理

A.小分子由于扩散作用进入凝胶颗粒内部而被滞留,大分子被排阻在凝胶颗粒外部,在颗粒之间迅速通过。B.(a)蛋白质混合物上柱;(b)洗脱开始,小分子扩散进入凝胶颗粒内,大分子则被排阻至颗粒之外;(c)小分子被滞留,大分子向下移动,大、小分子开始分开;(d)大、小分子完全分开;(e)大分子移动距离较短,已洗脱出层析柱,小分子尚在洗脱中

2. 凝胶层析的基本操作

(1)凝胶的选择与处理。

交联葡聚糖、琼脂糖和交联聚丙烯酰胺凝胶都是三维空间网状结构的高分子聚合物。混合物的分离程度主要决定于凝胶颗粒内部微孔的孔径和混合物分子量的分布范围。凝胶的颗粒粗细与分离效果有直接关系,颗粒细的分离效果好,但流速慢;而粗粒子流速过快会使区带扩散,使洗脱峰变平变宽。因此,要根据实验需要,适当选择颗粒大小及调整流速。

交联葡聚糖和聚丙烯酰胺凝胶通常为干燥的颗粒,使用前必须充分溶胀,水洗过程在室温下缓慢进行,可用沸水浴方法加速溶胀平衡。在装柱前,凝胶的溶胀必须彻底,否则由于后继溶胀过程,会逐渐降低流速,影响层析的均一性,甚至会使层析柱胀裂。

(2)层析柱的选择与装填。

根据层析中要装填的基质和分离目的选择合适的层析柱。层析柱的分离效果和装填的层析床是否均匀有很大的关系,因此使用前必须检查装柱的质量,可将一种有色物质的溶液流过层析柱床,观察色带的移动,如色带狭窄、均匀平整,说明装柱质量良好。

(3)加样及洗脱。

当层析柱平衡后,吸去上层液体,待平衡液流至柱床表面以下 1~2mm 时,关闭出口,以最小体积样品用滴管慢慢加入,打开出口,调整流速,使样品慢慢渗入层析柱床内,当样品加完流至快干时,小心加入洗脱液洗脱。所加样品的体积越小,分离效果越好。通常加样量为床体积的 1%~5%。非水溶性物质的洗脱采用有机溶剂,水溶性物质的洗脱采用水或具有不同离子强度和 pH 值的缓冲液。

(4)样品的收集、鉴定及保存。

在生物化学实验中,基本上都是采用部分收集器来收集分离纯化的样品。由于检测系统的分辨率有限,洗脱峰不一定能代表一个纯净的组分,在合并一个峰的各管溶液之前,还要进行鉴定。最后,为了保持所得样品的稳定性与生物活性,一般采用透析除盐、超滤或减压薄膜浓缩,再冰冻干燥,得到干粉,在低温下保存备用。

(5)凝胶介质的保存。

交联葡聚糖凝胶柱可用 0.2mol/L NaOH 和 0.5mol/L NaCl 的混合液处理,聚丙烯酰胺凝胶和琼脂糖凝胶常用 0.5mol/L NaOH 处理。经常使用的凝胶以湿态保存为主,只要在其中加入适当的抑菌剂就可放置几个月至 1 年。

3. 凝胶层析的应用

(1)相对分子质量测定。凝胶层析测定相对分子质量操作比较简单,所需样品量也较少,是一种初步测定蛋白相对分子质量的有效方法。这种方法的缺点是测量结果的准确性受很多因素影响。由于这种方法假定标准物和样品与凝胶都没有吸附作用,所以如果标准物或样品与凝胶有一定的吸附作用,那么测量的误差就会比较大。

(2)生物大分子的纯化。凝胶层析是依据相对分子质量的不同来进行分离的,由于它的这一分离特性,以及它具有简单、方便、不改变样品生物学活性等优点,使得凝胶层析成为分离纯化生物大分子的一种重要手段。

(3)脱盐及去除小分子杂质。利用凝胶层析进行脱盐及去除小分子杂质是一种简便、有效、快速的方法,它比一般用透析的方法脱盐要快很多,而且一般不会造成样品较大的稀释,生物分子不易变性。

(4)去热源物质。热源物质是指微生物产生的某些多糖蛋白复合物等使人体发热的物质。它们是一类相对分子质量很大的物质,所以可以利用凝胶层析的排阻效应将这些大分子热源物质与其他相对分子质量较小的物质分开。

(5)溶液的浓缩。利用凝胶颗粒的吸水性可以对大分子样品溶液进行浓缩,这种浓缩方法基本不改变溶液的离子强度和 pH 值。

(五)亲和层析

亲和层析是根据流动相中的生物大分子与固相表面偶联的特异性配基发生亲和作用,有选择性地吸附溶液中的溶质而进行的层析分离方法。亲和层析所用的固相载体和凝胶层析所用的凝胶基本相同,所以用作凝胶层析的琼脂糖凝胶、葡聚糖凝胶剂聚丙烯酰胺凝胶等都可应用,此外还可以运用纤维素或多孔玻璃微球等。其中以琼脂糖凝胶用得最为广泛。

1. 基本原理

许多生物大分子化合物都具有和某些化合物发生可逆结合的特性,而且这种结合具有不同程度的专一性,例如酶蛋白-辅酶、抗原-抗体、激素-受体、RNA 与互补的 DNA 结合等。将一对能可逆结合和解离生物分子的一方作为配基(也称为配体)与具有大孔径、亲水性的固相载体相偶联,制成专一的亲和吸附剂。当被分离物随着流动相经过亲和吸附剂时,亲和吸附剂上的配基就有选择地吸附待分离物质,经过洗脱除去不能结合的杂质后,再通过解吸附使待分离物质与配体分离,从而达到分离纯化的目的。如图 6-3 所示。

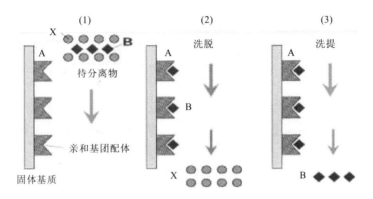

图 6-3 亲和层析基本原理示意图

2. 亲和层析配基

1)种类

(1)有机小分子。主要有苯基类、烷基类、氨基酸类、核苷酸类等。

(2)生物大分子类。主要有酶类、抑制剂类、蛋白质类、抗原抗体类等。

(3)染料。主要有蓝色葡聚糖、荧光染料等。

2)配基的选择

(1)配基必须有适当的化学基团能与活化剂的活化基团发生偶联作用,以便使载体得到较高的偶联率,偶联后不致影响配基和被分离生物大分子的专一结合特性。

(2)配基必须能与被分离物质容易发生亲和作用,且专一性要强,以便更有效地分离目标产物。

(3)配基与生物大分子结合后,在一定条件下能够被解吸附,且不破坏生物大分子的生物活性和理化性质。

(4)若分离物质是生物分子,尽量选择相对分子质量较大的化合物作为配基,以减少在分离过程中的空间阻碍。

选择合适的配基是亲和层析中的重要环节,根据待分离物质在溶液中与某些物质能否进行可逆性结合、它们之间的亲和力的大小和专一性等特性进行选择。配基可以是大分子也可以是小分子,可以通过实验来确定理想的配基。

3. 亲和层析的操作步骤

亲和层析一般采用柱层析。先选择欲分离物质的亲和对象,将其作为配体,在不损害生物功能的条件下与水不溶性载体结合,使之固定化,并装入层析柱中作为固定相;然后把含有欲分离物质的混合液作为流动相,在有利于配基固定相和欲分离物质之间形成复合物的条件下进入层析柱。为了有利于复合物的形成,亲和吸附可在4℃下进行,以防止生物大分子的失活,上柱流速应尽可能慢。

待分离样品的混合物中只有能与配基形成专一亲和力的物质分子被吸附,不能亲和的杂质则直接流出。然后改变洗脱液,促使配基与其亲和物解离,从而释放出亲和物。洗脱液所选取的条件正好与吸附条件相反,应能减弱配体与亲和物之间的亲和力,使络合物完全解离。

洗脱结束后,亲和柱必须彻底洗涤,先用洗脱剂除去残留的亲和物,再用平衡缓冲液充分平衡亲和柱,4～10℃低温保存。

四、色谱分析和色谱仪

早期的色谱只是一种分离方法,但随着物质检测技术的提高,色谱法已成为集分离和测试为一体的现代仪器分析手段。当今的色谱仪包括分离和检测两个部分,可同时实现分离和分析。这种利用物质在固定相与流动相间分配系数的差别进行分离,再根据其物理化学特性进行(在线)检测的分析方法称为色谱分析。目前色谱法已成为环境、材料、食品、农业、安全、医药及生命科学等领域应用最广、发展最快的分析方法之一。

(一)气相色谱

气相色谱是20世纪50年代出现的一项重大科学技术成就,它是一种新的分离、分析技术,在工业、农业、国防、科学研究中都得到了广泛应用。气相色谱可分为气固色谱和气液色谱。气固色谱的"气"指流动相是气体,"固"指固定相是固体物质,如活性炭、硅胶等。气液色谱的"气"指流动相是气体,"液"指固定相是液体。

气相色谱是指用气体作为流动相的色谱法。由于样品在气相中传递速度快,因此样品组分在流动相和固定相之间可以瞬间地达到平衡。另外加上可选作固定相的物质很多,因此气相色谱是一个分析速度快和分离效率高的分离分析方法。在石油化学工业中大部分的原料和产品都可采用气相色谱来分析;在环境保护工作中可用来监测城市大气和水的质量;在农业上可用来监测农作物中残留的农药;在商业部门可用来检验及鉴定食品质量的好坏;在医学上可用来研究人体新陈代谢、生理机能;在临床上可用于鉴别药物中毒或疾病类型;等等。

气相色谱分析所用的仪器为气相色谱仪,该仪器的基本组成部件见图6-4。基本运行步骤如下:载气由高压钢瓶中流出,经减压阀降压到所需压力后,通过净化干燥管使载气净化,再经稳压阀和转子流量计后,以稳定的压力、恒定的速度流经气化室与气化的样品混合,将样品气体带入色谱柱中进行分离。分离后的各组分随着载气先后流入检测器,然后载气放空。检测器将物质的浓度或质量的变化转变为一定的电信号,经放大后在记录仪上记录下来,就得到色谱流出曲线。根据色谱流出曲线上得到的每个峰的保留时间,可以进行定性分析,根据峰面积或峰高的大小,可以进行定量分析。

1. 气路系统

气路系统由高压气瓶、减压阀、气流调节阀和有关连接管道组成。它提供载气和气体通

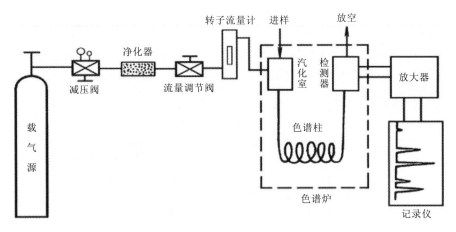

图 6-4 气相色谱仪的基本组成部件

路,所用的载气由高压气瓶经减压提供。载气常用氢气、氮气、氦气或氩气。

2. 进样系统

液体样品的进样器采用微量注射器进样,将样品吸入 $0.5\sim50\mu L$ 的注射器中,刺入进样口的硅橡胶垫,经汽化室汽化后,进入色谱柱。气体样品的进样可以采用 $0.5\sim5mL$ 的注射器,由进样口注入汽化室进入色谱柱,也可用旋转式六通阀进样。

3. 分离系统(色谱柱)

色谱柱是气相色谱仪的核心部件,柱子一般是用不锈钢或玻璃管制成"U"形或螺旋形。增加柱长可提高分离效能,但延长分析时间;加大柱内径可增大进样量,但会降低柱的分离效能。分析时应根据具体情况选择合适的色谱柱。

4. 控制系统(温度控制系统)

在气相色谱测定中,温度是重要的指标,直接影响色谱柱的选择分离、检测器的灵敏度和稳定性。温度控制主要指对色谱柱、汽化室、检测器 3 处的温度控制。色谱柱的温度控制方式有恒温和程序升温两种。

5. 检测与数据处理系统

样品经色谱柱分离后,各组分按保留时间不同,顺序地随载气进入检测器,检测器把进入的组分的浓度或质量随时间的变化而变化,转化成易于测量的电信号,经过必要的放大传递给记录仪或计算机,最后得到该混合样品的色谱流出曲线及定性和定量信息。

(二)高效液相色谱

高效液相色谱(high performance liquid chromatography,简称 HPLC)又称高压液相色谱、高速液相色谱、高分离度液相色谱。高效液相色谱是色谱法的一个重要分支,以液体为流动相,采用高压输液系统,将具有不同极性的单一溶剂或不同比例的混合溶剂、缓冲液等流动相泵入装有固定相的色谱柱,在柱内各成分被分离后,进入检测器进行检测,从而实现对样品的分析。该方法已成为化学、医学、工业、农学、商检和法检等学科领域中重要的分离分析技术。

高效液相色谱是目前应用最多的色谱分析方法,高效液相色谱系统由流动相储液瓶、输液泵、进样器、色谱柱、检测器和记录仪组成(图6-5),其整体组成类似于气相色谱,但是针对其流动相为液体的特点作出很多调整。HPLC的输液泵要求输液量恒定平稳;进样系统要求进样便利、切换严密;由于液体流动相黏度远远高于气体,为了减低柱压,高效液相色谱的色谱柱一般比较粗,长度也远小于气相色谱柱。

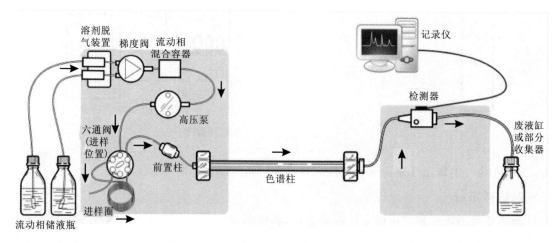

图6-5　高效液相色谱仪的构成部件示意图

使用高效液相色谱时,液体待检测物被注入色谱柱,通过压力在固定相中移动,由于被测物种不同,物质与固定相的相互作用不同,不同的物质顺序离开色谱柱,通过检测器得到不同的峰信号,最后通过分析比对这些信号来判断待测物所含有的物质。高效液相色谱从原理上与经典的液相色谱没有本质的差别,它的特点是采用了高压输液泵、高灵敏度检测器和高效微粒固定相,适于分析高沸点、不易挥发、分子量大、不同极性的有机化合物。

高效液相色谱的特点为:①高压。流动相为液体,流经色谱柱时,受到的阻力较大,为了能迅速通过色谱柱,必须对载液加高压。②高效。分离效能高。可选择合适的固定相和流动相,以达到最佳分离效果,比气相色谱的分离效能高出许多倍。③高灵敏度。紫外检测器可达0.01ng,进样量在微升数量级。④应用范围广。70%以上的有机化合物可用高效液相色谱分析,特别是高沸点、大分子、强极性、热稳定性差化合物的分离分析。⑤分析速度快。通常分析一个样品需15~30min,有些样品甚至在5min内即可完成。

第七章 膜分离技术

膜分离现象在大自然中,特别是在生物体内是广泛存在的。早在1748年法国学者Abble Nollet 就发现了膜分离现象,但膜分离技术的大发展和工业应用是在19世纪60年代以后。膜分离技术现在主要应用在食品加工、海水淡化、纯水及超纯水制备、医药、生物、环保等领域。

一、基本原理

膜分离技术的基本原理是利用天然或人工合成的具有选择透过性的薄膜,当溶液或混合气体与膜接触时,在压力下、电场作用下或温差作用下,某些物质可以透过膜,而另一些物质则被选择性拦截,从而使双组分或多组分体系进行分离、分级、提纯或富集。凡是利用薄膜技术进行分离的方法,称为膜分离技术。它与传统过滤方法的不同点在于,可以在分子水平上对不同粒径、形状、特性的分子的混合物实现选择性分离,并且此过程是一种物理过程,不发生相的变化,无需添加辅助剂。

二、膜材料与分类

(一)膜材料

膜的材料一般要求有良好的成膜性,热稳定性,化学稳定性,耐酸、碱以及微生物侵蚀和抗氧化性能。不同的膜分离过程对膜的要求不同,选择合适的膜材料是膜分离技术首先要考虑的。目前研究和应用的膜材料主要是高聚物材料和无机材料,其中以高聚物膜应用得最多。

1. 高聚物膜材料

(1)天然物质的衍生物,如硝酸纤维素、醋酸纤维素等。
(2)人造物质,如聚乙烯、聚酰胺、聚丙烯等。
(3)特殊材料,如多孔玻璃、电解质复合膜等。

2. 无机膜

无机膜是指用无机材料如金属、陶瓷、金属氧化物、沸石等制成的膜。这类膜具有耐高温、耐生物降解、机械强度大等优点,目前主要有陶瓷膜、金属膜、玻璃膜等。

(二)膜的分类

根据分离方式及透性不同可将膜分为半透膜和离子选择性透过膜。

(1)半透膜。又称为分离膜或滤膜,是指只透过溶剂或只透过溶剂和小分子溶质而截留大分子溶质的膜,主要用于反渗透和超过滤。对于半透膜的工作原理,目前最为经典的是氢键理论和优先吸附-毛细管流动机理。

(2)离子选择性透过膜。简称离子交换膜,是电渗析法广泛应用的隔膜,也可用于反渗透。离子选择性透过膜的选择透过性一般用双电层理论和道南膜平衡理论来解释。离子选择性透过膜按功能和结构的不同,可分为阳离子交换膜、阴离子交换膜、两性交换膜、镶嵌离子交换膜和聚电解质复合物膜5种类型。

三、主要的膜分离技术

(一)透析技术

透析技术是生物化学实验中最常用的膜分离技术,它是利用半透膜两侧的溶液浓度差,截留大分子物质,使小分子分离出去,在生物大分子的制备过程中能够去除样品溶液中的小分子杂质和对样品进行浓缩。透析技术产生于19世纪中叶,由Thomas Graham始创,与现在医疗上采取的血液透析操作原理一致。生物化学上,透析技术常用于除去蛋白质或核酸样品中的盐、变性剂、还原剂之类的小分子杂质。

1. 透析技术的原理

将含有大分子和小分子的混合溶液装入由透析膜制成的透析袋或透析管中,将透析袋放入含有低渗的溶液或蒸馏水中,由于膜内的小分子渗透压高于膜外,根据分子自由扩散原理,小分子可以顺浓度梯度通过半透膜的膜孔向低浓度的膜外进行扩散,而大分子受到半透膜孔径的限制不能通过,小分子向外扩散的速度逐渐减弱,同时有部分小分子向膜内流动,渗透分子进出半透膜的速度逐渐趋于平衡。如果将半透膜外的溶液重新置换为低渗溶液后,平衡被打破,小分子又重新向膜外扩散,直至形成新的平衡。大分子物质,如蛋白质、核酸或多糖等因其分子直径大于孔的直径,则完全被阻滞在膜的一侧,而不能通过膜(图7-1)。

2. 透析技术的应用

透析技术所用的透析膜常用火棉胶、羊皮纸、兽类的膀胱、纤维素、玻璃纸等亲水材料制成。通常将半透膜制

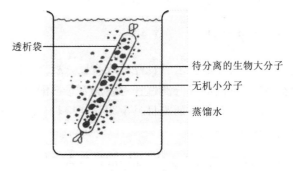

图7-1 透析原理示意图

成袋状,清洗过的半透膜一定要采用湿法保存,一经干燥即会开裂,不能再使用。常用于除去生物大分子(如蛋白质、核酸等)中的小分子杂质,有时也用于置换样品缓冲液。选择不同规格的透析袋,样品处理量可从10μL直至上百毫升,样品回收率可高达95%,截留分子质量也可从几百至几百万道尔顿。

透析常用自由扩散法和搅拌透析法进行待分离物质的分离。①自由扩散法。取一段大小合适的透析袋,检查是否漏水,如无漏水现象,把实验样品转入透析袋,将两端都用线绳扎紧,放入透析液中,透析液可以是蒸馏水或低渗溶液。当袋内外的小分子趋于平衡或浓度差很小时,更换透析液,一般为3~4h,如此重复几次后,即可将样品中的大分子和小分子分离。②搅拌透析法。搅拌透析法和自由扩散法相似,只是增加了一个磁力搅拌器,在透析液中放入一根电磁棒,借助电磁搅拌形成的漩涡流,使扩散出来的小分子很快分散到透析液中,使得透析袋

外周附件的透析液始终保持低渗状态。此法可以缩短透析时间,节省透析液,减少工作量并提高透析效率。

(二)超滤技术

超滤技术是综合了过滤和渗透技术各自的优点而发展起来的一种高效分离技术,广泛用于生物大分子的脱盐、浓缩和分离纯化。

超滤是根据被分离物质的分子形状、大小的差别进行分离的。在一定强度的压力差下,膜内的小分子溶质和溶剂穿过一定孔径的特制薄膜,而大分子不能通过,从而达到使不同大小的分子进行分离的目的。

按膜的平均孔径和施加压力的不同可将膜分离技术分为微滤、超滤和反渗透3种。①微滤。操作压力小于35kPa,膜孔径50nm以上,用于分离较大的微粒、细菌等。②超滤。操作压力在35~700kPa之间,膜孔径1~10nm,用于分离大分子溶质。③反渗透。操作压力在3500~14 000kPa,膜孔径小于1nm,用于分离大分子溶质。

影响超滤的因素主要有:①溶质的性质。如分子形状、相对分子质量和带电性质等。②溶液的浓度。一般来说,样品溶液浓度越高,超滤效率越低。③温度。理论上温度越高,越利于超滤,但对于生物活性大分子来说,温度要控制在4℃左右,以免失活。④压力。施加压力不是越高越好,应根据样品溶液的浓度而定。

第八章 电泳技术

一、电泳技术简介

带电颗粒在电场作用下,向着与其所带电荷相反的电极移动的现象称作电泳。电泳技术就是利用电场的作用,由于待分离样品中各种分子在带电性质以及分子形状、分子大小等性质方面存在一定的差异,使带电分子产生不同的迁移速率,从而对样品进行分离、鉴定与纯化的技术。电泳这一现象在 1808 年就已发现,但是作为一项应用于生物化学研究的实验方法却是在 1937 年以后,真正在研究中得到广泛的应用,是在用滤纸作为支持物的纸电泳问世之后。20 世纪 60 年代以来,由于新型支持物的发现和先进仪器设备的研制,所以适合于各种目的的电泳便应时而生。

电泳装置主要包括两个部分:电泳仪和电泳槽。电泳仪提供直流电,在电泳槽中产生电场,驱动带电分子的迁移。电泳槽可以分为水平式和垂直式两类。垂直式电泳是较为常见的一种,常用于聚丙烯酰胺凝胶电泳中蛋白质的分离。水平式电泳的凝胶铺在水平的玻璃或塑料板上,电泳时凝胶必须浸入电泳缓冲液中。电泳过程中应在适当的电泳缓冲液中进行,缓冲液可以保持待分离物带电性质的稳定。电泳时使用的凝胶作为支持介质的引入大大促进了电泳技术的发展,使电泳技术成为分析蛋白质、核酸等生物大分子的重要手段之一。最初使用的凝胶是淀粉凝胶,但目前使用最多的是琼脂糖凝胶和聚丙烯酰胺凝胶。

二、电泳技术的基本原理

一个带电颗粒在电场中所受的力有两种,即电场作用力(F)和流体黏性阻力(f)。电场作用力 F 的大小取决于颗粒所带电荷量 q 和电场强度 E。

即
$$F = qE \tag{8-1}$$

由于电场力的作用,带电颗粒向一定方向泳动。在溶液中运动的颗粒受到的流体黏性阻力 f 与电场力的方向相反。根据斯托克斯(Stokes)理论,球形颗粒的黏性阻力为:

$$f = 6\pi r \eta v \tag{8-2}$$

式中:r 为球形颗粒半径;η 为介质黏度;v 为颗粒泳动速度。

当颗粒运动达到动态平衡时,$F=f$,所以:

$$v = qE/6\pi r \eta \tag{8-3}$$

或

$$v = mE \tag{8-4}$$

式中:v 为达到匀速泳动时的电泳速度,简称电泳速度;m 为电泳迁移率,即单位电场强度下的电泳速度。

由式(8-3)可知,性质不同的带电颗粒的电泳速度是不同的。这就是电泳分离的基本原理。

在具体电泳实验中,速度可用单位时间内移动的距离 d(cm)来表示。

即 $$v = d/t \tag{8-5}$$

由于电场强度为:

$$E = U/L \tag{8-6}$$

式中:U 为加在两极的电压(V);L 为两电极间的距离(cm)。

所以,根据式(8-1)~式(8-6),可得颗粒的电泳迁移率为:

$$m = dL/Ut \tag{8-7}$$

三、影响电泳迁移率的因素

在一定条件下任何带电颗粒都有自己特定的电泳迁移率。影响电泳迁移率的因素有颗粒性质、电场强度和溶液性质等。

1. 颗粒性质

颗粒大小、形状以及所带静电荷的多少对电泳迁移率影响很大。一般来说,颗粒所带静电荷越多,粒子越小而且是球形,电泳迁移率就越大。

2. 电场强度

电场强度指单位长度的电势差,即电势梯度。电场强度越高,带电颗粒的迁移速度就越快,省时但会产生很高的热量,应配备冷却装置以维持恒温。

3. 溶液性质

(1)溶液的 pH 值。溶液的 pH 值决定带电颗粒的解离程度,即决定带电颗粒所带电荷的多少。对蛋白质和氨基酸而言,溶液的 pH 值与等电点相差越大,其所带净电荷的量就越大,电泳速度也就越快,反之则越慢。为了使电泳过程中的溶液的 pH 值保持恒定,宜选用缓冲溶液。

(2)溶液的离子强度。离子强度代表所有类型的离子所产生的静电力,它取决于离子电荷的总数。若离子强度过高,带电离子能把溶液中与其电荷相反的离子吸引在自己周围形成离子扩散层,导致颗粒所带净电荷量减少,电泳速度降低。一般最适合的离子强度为 0.02~0.2mol/L。

(3)溶液黏度。电泳速度与溶液黏度成反比,因此溶液黏度过大或过小,必然会影响电泳的速度。

4. 电渗

因为支持物(如琼脂糖、醋酸纤维膜等)不是绝对的惰性物质,它可吸附溶液中的阳离子或阴离子,从而使靠近支持物的溶液相对带电,引起电场中溶液层的移动,这种现象称为电渗现象。如果颗粒泳动的方向与电渗方向一致,则泳动速度加快;如果颗粒泳动的方向与电渗方向相反,则泳动速度降低。为避免电渗现象,应尽量选择电渗作用小的支持物。

四、区带电泳的分类

样品物质在一惰性支持物上进行电泳,样品的不同组分可形成带状的区间,称为区带电泳。采用不同类型的支持物进行该电泳时,能分离鉴定小分子物质(氨基酸、核苷酸等)和大分子物质(蛋白质、核酸以及病毒颗粒等)。区带电泳的灵敏度和分辨率较高,操作简单,因此在生物学、临床医学等方面得以广泛应用,也已成为开展生物化学与分子生物学等研究工作的一种必不可少的方法。

区带电泳一般有以下几种分类。

1. 按支持介质的物理性质不同

(1)滤纸电泳及其他纤维电泳。如玻璃纤维膜、醋酸纤维膜等。

(2)粉末电泳。如在淀粉、纤维素粉等制成的平板上进行。

(3)凝胶电泳。如琼脂、琼脂糖、聚丙烯酰胺等凝胶电泳。

(4)线丝电泳。如尼龙丝、人造丝电泳。

2. 按支持物的装置形式不同

(1)水平板式电泳。分离核酸类物质,常使用水平电泳槽来进行实验。

(2)垂直柱式电泳。聚丙烯酰胺凝胶圆盘电泳即属于此类,使用垂直圆盘电泳槽。

(3)垂直板式电泳。主要分离蛋白质、酶等生物大分子,使用的是垂直板式电泳槽。

3. 按 pH 值的连续性不同

(1)连续 pH 值电泳。整个电泳过程中 pH 值保持不变,多数电泳都属于此类。

(2)非连续 pH 值电泳。缓冲液和支持物间有不同的 pH 值,如等电聚焦电泳。

五、常用的几种电泳

(一)纸电泳

纸电泳是用滤纸作支持物的一种电泳方法。1948 年 Wiselius 等首次将纸电泳用于氨基酸和多肽物质的分离。进入 20 世纪 60 年代,纸电泳已应用于蛋白质及其衍生物、核酸及其衍生物、酶、激素、糖和维生素等物质的研究。纸电泳最常用的电泳槽是水平电泳槽,包括电极、缓冲液槽、电泳介质以及冷凝槽、透明罩等。实验时,将电泳槽洗净、晾干、放平,然后在两个电泳槽中倒入缓冲液,使两液面平衡,将滤纸条一端浸入缓冲液,另一端搭在电泳槽支架上。将滤纸剪成适当尺寸(通常为 2~3cm)搭在滤纸条上,接通电泳仪电源,调节到一定的电压,即可进行电泳。电泳时间根据样品的性质而定。电泳完毕,关闭电源,在滤纸与溶液界面处画上记号,以便计算滤纸的有效长度。然后将滤纸平铺在玻璃板上,置于 70℃ 左右的烘箱烘干。烘干后的滤纸按不同的方法进行显色测定。

纸电泳的设备简单,应用广泛,是最早使用的一种电泳技术。但由于纸电泳所需时间较长,分辨率较差,近年来已逐渐被其他快速、简便、分辨率高的电泳技术所代替。

(二)醋酸纤维膜电泳

采用醋酸纤维膜作为支持物的电泳方法。醋酸纤维膜是将纤维素的羟基乙酰化形成纤维素酯,然后将其溶于有机溶剂后涂抹成均匀的薄膜,干燥后就成为醋酸纤维素膜。由于纤维素的羟基被乙酰化,所以它们实际上没有吸附作用,因此,基本上没有拖尾现象产生,可将不同样品分离成为一条明显的细带,分辨率较高。

醋酸纤维膜电泳是在纸电泳的基础上发展而来的一种比较新的电泳技术。目前已广泛应用于科学实验、生化产品分析和临床化验,如血红蛋白、血清蛋白等的分离和鉴定。这种电泳方法具有简单、分离速度快、所需的样品量少、区带清晰、灵敏度高、便于照相和保存等特点。

(三) 聚丙烯酰胺凝胶电泳

聚丙烯酰胺凝胶电泳(PAGE)是以聚丙烯酰胺凝胶作为支持物的一种电泳方法。聚丙烯酰胺凝胶是以单体丙烯酰胺(Acr)和双体甲叉丙烯酰胺(Bis)为材料,在催化剂作用下,聚合为含酰胺基侧链的脂肪族长链,在相邻长链间通过甲基桥连接而成的三维网状结构。其孔径大小是由 Acr 和 Bis 在凝胶中的浓度及交联度决定的。一般而言,浓度和交联度越大,孔径越小。凝胶的机械强度、弹性、透明度和黏着度都取决于凝胶总浓度和单体 Acr 与交联剂 Bis 两者之比。聚丙烯酰胺凝胶电泳具有较高的分辨率,因而被广泛应用于蛋白质的分离和分析。

1. 聚丙烯酰胺凝胶的形成

聚丙烯酰胺凝胶聚合常用的催化系统有化学聚合和光聚合。①化学聚合的催化剂一般是过硫酸铵(AP),加速剂是四甲基乙二胺(TEMED)。当在 Acr、Bis 和 TEMED 的混合溶液中加入过硫酸铵时,过硫酸铵即产生自由基,丙烯酰胺与自由基作用后,随即被活化,而后在 Bis 存在下形成凝胶。聚合的初速度与过硫酸铵的浓度的平方根成正比,在碱性条件下反应迅速。此外温度、氧分子、杂质等都会影响聚合速度。②光聚合反应的催化剂是核黄素,光聚合过程是一个光激发的催化反应过程。在氧及紫外线作用下,核黄素生成含自由基的产物,自由基的作用与前述过硫酸铵相同。光聚合反应通常将反应混合液置于荧光灯旁,即可发生反应,聚合时间可以自由控制,改变光照时间和强度,可使聚合作用延迟或加快。

2. 电泳分离效应

聚丙烯酰胺凝胶在电泳过程中具有以下 3 种效应。

(1)浓缩效应。浓缩胶与分离胶中所用原料总浓度和交联度不同,孔径大小就存在差异。前者孔径大,后者孔径小。带电荷的蛋白质离子在浓缩胶中泳动时,因受阻力小,泳动速度快。当泳动到小孔径的分离胶时,遇到阻力大,移动速度逐步减慢,使样品浓缩成很窄的区带。

(2)电荷效应。由于各种蛋白质所带电荷不同,有效迁移率也不同,它们在浓缩胶与分离胶的界面处被高度浓缩,堆积成层,形成一狭小的高度浓缩的蛋白质区。当这些蛋白质进入分离胶后,由于每种蛋白质分子所载有效电荷不同,故电泳速度也不同,这样各种蛋白质就以移动速度大小顺序排列成一条一条的蛋白质区带。

(3)分子筛效应。由于在凝胶电泳中,凝胶浓度不同,其网状结构的孔径大小也不同,可通过的蛋白质相对分子质量范围也就不同。相对分子质量大且不规则的蛋白质分子所受阻力大,泳动速度慢;相对分子质量小且形状为球形的蛋白质分子所受阻力小,泳动速度快。这样,分子大小和形状不同的各组分在分离胶中得到有效分离。

(四) 琼脂糖凝胶电泳

琼脂糖凝胶电泳是用琼脂糖作支持物的电泳方法。这种方法用于研究核酸等大分子物质效果较好,因此已成为从事分子生物学工作中不可缺少的工具之一。这类电泳具有凝胶含水量大,近似自由界面电泳,受固体支持物影响小,电泳区带整齐,分辨率高,电泳速度快,可用紫外检测仪或凝胶成像系统来观察和记录结果等优点。琼脂糖是由琼脂经过反复洗涤除去含硫酸根的多糖后制成的,由于琼脂糖具有亲水性且不含带电荷的基团,因此无明显电渗现象,可作为理想的凝胶电泳材料。

琼脂糖凝胶具有三维网状结构,直接参与带电颗粒的分离过程。在电泳中,物质分子通过凝胶孔隙时会受到阻力,大分子物质在泳动时受到的阻力比小分子大,因此在凝胶电泳中,带电颗粒的分离不仅依赖于净电荷的性质和数量,而且还取决于分子大小,这就大大地提高了分辨能力。琼脂糖凝胶通常制成板状,凝胶浓度以 0.8%~1% 为宜,因为此浓度制成的凝胶富有弹性,坚固而不脆,但是在制备过程中应避免长时间加热。电泳缓冲液的 pH 值多在 6~9 之间,离子强度最适为 0.02~0.05。离子强度过高时,将有大量电流通过凝胶,使凝胶中水分大量蒸发,甚至造成凝胶干裂。

(五) 等电聚焦电泳

等电聚焦电泳技术是利用一种特殊的缓冲液(两性电解质)在聚丙烯酰胺凝胶内制造一个 pH 值梯度,电泳时每种蛋白质就将迁移到等于其等电点(pI)的 pH 值处,形成一个很窄的区带。它具有很高的分辨率,可以分辨出等电点相差 0.01 的蛋白质,是分离两性物质如蛋白质的一种理想方法。所以该电泳技术在高分子物质的分离、提纯和鉴定中的应用日益广泛。

1. 等电聚焦电泳的基本原理

在等电聚焦电泳中,具有 pH 值梯度介质的分布是从阳极到阴极 pH 值逐渐增大。蛋白质分子具有两性解离及等电点的特征,在碱性区域蛋白质分子带负电荷,向阳极移动,直到某一 pH 值位点时失去电荷而停止移动,此处介质的 pH 值恰好等于聚焦蛋白质分子的等电点(pI)。位于酸性区域的蛋白质分子带正电荷,向阴极移动,直到在它们的等电点上聚焦为止。在该方法中,等电点是蛋白质组分的特性量度,将等电点不同的蛋白质混合物加入有 pH 值梯度的凝胶介质中,在电场内经过一定时间后,各组分将分别聚焦在各自等电点相应的 pH 值位置上,形成分离的蛋白质区带。

2. 等电聚焦电泳中的注意事项

(1) 两性电解质是人工合成的一种复杂的多氨基多羧基的混合物。不同的两性电解质有不同的 pH 值梯度范围,既有较宽的范围如 3~10,也有各种较窄的范围如 7~8。要根据待分离样品的实际情况选择适当的两性电解质,使待分离样品中各个组分都在两性电解质的 pH 值范围内。

(2) 等电聚焦电泳如在宽 pH 值范围的载体两性电解质内进行,为了克服在中性区域形成纯水区带,可适当添加中性载体两性电解质。

(3) 凝胶结束电泳后,对蛋白质染色时应注意,由于两性电解质也会被染色,使整个凝胶都被染色。所以等电聚焦的凝胶不能直接染色,要首先经过 10% 三氯乙酸的浸泡以除去两性电解质后才能进行染色。

(六) 二维凝胶电泳(2D-PAGE)

二维聚丙烯酰胺凝胶电泳技术是一种有效的、一次能分离成百上千种蛋白质混合物的方法。1975 年,Farrell 首先建立了等电聚焦/SDS-聚丙烯酰胺双相凝胶电泳。二维凝胶电泳的分离系统充分应用了蛋白质的两个特性和不同的分离原理。第一维是根据蛋白质的等电点的不同,用等电聚焦电泳技术分离蛋白质;第二维是根据不同蛋白质分子量大小的特性,通过蛋白质与SDS形成复合物后,在聚丙烯酰胺凝胶电泳中的不同分子大小迁移的差异,从而达到分离蛋白质的目的。

通常第一维电泳是等电聚焦,在细管中(直径1~3mm)加入含有两性电解质、8mol/L的脲以及非离子型去污剂的聚丙烯酰胺凝胶进行等电聚焦,变性的蛋白质根据其等电点的不同进行分离。而后将胶条从管中取出,用含有SDS的缓冲液处理30min,使SDS与蛋白质充分结合。将处理过的凝胶条放在SDS-聚丙烯酰胺凝胶电泳浓缩胶上,加入丙烯酰胺溶液或熔化的琼脂糖溶液使其固定并与浓缩胶连接。在第二维电泳过程中,结合SDS的蛋白质从等电聚焦凝胶中进入SDS-聚丙烯酰胺凝胶,在浓缩胶中被浓缩,在分离胶中依据其相对分子质量大小被分离。这样各个蛋白质根据等电点和相对分子质量的不同而被分离,分布在二维图谱上。细胞提取液的二维电泳可以分辨出1000~2000个蛋白质,有些报道可以分辨出5000~10 000个斑点,这与细胞中可能存在的蛋白质数量接近。由于二维电泳具有很高的分辨率,它可以直接从细胞提取液中检测某个蛋白质。

二维电泳分离后的蛋白质点经考马斯亮蓝、酸性银染、碱性银染、荧光染色或放射性标记等染色处理后,通过图像扫描存档,最后呈现出来的是在二维方向排列的呈"满天星"状的小圆点,其中每一个点代表一个蛋白质。需要说明的是,由于在电泳过程中涉及亚基内或亚基间二硫键的还原和烷基化处理,亦即高级结果的去除,因此,通过二维电泳分离所得到的实质上是构成蛋白质的各个亚基,而非完整的功能蛋白质。

二维电泳的应用主要是用于蛋白质组的分析。蛋白质组的分析是分析基因组表达的所有蛋白质组分。二维电泳的应用包括蛋白质组分析、细胞的分化、疾病指标的检测、药物的发现等。

第九章 分子克隆技术

一、分子克隆简史

自从20世纪初,孟德尔的《植物杂交实验》被重新发现,标志着遗传学的诞生。随后,遗传学成了当时科学研究的热门学科,并诞生了一系列具有重大影响的成果。例如荷兰人胡戈·德弗里斯(H. de Vris,1848—1935)在他的实验中发现遗传特征的重大变化,他称之为"突变"(mutation),并根据他的发现提出了"突变学说"。该学说对生物学的研究曾产生过重要影响。

1910年,美国人托马斯·亨特·摩根(T. H. Morgan)出版了他第一部关于果蝇实验的成果。他不仅证明了孟德尔定律的正确性,而且还证实了长期存在的一种猜测,即借助于显微镜能看到的在细胞核里呈小棍形状结构的染色体其实就是基因的载体。

1944年,艾弗里(O. T. Avery)等通过对细菌转化现象的深入研究,证明DNA是遗传物质。从此以后,对DNA分子结构展开了广泛的研究。1953年,Watson和Crick建立了DNA分子的双螺旋模型。1958年至1971年先后确立了中心法则,破译了64种密码子,成功揭示了遗传信息的流向和表达问题。以上研究成果为基因工程问世提供了理论准备。

20世纪60年代初,发现了限制性内切酶和DNA连接酶等,实现了DNA分子体外切割和连接,为分子克隆技术的产生奠定了技术基础。基因克隆技术的想法第一次出现在1972年11月在檀香山的一个有关质粒的科学会议上,美国斯坦福大学的伯格(P. Berg)等在会上介绍了把一种猿猴病毒的DNA与λ噬菌体DNA用同一种限制性内切酶切割后,再用DNA连接酶把这两种DNA分子连接起来,于是产生了一种新的重组DNA分子。这一阶段还解决了体外重组DNA分子如何进入宿主细胞,并在其中复制和有效表达等关键问题。经研究发现质粒分子是外源DNA分子的理想载体,病毒和噬菌体DNA(RNA)也可改建成载体。至此就产生了分子克隆(基因克隆)技术。

克隆(clone)一词源于希腊语,在生物学中最初的含义是指一个细胞或个体以无性繁殖的方式产生与亲代完全相同的子代群体。随着生物学研究的不断深入,克隆一词也被广泛应用于分子生物学领域,指在生物体外用重组技术将特定基因或DNA片段插入载体分子中,然后通过一定的技术手段将重组的DNA分子导入受体细胞(最常用的是大肠杆菌细胞)的体内,并令其在受体细胞中复制。这也就是所谓的"分子克隆"或"基因克隆",这一过程也被称为"克隆"某一基因。

二、与分子克隆相关的工具酶

分子克隆常用的工具酶有:限制性核酸内切酶;DNA聚合酶,包括DNA聚合酶、Klenow酶、逆转录酶等;DNA连接酶,常用的连接酶为T4 DNA连接酶;DNA末端修饰酶,主要包括末端转移酶、碱性磷酸酶、多核苷酸激酶等。

(一)限制性核酸内切酶

限制性核酸内切酶(restriction endonuclease),是一类能够识别双链 DNA 分子中的某种特定核苷酸序列(4~8bp),并由此处切割 DNA 双链的核酸内切酶。它是细菌的限制和修饰系统,具有自我保护作用。主要有两个方面的作用:一是限制作用,将侵入细菌体内的外源 DNA 切成小片段;二是修饰作用,细菌自身的 DNA 碱基被甲基化酶甲基化修饰所保护,不能被自身的限制性内切酶识别切割。根据限制-修饰现象发现的限制性核酸内切酶,已成为分子克隆以及基因工程的重要工具酶。

目前研究发现的限制性核酸内切酶有 3 种类型:即 Ⅰ 型酶、Ⅱ 型酶和 Ⅲ 型酶。其中由于 Ⅰ 型酶与 Ⅲ 型酶切割位点的特异性不强,因此它们在基因工程操作中用途不大。Ⅱ 型限制性核酸内切酶在 DNA 分子双链的特异性识别序列部位或其周围切割双链,酶切结果形成具有黏性末端的 DNA 片段或形成具有平齐末端的 DNA 片段,经过适当的酶处理后,这些 DNA 片段可以按照碱基互补原则连接起来,形成新的重组 DNA 分子。

限制性核酸内切酶的酶切活性与 DNA 的纯度、溶液缓冲体系离子浓度、温度、时间等相关。

(1)DNA 样品的纯度。在制备 DNA 样品中,由于各种条件的影响,存在着一些非 DNA 物质,这些物质有的对酶切反应影响较大,如抽提过程中,有机物质的残留成分,如酚、氯仿、酒精,都会破坏酶的活性,另外未除去的蛋白质,也会干扰酶的反应,残留的染色体 DNA 则会相对降低酶对底物 DNA 的浓度。

(2)溶液缓冲体系离子浓度。限制性核酸内切酶专一性需要 Mg^{2+},以作为辅基。并且要求一定的盐离子浓度,在使用上,通常把限制性核酸内切酶对盐离子的要求分为 3 类,即高盐、中盐和低盐,它们所需的 Na^+ 分别为 100mmol/L、50mmol/L 和 10mmol/L。如果离子浓度使用不当,酶反应不完全或会使酶的识别位点发生改变,例如高盐类的 *Eco*R Ⅰ 酶当 Na^+ 离子浓度低于 50mmol/L 时,它的专一性就降低。

(3)温度。大部分限制性核酸内切酶最适宜的反应温度为 37℃,极个别为 60℃,所以酶反应后要使酶的活性失活时,可把反应液置于 65℃内保温 10~15min,以终止酶反应。

(4)时间。酶消化时间通常依酶的浓度、底物的浓度和纯度而定,通常是 30min 到 2h,甚至更长些,但不能过长太多。因为商品酶极有可能含有杂酶,时间过久,微量的杂酶也会干扰整个酶反应。

(二)DNA 聚合酶

(1)大肠杆菌聚合酶 Ⅰ。具有聚合酶活性以及 $3'$、$5'$ 外切核酸酶活性,该酶常用于标记 DNA 片段,制备分子杂交用的探针。

(2)Klenow 酶。是经过枯草杆菌蛋白酶或胰蛋白酶分解 DNA 聚合酶,切除小亚基,只保留大亚基。具有聚合酶活性和 $3'$ 外切核酸酶活性,但没有 $5'$ 外切酶活性。在基因工程中用于同位素标记 DNA 片段的 $3'$ 末端。

(3)逆转录酶。此酶是一种以 RNA 为模板,合成 DNA 的酶,又称为依赖 RNA 的 DNA 聚合酶(RNA dependent DNA polymerase),其合成的 DNA 又称为 cDNA,即互补 DNA(complementary DNA)。逆转录酶的作用特点与一般核糖核酸酶不同,它的主要作用是从 DNA - RNA 的杂交链中特异性地降解 RNA 链,进而保留新合成的 DNA 链。

(三) DNA 连接酶

DNA 连接酶(ligase)不能连接两条单链的 DNA 分子,被连接的 DNA 链必须是双螺旋 DNA 分子的一部分。DNA 连接酶主要作用于开环双螺旋 DNA 骨架上的缺口(nick)。根据酶的来源可将 DNA 连接酶分为两种,一种是从大肠杆菌细胞中分离得到,分子量为 7500,只能连接黏性末端;另一种是从 T4 噬菌体中分离,称为 T4 DNA 连接酶,分子量为 6000,不但能连接黏性末端,还能连接平齐末端,是基因工程最常用的 DNA 连接酶。连接酶反应的最适温度是 37℃,但在此温度下黏性末端间氢键结合不稳定,易于断裂,因此连接反应的最佳温度应介于酶作用速率和末端结合速率之间,一般认为 4~16℃ 比较合适。

(四) DNA 末端修饰酶

(1) 末端脱氧核苷酸转移酶。此酶催化 DNA 片段上的 3′—OH 端添加脱氧核糖核苷酸。合成时不需 DNA 模板,但是底物要有一定长度,至少有 3 个核苷酸。基因工程中用于同种碱基多聚体的结尾反应。

(2) T4 多聚核苷酸激酶。该酶由 T4 噬菌体的 pse T 基因编码,能将 ATP 上的 γ 位磷酸转移到 DNA 或 RNA 的 5′—OH 上,酶作用底物是单链或双链带有 5′—OH 末端的 DNA 或 RNA。

(3) 碱性磷酸酶。碱性磷酸酶有两种来源:从大肠杆菌细胞中分离得到的碱性磷酸酶称为细菌性碱性磷酸酶(BAP 酶);从小牛肠组织中分离制备的酶称为小牛肠碱性磷酸酶(CIP 酶)。该酶的主要特性是以单链或双链的 DNA、RNA 为底物,将 DNA 或 RNA 片段 5′端的磷酸基团。在基因工程中此酶用于催化切除 DNA 或 RNA 5′端的磷酸,然后加上 $\gamma-^{32}P$-dNTP 在 DNA 多聚核苷酸激酶的作用下标记 5′端。

三、分子克隆技术的基本原理

分子克隆又称 DNA 重组技术,基本步骤包括:目的基因的获得;目的基因与载体的连接;重组 DNA 分子导入受体细胞;筛选出含重组 DNA 分子的受体细胞克隆。

(一) 获取目的基因

1. 真核细胞基因组 DNA 的制备

真核细胞的直径一般为 10~100μm,细胞膜由脂质双分子层组成,胞浆中含有不同功能的细胞器和细胞核。核内含有多条染色体,携带全部的细胞遗传信息,核膜是由带孔隙的脂质双分子层组成,它可以使中等大小的分子自由穿过。

真核细胞 DNA 分子是以核蛋白形式存在于细胞核中,制备 DNA 的原则是既要将 DNA 与蛋白质、脂类和糖类等分离,又要保持 DNA 分子的完整性。蛋白酶 K 在 SDS 和 EDTA 存在的条件下,可以将蛋白质降解成小肽或氨基酸,从而使 DNA 与蛋白质分开。然后采用酚/氯仿抽提法提取真核细胞基因组 DNA。

当用全血制备基因组 DNA 时,可以采用非离子去污剂 Triton X-100,它直接破坏红细胞膜和白细胞膜,使血红蛋白及细胞核释放出来,通过离心分离即可获得细胞核,再用 SDS 破坏细胞的核膜,用一定浓度的 EDTA 间接抑制细胞中 DNase 活性,然后用酚/氯仿抽提除去蛋白质,再用氯仿抽提除去残存的蛋白质,最后用无水乙醇沉淀水相,即可获得基因组 DNA。

2. 细胞总 RNA 的提取

原核细胞和真核细胞都含有 3 类基本的 RNA,其中 80%~85% 为 rRNA,1%~5% 为 mRNA,其他为 tRNA、核内小分子 RNA 等。细胞内大部分的 RNA 均与蛋白质结合在一起,以核蛋白形式存在。因此在分离 RNA 时,可用盐酸胍等使 RNA 与蛋白质分离,酚/氯仿、异戊醇等使蛋白质变性,经离心后形成上层水相和下层有机相,核酸溶于水相被酚变性的蛋白质或溶于有机相或在两相界面交界处,这样核酸就从核蛋白中释放出来,最后用乙醇沉淀 RNA。异硫氰酸胍法提取细胞总 RNA 是目前常用的提取方法,其基本原理是:异硫氰酸胍是一种很强的蛋白质变性剂,它不仅能使细胞裂解,同时还能有效地抑制细胞内源性 RNA 酶的活性,通过有机溶剂的分步抽提,最终可获得纯度较高的细胞总 RNA。Trizol 试剂就是基于此原理制备的一步法提取细胞或细胞总 RNA 的试剂,经它提取的 RNA 样品纯度高、完整性好,常用作逆转录反应中的模板。

3. 质粒 DNA 的制备

质粒存在于细菌中,所以制备质粒 DNA 时,首先应将含有质粒的细菌在含有相应抗生素的液体培养基中生长至对数期,使质粒在细菌中得到扩增。通过离心收集细菌,经碱裂解细菌,使质粒和细菌染色体 DNA 变性,然后再加中和液,使溶液 pH 值恢复到中性。这样质粒 DNA 又可以复性至天然双链构象状态,而细菌染色体 DNA 不能或很难复性,所以仍处在变性状态,这些变性的染色体 DNA 与变性蛋白质缠绕在一起,易被离心去除,而质粒 DNA 仍存在于水相中,再用无水乙醇沉淀水相,最后离心加入一定量的双蒸水或 TE 缓冲液,即可获得质粒 DNA。

4. 目的基因的获得

基因是包含了生物体某种蛋白质或 RNA 完整遗传信息的一段特定的基因组 DNA 的核苷酸序列,因此可以采用一定的方法,直接从基因组中获取基因。

1)随机断裂法

采用一定的理化方法将基因组 DNA 随机断裂,可以得到大小基本一致的 DNA 片段,具体方法包括:机械切割法、化学法或核酸酶酶解法。DNA 在溶液状态时,呈细长线性分子,刚性强,在受到机械剪切作用时容易断裂。用超声波处理 DNA 溶液,可得到平均长度在一定范围的 DNA 片段。

2)聚合酶链式反应(PCR)扩增法

设计特异性引物,利用 PCR 技术可以直接从基因组 DNA 获得待克隆的目的基因片段,快速地进行外源基因的克隆操作。

3)cDNA 文库法

从总 RNA 中分离出 mRNA,以 mRNA 为模板,用逆转录酶合成相应的 cDNA,用逆转录扩增得到的 cDNA 构建文库,再用杂交和 PCR 的方法筛选目的基因。

4)限制性内切酶酶切法

用基因组 DNA 进行限制性内切酶的不完全酶解,可以得到长短不一的片段,用于构建基因文库。应用杂交、PCR 扩增等方法,从基因文库中筛选出所需要的目的基因片段。

(二) 目的基因与载体的连接

1. 克隆载体

分子克隆(基因克隆)的关键环节,是把外源目的基因导入生物细胞,并使它得到扩增。多数外源 DNA 片段很难进入受体细胞,不具备自我复制的能力。为了能够在宿主细胞中进行繁殖,必须将 DNA 片段连接到一种特定的、具有自我复制能力的 DNA 分子上,这种 DNA 分子就是基因工程载体,又可以称为分子克隆载体(vector),主要分为 5 类。

1) 质粒(plasmid)

质粒主要指人工构建的质粒。质粒是存在于细菌染色体之外的能独立复制的双链闭合环状 DNA 分子,它能赋予细菌(宿主细胞)某些特定的遗传表型。质粒并非细菌生长所必需,但由于其编码一些对宿主细胞有利的酶类,从而使宿主细胞具有抵抗不利自身生长的因素如抗药性等的能力。目前发现的质粒主要分为 F 质粒(性质粒)、R 质粒(抗药性质粒)、E.coli(大肠杆菌肠毒素质粒)。根据质粒在一个细胞周期内产生拷贝的数量,可将质粒分为严谨型(低拷贝,复制 1~2 次)和松弛型(高拷贝,复制 10~200 次)。由于质粒的不相容性细菌经分裂后就只留下了拷贝数较高的一种质粒,例如 R1 和 R2 两种抗药性质粒同属于一类,由于不相容性使它们不能共存于同一细菌中,但不同类群的质粒可以在一个细菌中共存。

主要的质粒类型如下。

(1) 大肠杆菌质粒载体 pBR322(图 9-1),是人工构建的一种较为理想的大肠杆菌质粒载体,目前在基因工程中广泛使用。pBR322 质粒大小为 4.3kb,是利用 ColE1 的复制子,所以是

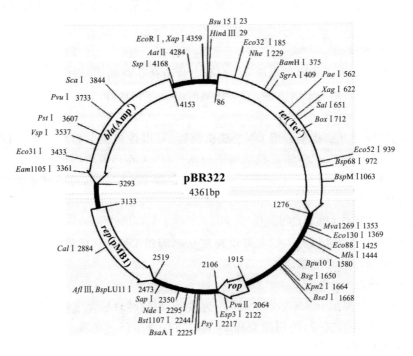

图 9-1　pBR322 质粒图

多拷贝,其中包括 HindⅢ、BamHⅠ、SalⅠ、PstⅠ、PvuⅠ等常用酶切位点,而 BamHⅠ、SalⅠ位于四环素抗性基因(Tet^r)上,PvuⅠ、PstⅠ位于氨苄青霉素抗性基因(Amp^r)上,可以利用氨苄青霉素抗性基因和四环素抗性基因来筛选重组体。当外源基因以正确的阅读框插入处于氨苄青霉素抗性基因(β-内酰胺酶基因)的 PstⅠ限制性内切酶位点时,外源蛋白与β-内酰胺酶 N 端序列形成融合蛋白而得以表达。

(2)pUC18/19,在 pBR322 的基础上改造而成,含有 pBR322 的复制起始区及氨苄青霉素抗性基因、E. coli 的 lac 操纵子的 DNA 区段(编码β-半乳糖苷酶氨基端的一个片段)。异丙基-β-D-硫代半乳糖苷(IPTG)可诱导该片段的合成,而该片段能与宿主细胞所编码的缺陷型β-半乳糖苷酶实现基因内互补(α-互补)。当培养基中含有 IPTG 时,细胞可同时合成这两个功能上互补的片段,使含有此种质粒的受体菌在含有生色底物 5-溴-4-氯-3-吲哚-β-D-半乳糖(X-gal)的培养基上形成蓝色菌落。当外源 DNA 片段插入到质粒的细菌将产生白色菌落。由于 pUC 质粒含有 Amp^r 抗性基因,可以通过颜色反应(蓝白斑)和 Amp^r 对转化体进行双重筛选。

(3)穿梭型质粒载体,是人工构建的、具有两种不同复制起点和选择标记、可以在两种不同的寄主细胞中存活和复制的质粒载体。如大肠杆菌-酿酒酵母穿梭质粒载体,不仅可以在大肠杆菌中复制,而且还可以在酵母菌中复制和表达外源基因。

(4)表达型质粒载体,是指一类能使外源目的基因在宿主细胞中转录和表达的功能性质粒载体。这类质粒载体除含必要的复制子和筛选标志外,还含有启动子和基因表达所需要的序列结构,当外源基因片段插入启动子下游的适合的位点时,即可在细胞中被转录和表达。

2) 噬菌体

噬菌体是一类细菌病毒的总称,有双链噬菌体与单链丝状噬菌体两大类。前者为λ噬菌体类,后者包括 M13 噬菌体和 f1 噬菌体。λ噬菌体的 DNA 是双链线状分子,在两端有 cos 位点,可以环化,λDNA 进入细菌体内后,可形成双链环状 DNA 复制型(RF DNA)。构建λ噬菌体载体需要删除λ噬菌体的非必需区,留出插入空间。λ噬菌体的体外包装,就是制备的重组 DNA,通过体外制备的包装系统,在试管中人工控制获得完整的噬菌体颗粒,再感染受体细胞,将外源 DNA 导入受体细胞。由于λ噬菌体允许克隆的外源 DNA 片段长度较长,所以广泛地应用于构建基因组 DNA 文库和 cDNA 文库。

M13 噬菌体是一种丝状的噬菌体,含有单链环状 DNA 分子,只能感染雄性大肠杆菌,进入大肠杆菌后复制成双链(复制型),并不断释放成熟的单链噬菌体。M13 噬菌体载体克隆外源 DNA 的实际能力十分有限,插入 DNA 片段小于 1.5 kb。在基因工程操作中选用 M13 系列载体主要用于测定序列时制备单链 DNA 模板,以及检测 RNA 时制备单链特异性 DNA 探针。

3) 柯斯质粒(cosmid)

柯斯质粒是将质粒和λ噬菌体 DNA 包装有关的区段(cos 序列)相结合构建而成的克隆载体。它带有λ噬菌体的 cos 位点和质粒 pBR322 的复制起点、抗药性基因、几个限制性酶的单一位点。由于柯斯质粒具有质粒的复制起始点和抗药性标记,所以它能像质粒一样导入大肠杆菌进行克隆增殖。由于具有λ噬菌体的包装序列(cos),可将克隆的 DNA 包装到λ噬菌体颗粒中去。这些噬菌体颗粒感染大肠杆菌时,线状的重组 DNA 被注入细胞并通过 cos 位点的黏性末端而环化,这个环化的重组 DNA 可以像质粒一样复制并使其宿主菌获得抗药性,因而可用含适当抗生素的培养基对其进行筛选。

4）噬菌粒

噬菌粒是由质粒与单链噬菌体（M13 噬菌体）结合而构成的载体系列。既具有质粒的复制起点，又具有噬菌体的复制起点。既能在大肠杆菌中以质粒的形式双链复制，又能在噬菌体内进行单链复制。最常见的噬菌粒是 pUC118/119，它是在 pUC18/19 的基础上改造构建而成的。含有 M13 噬菌体 DNA 合成的起始、终止以及 DNA 包装进入噬菌体颗粒所必需的序列，可以合成出单链 DNA 拷贝，并包装成噬菌体颗粒分泌到培养基中。噬菌粒载体分子量一般为 3kb，能插入 10kb 的外源 DNA 的序列。

5）动物病毒

在哺乳动物细胞的表达体系中，最常用的是动物病毒表达载体，主要包括 SV40 病毒、腺病毒、反转录病毒、痘苗病毒等。动物病毒可以作为病毒载体的基础，主要在于动物病毒有一套可以在动物细胞中被识别的复制和表达体系。动物病毒表达载体基本上可以分为两类：第一类是病毒颗粒载体，这类载体上插入外源 DNA 后，可随病毒的繁殖进行复制和表达；第二类是构建的病毒 DNA 混合型载体，这类载体一般由细菌质粒 DNA 区段，包含复制起始区和选择性标记，以及病毒的复制起始区、启动子、转录单位、剪切位点和加尾信号、筛选标记组成，这类载体不能包装成病毒颗粒，而是像质粒一样进行复制和表达，或整合到细胞的染色体 DNA 上，随宿主的基因组进行复制和扩增。目前在基因工程操作中被广泛应用的是第二类病毒载体。

2. 目的基因与载体的连接

目的基因与载体 DNA 的连接方式主要包括黏性末端连接和平齐末端连接。

(1) 黏性末端的连接。

同一限制性核酸内切酶或不同限制性核酸内切酶来消化切割外源性 DNA 和载体 DNA，可以产生相同的黏性末端，这些黏性末端是互补的。在 DNA 连接酶的催化作用下，外源 DNA 和载体 DNA 通过黏性末端的互补关系连接在一起，从而形成重组 DNA 分子。两端互补的黏性末端连接效率较高，因此黏性末端连接的应用较为广泛。由于黏性末端氢键结合的稳定性不好，不能抵抗较高温度时的分子热运动，连接反应通常采用较低温度，较长时间来进行。常用条件 12～16℃，8～12h，有时也用 4～6℃，16～24h。

通常情况下，选择用同一种限制性核酸内切酶对外源基因及载体 DNA 进行切割，在重组时，可能会形成同源分子的环形单体或双体，仅得到少数重组 DNA 分子。为了减少这种同源分子的自身环化反应，以降低假阳性结果，提高重组效率，可采取如下措施：①对目的基因和载体进行双酶切，这样会产生两个不同的黏性末端，能保证目的基因与载体的定向连接，有效地限制载体 DNA 分子的自我环化。②用碱性磷酸酶处理载体，使其 5′末端的磷酸基被去除，可以避免载体的自身环化连接，但不影响载体与外源性 DNA 分子的连接。重组体每条链上留有一个切口，待进入宿主细胞后可被修复。③适当控制外源 DNA 和载体的浓度，提高重组效率。

(2) 平齐末端的连接。

利用 DNA 连接酶对平齐末端 DNA 片段进行连接，连接效率低，所需底物浓度高。通常需要将平齐末端进行修饰或改造形成黏性末端后再进行连接。具体的方法有：①同聚物加尾法。用 DNA 末端转移酶在没有模板的情况下分别给载体和外源 DNA 片段 3′—OH 端加上互补的脱氧核苷酸，通过退火可以使互补的单核苷酸以氢键结合，使两个 DNA 片段连接起来,形成重组 DNA 分子。②衔接物(linker)连接。用化学合成法合成的一段 10~12bp 的特定限制性内切酶识别位点序列的平端双链。用 T4 DNA 连接酶连到具平齐末端的载体和外源 DNA 上,然后再用酶切,形成一个人工黏性末端,最后进行重组连接。③DNA 接头(adapter)连接法。DNA 接头的一头平端末端、另一头黏性末端(某种酶切位点序列)。用 T4 DNA 连接酶连到载体和外源 DNA 分子的两端,直接成为人工黏性末端,然后再进行重组连接反应。

(三)重组 DNA 分子导入受体细胞

1. 宿主细胞

分子克隆所需要的宿主细胞(受体细胞)应满足以下要求:①易于接受重组 DNA 分子;②易于生长和筛选;③细胞内无限制性核酸内切酶体系降解外源 DNA;④对重组 DNA 分子的复制扩增无严格限制;⑤符合安全标准,在自然界不能独立生存。常用的宿主细胞有大肠杆菌细胞,如 DH5α、JM109 等,常用于载体的克隆筛选和大量扩增。酵母细胞(毕赤酵母)、哺乳动物细胞(Vero)、昆虫细胞(sf9)等,它们主要用于目的基因的表达研究。

2. 感受态细胞

感受态细胞是指用理化方法诱导细胞,使其处于最适摄取和容纳外来 DNA 的生理状态。所谓细菌的感受态,是指细菌生长过程中的某一阶段的培养物,只有这一生长阶段中的细菌才能作为转化的受体,能接受外源 DNA 而不将其降解的生理状态。感受态形成后,细胞生理会发生改变,出现各种蛋白质和酶,负责供体 DNA 的结合和加工等。细胞表面正电荷增加,通透性增加,形成能接受外来的 DNA 分子的受体位点等。为了把外源 DNA(重组质粒)引入大肠杆菌,就必须先制备能吸收外来 DNA 分子的感受态细胞。

3. 重组 DNA 导入宿主细胞

体外连接形成的重组 DNA 分子必须导入合适的受体细胞才能进行复制和表达。受体细胞又称为宿主细胞,分为原核细胞和真核细胞两类。前者主要是大肠杆菌、链霉菌及枯草杆菌等,后者包括酵母、植物、哺乳动物细胞。以质粒为载体构建的重组体导入宿主细胞的过程称为转化(transformation);以噬菌体为载体构建的重组体导入宿主细胞的过程称为转染(transfection)。重组 DNA 分子导入细胞的方法,因宿主细胞不同而有所不同,对于大肠杆菌来说,主要有氯化钙($CaCl_2$)转化法和电穿孔转化法。对于真核细胞来说,重组体 DNA 分子导入宿主细胞的方法包括原生质体转化法、叶盘法、基因枪法、磷酸钙沉淀法、显微注射法等。

(1)$CaCl_2$ 处理后的大肠杆菌转化。

将经过 $CaCl_2$ 处理后的感受态细胞与重组质粒冰浴一段时间,细胞膜处于收缩状态,然后迅速将混合物置于 42℃热激 1~2min,使大肠杆菌细胞在热环境中膜通道打开,重组质粒由膜外向膜内扩散,再将感受态细胞放回冰浴中,使膜通道关闭,重组质粒转入大肠杆菌。在转化过程中,外源 DNA 分子通过吸附、转入、自稳而进入细胞内,并进行复制和表达。

(2)高压电穿孔法。

此方法操作简单并且有较高的转化率,可达 10^9~10^{10},最初用于将 DNA 导入真核细胞,现主要用于大肠杆菌及其他细菌的转化。高压电穿孔转化细菌时,高电压延长脉冲时间,可提高转化率。该方法的缺点是在电击过程中有大量细胞死亡,如能将死亡率控制在 50%~

70%,即可得到较高的转化率。

(3) 原生质体转化法。

这种方法主要用于转化酵母细胞,生长活跃的细胞用消化细胞壁的酶处理变成原生质体,在适当浓度的聚乙二醇(PEG)和$CaCl_2$的介导下,将外源DNA转入受体细胞。

(4) 叶盘法。

叶盘法是用农杆菌感染叶片外植体并在短期共培养。在培养过程中,农杆菌的vir基因被诱导,它的活化可以启动T-DNA向植物细胞的转移。共培养后,也要进行转化的外植体的筛选,愈伤组织的培养,诱导分化等步骤,以得到再生植株。叶盘法由于无需进行原生质体操作等,方法简单,获得转化植株也更快,是用植物外植体为材料进行转基因的一个良好途径。

(5) 基因枪法。

基因枪法又称为颗粒轰击(particle bombardment)技术,是将目的基因转移到细胞或组织中去的一种通用方法。此方法是将目的基因包被在金或钨的金属颗粒中,然后用基因枪将这些金属颗粒以一定的速度射进植物细胞中去,由于小颗粒穿透力强,故不需除去细胞壁和细胞膜而进入基因组,从而实现稳定转化的目的。它具有应用面广,方法简单,转化时间短,转化频率高,实验费用较低等优点。对于农杆菌不能感染的植物,采用该方法可打破载体法的局限。

(6) 磷酸钙沉淀法。

这是将目的基因导入哺乳动物细胞的一种常规方法。用HEPES(4-羟乙基哌嗪乙磺酸)缓冲盐水与含有氯化钙和外源DNA的溶液缓慢混合,会形成含磷酸钙和DNA的沉淀,再利用动物细胞的内吞作用将外源DNA转入受体细胞。

(7) 显微注射法。

显微注射法(microinjection)是利用管尖极细(0.1~0.5μm)的玻璃微量注射针,将外源基因片段直接注射到原核期胚或培养的细胞中,然后借由宿主基因组序列可能发生的重组、缺失、复制或易位等现象而使外源基因嵌入宿主的染色体内,多用于研究基因的表达和细胞的分化。

(四) 基因重组体的筛选

在重组DNA分子的转化、转染或转导过程中,并非所有的受体细胞都能被导入重组DNA分子,一般仅有少数重组DNA分子能进入受体细胞,同时也只有极少数的受体细胞在吸纳重组DNA分子之后能良好增殖。此外,在这些被转化的受体细胞中,除部分含有我们所期待的重组DNA分子之外,另外一些还可能是由于载体自身或一个载体与多个外源DNA片段形成的非期待重组DNA分子导入所致。因此,如何将被转化细胞从大量受体细胞中初步筛选出来,然后进一步检测到含有期待重组DNA分子的克隆子将直接关系到基因克隆和表达的效果,也是基因克隆操作中极为重要的环节。

重组子的筛选可以根据载体类型、受体细胞种类以及外源DNA分子导入受体细胞的手段等采用不同的方法,一般包括以下几个方面。

1. 根据重组体表型特征进行筛选

(1) 抗菌素筛选。

多数克隆载体都含有抗生素抗性基因,常见的有抗氨苄青霉素基因(Amp^r)、抗四环素基因(Tet^r)等。如果外源DNA片段插入载体的位点在抗生素抗性基因之外,不导致抗药性基因的失活,含有这样重组子的转化细胞,能够在含有相应抗生素的培养基上长出菌落。相反,如果外源 DNA 片段插入到抗生素抗性基因内,导致抗药性基因结构被破坏从而失去活性,在含有对应抗生素的培养基上就不能长出菌落。但是除阳性重组体以外,自身环化的载体、未被酶解完全的载体或非目的基因插入载体形成的重组体均能转化细胞并形成菌落,只有未转化的宿主细胞不能生长,因此,这种方法只能作为阳性重组体的初步筛选。

(2)插入失活法。

在含有两个抗生素抗性基因(Amp^r 与 Tet^r)的载体上,利用目的基因插入失活其中一个抗生素抗性基因,在两个含不同抗生素的培养基上培养,对照筛选出阳性重组体。如果目的基因插入 Amp^r 中,则转化后的重组体在含有氨苄青霉素(Amp)的培养基上不能生长,但是在含有四环素(Tet)的培养基上能够生长。未插入目的基因的载体转化宿主细胞后可在两种培养基上都生长,呈现假阳性菌落。

(3)蓝白斑筛选。

蓝白菌落筛选是建立在大肠杆菌 β-半乳糖苷酶的 α-互补的基础上的。所谓 α-互补是指两个都没有活性的肽链片段组合而成的蛋白质却具备完整的功能的现象。目前实验使用的许多载体都具有一段大肠杆菌 β-半乳糖苷酶的启动子及其编码 α 肽链的 DNA 序列,此结构是一个有缺陷的 lacZ 基因。该 lacZ 基因编码的 α 肽链(β-半乳糖苷酶的 N 端)没有活性,当它与宿主细胞所编码的、同样没有活性的 ω 肽链(β-半乳糖苷酶的 C 端)结合时,二者的结合物却具有完整的 β-半乳糖苷酶活性,即受体菌编码的、有缺陷的酶片段与质粒上编码的、有缺陷的酶片段之间发生了 α-互补,可分解生色底物 X-gal(5-溴-4-氯-3-吲哚-β-D-半乳糖苷),产生蓝色物质,形成蓝色菌落。

通过插入失活 lacZ 基因,破坏重组子与宿主之间的 α-互补作用,是许多携带 lacZ 基因的载体常用的筛选方式。这些载体包括 M13 噬菌体、pUC 质粒系列、pEGM 质粒系列等。如果外源 DNA 片段插入到位于 lacZ 中的多克隆位点后,就破坏了 α 肽链的阅读框,从而使重组子与宿主细胞之间无法形成 α-互补,不能产生具有功能活性的 β-半乳糖苷酶,无法分解 X-gal。因此含有外源 DNA 片段的重组子的细菌在涂有 IPTG(异丙基硫代 β-D-半乳糖苷)和 X-gal 的培养基平板上形成白色菌落,而非重组体转化的细菌形成蓝色菌落。

2. 根据重组体分子结构特征进行鉴定

由于插入外源 DNA 分子的方向和多聚体假阳性等因素的影响,需要在转化子初步筛选的基础上进一步对重组子进行筛选和鉴定,来证实目的基因是否存在于受体细胞中。

(1)限制性核酸内切酶酶切电泳分析法。

将初步筛选得到的一部分阳性菌落,分别经过小量培养后,快速提取重组质粒 DNA 或重组噬菌体,用分离目的基因时所应用的限制性核酸内切酶酶切,经琼脂糖凝胶电泳后,检测插入目的基因及载体片段的大小是否正确。

(2)用 PCR 方法鉴定重组体。

以从初选出来的阳性菌落中提取的重组质粒 DNA 为模板,以与目的基因两侧互补的序列为引物,进行 PCR 扩增,通过对 PCR 产物的电泳分析就能确定是否是重组子菌落,插入目的基因的大小是否正确。

(3)Southern 印迹杂交。

内切酶消化的重组 DNA,经电泳检测后,通过 Southern 印迹将凝胶中的 DNA 转移至硝酸纤维素膜上,再将此膜移到加有放射性同位素标记的、与目的基因具有同源性的探针溶液中进行核酸杂交,漂洗去除游离的、没有杂交上的探针分子,经放射自显影后,可鉴定出重组子中的插入片段是否是所需的靶基因片段。

(4)菌落(或噬菌斑)原位杂交。

菌落或噬菌斑原位杂交技术是直接把菌落或噬菌斑印迹转移到硝酸纤维滤膜上,不必进行核酸分离纯化、限制性核酸内切酶酶解及琼脂糖凝胶电泳分离等操作,而是经原位裂解细菌和变性处理后使 DNA 暴露出来并与滤膜原位结合,再与用核素标记的特异 DNA 或 RNA 探针进行分子杂交,经放射自显影后,筛选出含有插入序列的菌落或噬菌斑。该方法能进行大规模操作,一次可同时筛选数千至上万个菌落或噬菌斑,大大提高了检测效率,对于从基因文库中挑选目的重组子是首选的方法。

(5)DNA 序列分析法。

从阳性克隆中分离出阳性重组体后,送生物公司进行 DNA 序列测定,证实克隆的基因与目的基因的一致性。随着 DNA 序列测定的准确性及其效率的不断提高,使 DNA 序列分析变得越来越简便和适用。

第十章　聚合酶链式反应(PCR)

一、PCR 技术发明的简史

PCR(polymerase chain reaction)即聚合酶链式反应,是指在 DNA 聚合酶催化下,以母链 DNA 为模板,以特定引物为延伸起点,通过变性、退火、延伸等步骤,体外复制出与母链模板 DNA 互补的子链 DNA 的过程。这是一项在体外扩增 DNA 的技术,能快速、特异地在体外扩增任何目的 DNA,用于基因分离克隆,序列分析,基因表达调控,基因多态性研究等许多方面。

DNA 聚合酶(DNA polymerase)最早于 1955 年发现,而较具有实验价值及实用性的 Klenow fragment 则是于 20 世纪 70 年代的初期由 Dr. Klenow 所发现。

由于 Klenow 片段的发现,1971 年,Khorana 等提出核酸体外扩增的设想:"经 DNA 变性,与合适的引物杂交,用 DNA 聚合酶延伸引物,并不断重复该过程便可合成 tRNA 基因。"但由于当时基因序列分析方法尚未成熟,热稳定 DNA 聚合酶尚未报道,以及引物合成的困难,这种想法似乎没有实际意义。加上 70 年代初出现的分子克隆技术,提供了一种克隆和扩增基因的途径,所以,Khorana 的设想被人们遗忘了。

Kary Mullis 在 Cetus 公司工作期间常为没有足够多的模板 DNA 而烦恼。1983 年 4 月的一个星期五的晚上,他在开车去乡下别墅的路上,猛然闪现出"多聚酶链式反应"的想法。在实验室中取得该技术的原型后,1985 年 10 月 25 日申请了 PCR 的专利,并于 1987 年 7 月 28 日获批,Mullis 是第一发明人。1986 年 5 月,Mullis 在冷泉港实验室作专题报告,全世界从此开始学习 PCR 的方法。

除了灵光乍现的智慧,PCR 技术的发明还得益于耐热性 DNA 聚合酶的发现。现今最常用的耐热性 DNA 聚合酶是于 1976 年从温泉中的细菌(*Thermus aquaticus*)分离出来的,简称 *Taq* 酶(*Taq* polymerase)。它的特性就在于能耐高温,一个很理想的酶而被广泛运用。

此后,PCR 的运用一日千里,相关的论文发表质量可以说是令众多其他研究方法难以望其项背。PCR 技术可从一滴血、一根毛发,甚至一个细胞中扩增出足量的 DNA 供分析研究和检测鉴定,在生物科研和临床应用中得以广泛应用,成为生物化学与分子生物学研究的最重要技术。Mullis 也因此获得了 1993 年的诺贝尔化学奖。

自从 PCR 技术发明后,该技术就在实践中得到广泛应用,并随着生物化学与分子生物学实验技术的成熟而不断的创新和拓展。

二、PCR 实验室的要求

随着 PCR 实验技术和方法的不断发展,使用 PCR 对一个特定序列进行准确检测,要求在可靠的、无污染的 PCR 实验室进行。目前,标准的 PCR 实验室由 3 个不同的功能区组成,它们分别是样品准备区、前 PCR 区和后 PCR 区。

1. 样品准备区

这个区域主要用于组织培养物、组织标本等样品的准备和处理。可根据需要提取DNA或RNA，还可配制用于核酸提取的各种试剂。注意事项如下：

(1)用于样品处理的工具和用于普通分子克隆、靶序列操作的工具要严格分开使用。

(2)禁止PCR产物和带有要扩增序列的DNA克隆在准备区操作。

(3)DNA样品应该用专门的移液管操作，以防止在吸取样品时有气溶胶遗留。

(4)配备专门用于样品准备间的实验服和手套，实验服要经常清洗，手套要经常更换，在抽提过程中的每一个步骤之间都要更换。

2. 前PCR区

前PCR区是专门用于进行各种反应的区域，这个区域必须保持干净，要有专门的试剂盒设备，保证没有污染源来自分子克隆和样品准备的过程。

3. 后PCR区

后PCR区就是一个专门用于反应后处理样品的地方。后PCR活动中使用的所有试剂、一次性器材和仪器都必须专门用于这一实验目的，绝不能把实验室这一区域的试剂和仪器用于任何前PCR活动。

PCR实验室的主要污染源是前一次PCR过程的产物，其产生于吸取和操作PCR样品时所产生的气溶胶。要避免或减少污染，实验室的人、试剂和物品的流动就应该是单方向的，即从前PCR区到后PCR区。

三、PCR技术的基本原理

聚合酶链式反应(PCR)是一种选择性体外扩增DNA或RNA片段的方法，即通过试管中进行的DNA复制反应使极少量的基因组DNA或RNA样品中的特定基因片段在短短几小时内扩增上百万倍。其反应原理与分子克隆技术的细胞内的DNA复制相似，但PCR的反应体系要简单得多，主要包括DNA靶序列、与DNA靶序列单链3′末端互补的合成引物、4种dNTP、耐热DNA聚合酶以及合适的缓冲液体系。

与细胞内的DNA复制相似，PCR反应也是一个重复地进行DNA模板解链、引物与模板DNA结合、DNA聚合酶催化形成新的DNA链的过程，这些过程都是通过控制反应体系的温度来实现的。PCR包含下列三步反应。

(1)变性(denaturation)：将反应体系混合物加热到95℃，维持较短的时间(大约30～60s)，使目标DNA双螺旋的氢键断裂，形成单链DNA作为反应的模板。

(2)退火(annealing)：将反应体系冷却至特定的温度(引物的T_m值左右或以下)，引物与DNA模板的互补区域结合，形成模板-引物复合物。必须精确地计算退火的温度以保证引物只与模板相对应的序列结合。由于模板链分子较引物复杂得多，加之引物量大大超过模板DNA的数量，因此DNA模板单链之间互补结合的机会很少。

(3)延伸(elongation)：将反应体系的温度提高到72℃并维持一段时间，引物在耐热DNA聚合酶的作用下，以引物为固定起点，通过复制单链模板DNA沿5′→3′方向延伸，合成新的DNA链。因此，在这一阶段的末期，两条单链模板DNA又形成了新的双链。

以上三步作为一个循环重复地进行，每一循环的产物作为下一循环的模板。因此，在第二轮循环中通过变性产生的 4 条 DNA 单链结合引物并延伸(图 10-1),在第三轮及更多的循环中重复进行变性、退火、延伸这三步反应。如此循环 20 次,原始 DNA 将扩增约 10^6 倍,而循环 30 次后将达 10^9 倍。而所有上述过程将在 2~3 小时内完成。经过扩增后的 DNA 产物大多为介于引物与原始 DNA 相结合的位点之间的片段。

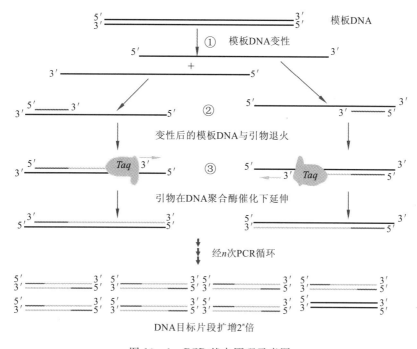

图 10-1 PCR 基本原理示意图

四、PCR 反应体系

PCR 的基本反应体系包括以下几种主要成分:需要扩增的模板(template)、一对寡核苷酸引物(primers)、维持 pH 值的反应缓冲系统(buffer system)、二价阳离子(divalent cation)、4 种三磷酸脱氧核糖核苷酸(dNTP)、催化依赖模板的 DNA 合成的耐热 DNA 聚合酶(thermostable DNA)等。

1. 模板(template)

模板是含靶序列的核酸分子。PCR 反应的模板可以是 DNA,也可以是 RNA。当用 RNA 作模板时,先经过逆转录生成 cDNA 然后再进行 PCR 反应。可以是单链的 DNA/RNA 分子,也可以是双链的 DNA 分子。可以是线性的分子,也可以是环形的分子,但共价闭合环形 DNA 分子(cccDNA)的效率略低于线性的 DNA。尽管模板的长短不是 PCR 扩增的关键因素,但当使用高分子量的 DNA(>10kb)作为模板时,如用限制性内切酶事先对 DNA 模板进行消化,通常可以提高扩增效率。在此种情况下,限制性内切酶不应切割扩增的靶序列。

理论上,即使是单一的靶序列 DNA 分子也能作为 PCR 扩增模板,然而实际工作中常常在反应体系中存在数千拷贝的目标 DNA。在哺乳动物基因组,通常每次 PCR 最多取 1μg 的基因组 DNA 作为模板,而这已含有多达 $3×10^5$ 个常染色体基因的拷贝。而对于简单得多的酵母、细菌及质粒基因组,每次反应的模板最大加入量分别为10ng、1ng和1pg。

2. 引物(primers)

　　PCR扩增的引物不仅限定了产物的大小以及扩增靶序列在基因组中的位置,而且还关系到PCR反应的效率和特异性。虽然理论上说,PCR可以扩增任意靶序列,但不同序列的引物在PCR反应中的表现相差较大。通常情况下,引物设计是否合理和正确是影响PCR扩增的关键。

　　通过精心地设计引物,可以提高目标序列的扩增效率,抑制非特异性的扩增,并有利于扩增DNA产物的后续操作。引物设计的基本要求如下:

　　(1)引物的长度。设计引物的目的是要提高PCR的特异性。因此,这就要求引物与模板DNA中的靶序列以较稳定的形式互补结合。寡聚核苷酸的长度越长,获得的特定靶序列的特异性就越好,引物过短则会影响PCR的特异性。然而,引物过长会使引物的解链与复性温度过高,而超过耐热DNA聚合酶的最适温度,也会影响产物的特异性。因此,引物的长度应适宜,一般为15~30bp,通常为18~27bp。

　　(2)碱基组成。G+C的含量一般为40%~60%较合适,含量太低扩增效果不佳,过高又易出现非特异性扩增条带。4种碱基应随机地分布,避免碱基堆积的现象。尤其引物的3′端,不应有连续的3个G或C,否则会使引物与核酸的G或C富集区互补从而影响PCR的特异性。

　　(3)引物自身。引物自身不应有反向重复序列或者大于3bp的自身互补序列,否则引物自身会折叠形成发夹结构,将影响引物与待增DNA中的靶序列的杂交结合。

　　(4)引物之间。引物之间不应存在互补序列,尤其应避免3′端的互补重叠以免形成引物二聚体,产生非特异性的扩增条带,使靶序列的扩增量下降。由于PCR反应体系中含有高浓度的引物,即使引物之间存在极为微弱的互补作用也会使引物相互杂交,最终得到引物二聚体的扩增产物。若引物二聚体在PCR反应的早期形成,它们将通过竞争DNA聚合酶、引物及4种单核苷酸从而抑制待增DNA的扩增。通过精心设计引物,应用热启动PCR(hot start PCR)或者降落PCR(touch down PCR)及特制的DNA聚合酶,可以减少引物二聚体对PCR扩增的干扰。

　　(5)引物3′末端。引物3′端的末位碱基对PCR扩增有重大影响,一般要求引物的3′端一定要同模板DNA精确配对,不允许有错配的情形,否则扩增的效率会大大降低,甚至导致PCR失败。

　　(6)引物5′末端。引物的5′端并无严格的限制,在与模板结合的引物长度足够的前提下,其5′端碱基可不与模板DNA互补而成游离状态。通常这些序列对寡聚核苷酸引物与模板结合的影响并不显著。因此,引物的5′端可以被修饰,如附加限制酶酶切位点、引入突变位点、标记生物素、荧光物质等,以及加入其他短序列包括起始密码子、终止密码子等。

　　(7)解链温度(T_m值)。目标序列两端的引物应有相似的T_m值,其差别不应大于5℃。扩增产物与引物的T_m值的差别应小于10℃,以确保PCR循环中的扩增产物有效的变性。

　　(8)引物的特异性。引物与非特异扩增序列的同源性不要超过70%或有连续8个碱基同源。

　　(9)引物的简并性。引物的3′端应为保守的氨基酸序列,即采用简并密码较少的氨基酸如Met、Trp,且要避免三联体密码第三个碱基的摆动位点位于引物的3′端。

引物的设计要考虑多方面的综合因素,依据实际情况具体分析,应尽量遵循上述原则。现在有许多设计引物的计算机软件,例如 Primer Premier 5 等,能综合分析优化组合引物的各种参数,对引物设计具有指导作用。

一旦确定引物序列就可合成,合成的引物必须是高质量的,且需要依据不同的实验目的正确选择纯化手段对引物进行纯化。引物不使用时应在 −20℃ 保存。在 −20℃ 下,冻干引物至少可以保存 12~24 个月,液体状态则可以保存 6 个月。

在 PCR 反应体系中,引物的浓度一般要求在 0.1~0.5μmol/L 之间,这一引物浓度足以使 1kb 的 DNA 片段在 PCR 反应体系中循环扩增 30 次。引物浓度过低,则产物量低;引物浓度过高则会促进引物二聚体及非特异性产物的形成。

3. 反应缓冲系统(reaction buffer system)

反应缓冲系统提供 PCR 反应所必需的合适的酸碱度和某些离子。目前最常用的缓冲液是 10~50mmol/L 的 Tris-HCl(pH 值为 8.3~8.8,20℃),在 72℃(*Taq* 酶最佳活性温度)时,其 pH 值为 7.2 左右,故在实际的 PCR 反应体系中,其 pH 值变化于 6.8~7.8 之间。

反应缓冲系统中还含有一定浓度的盐离子,多数为 50mmol/L 的 KCl,以利于引物的退火。而高于 50mmol/L 的 KCl 会抑制 *Taq* 酶的活性,但有利于提高较小 DNA 片段的扩增产量,因为高盐能稳定 DNA 双链。

此外,反应缓冲系统中还加有 *Taq* 酶保护剂或促进剂,如小牛血清白蛋白(100μg/mL)、明胶(0.01%)、吐温-20(Tween-20,0.05%~0.1%)或二硫基苏糖醇(DTT,5mmol/L)等。

4. 二价阳离子(divalent cation)

所有耐热的 DNA 聚合酶的活性都需要二价阳离子,通常是 Mg^{2+},PCR 反应中耐热 DNA 聚合酶的活性与反应体系中游离 Mg^{2+} 浓度直接相关。反应体系中 Mg^{2+} 浓度低时,酶的活力显著降低;过高时,酶则催化非特异性扩增。此外,Mg^{2+} 浓度还影响引物的退火、模板与 PCR 产物的解链温度、产物的特异性、引物二聚体的生成等。

值得注意的是,由于 PCR 反应体系中的 DNA 模板、引物和 dNTP 磷酸基团均可与 Mg^{2+} 结合从而降低 Mg^{2+} 的实际浓度。如果可能的话,制备 DNA 模板时尽量不要引入大剂量的螯合剂(如 EDTA)或负离子(如 PO_4^{3-}),因为它们会影响 Mg^{2+} 的浓度。

5. 三磷酸脱氧核苷酸(deoxynucleotide triphosphates, dNTPs)

4 种三磷酸脱氧核苷酸(dNTP)为 PCR 反应的合成原料。在标准的 PCR 反应中各种 dNTP 的浓度应相等,若任何一种浓度明显不同于其他几种时,会诱发聚合酶的错误掺入从而降低 DNA 链合成的速度。dNTP 的浓度直接影响到 PCR 反应的速度和特异性,因此应严格地控制 PCR 反应体系中 dNTP 的浓度。通常情况下,每种 dNTP 的终浓度为 20~200μmol/L。

许多厂商出售专门用于 PCR 的 dNTP 储存液,这种储存液的 pH 值被调整为 7.5~8.0。微碱性的环境可减轻 dNTP 储存液在冻融过程中受到的破坏。专门用于 PCR 反应的 dNTP 储存液还去除了对 PCR 有抑制作用的磷酸盐。无论是自配的还是购买的 dNTP 溶液在储存前都应分装成小包装,然后在 −20℃ 下储存,以避免反复冻融导致 dNTP 失效。一般情况下,dNTP 的冻融次数不应超过 20 次,否则会影响 PCR 扩增的效率,甚至导致 PCR 实验的失败。

6. 耐热 DNA 聚合酶(thermostable DNA polymerase)

大肠杆菌 DNA 聚合酶 I 的 Klenow 片段在 95℃ 的 DNA 变性温度下完全失活,因此,早期利用 Klenow 片段建立的 PCR 反应在每轮循环步骤之后都需要再添新酶,操作十分繁琐,并导致反应体系中形成快速沉积变性的酶蛋白。此外,由于 Klenow 片段聚合反应温度偏低,引物与模板的非特异性结合增加,导致非特异性产物增多;同时,由于受到某些 DNA 二级结构的影响,聚合反应不完全,得不到完整的 PCR 扩增产物。直到 1987 年,发现了热稳定的 Taq DNA 聚合酶(Taq 酶)等耐热的 DNA 聚合酶后,才使 PCR 技术有了重大的发展并逐步实现了自动化。

现在已发现多种耐热 DNA 聚合酶,其共同特点是在高温下仍保持一定的酶活性,但各耐热 DNA 聚合酶的性能尚有一定的差别。目前在 PCR 反应中应用最多的是 Taq 酶。一般情况下,每个标准的 25~50μL 的反应体系中大约含 0.5~2.5U 的 Taq 酶。天然的 Taq 酶是从嗜热水生菌 Thermus aquatics YT-1 菌株中分离获得的。该菌株在 1969 年就从美国黄石国家公园的温泉中分离出来,能在 70~75℃生长。现已克隆出该酶的基因,全长 2499 个碱基,编码分子量为 94kD,长度为 832 个氨基酸的蛋白质。除天然的 Taq 酶外,现在实验室通常使用的是重组 Taq 酶(rTaq 酶)以及 Taq 酶的 Stoffel 片段。除来自 Thermus aquatics YT-1 菌株的耐热 DNA 聚合酶外,还有其他类型的耐热 DNA 聚合酶,如 Vent DNA 聚合酶和 Pfu DNA 聚合酶等,而 Pfu 酶则是具有更高的保真度的耐热 DNA 聚合酶,可用于对扩增产物的保真性要求较高的实验中。

五、PCR 反应条件及优化

(一)PCR 反应的 3 个阶段

PCR 反应是一个重复的循环过程,每一循环包括 3 个阶段的反应:加热而导致模板的变性,变性后寡聚核苷酸引物和与它互补的单链靶序列杂交而退火,以及由热稳定 DNA 聚合酶的介导使已杂交的引物的延伸。因此,PCR 反应也就是一个不断重复这 3 个步骤,直至产物积累至合适的产量的过程。

1. 变性温度与时间

在 PCR 反应中,能否成功地使模板 DNA 和 PCR 产物变性是反应成败的关键。只有当模板 DNA 和 PCR 反应产物完全变性成为单链后,引物才能在退火过程中与模板结合。变性通过加热来实现。变性所需的加热温度取决于模板及 PCR 产物双链 DNA 中的 G+C 含量。双链 DNA 中的 G+C 的比率越高,则双链 DNA 分离变性的温度也就越高。变性所需的时间与 DNA 分子的长度相关,DNA 分子越长,在特定的变性温度下使双链 DNA 分子完全分离所需的时间就越长。若变性温度太低或变性时间太短,则只能使 DNA 模板中富含 AT 的区域产生变性,当 PCR 循环中的反应温度降低时,部分变性的 DNA 模板又重新结合成双链 DNA,从而导致 PCR 的失败。

另外,在启动 PCR 反应之初加入到体系中的模板 DNA 往往是分子量比较大的、片段比较长的 DNA 分子。这些 DNA 分子往往具有非常高的 T_m 值,因此,为了能使这些 DNA 分子充分变性,一般在正式进入 PCR 循环之前,都会对模板 DNA 进行 95℃加热 5min 的预变性处理,以使模板 DNA 彻底变性。

2. 退火的温度与时间

退火的温度决定着 PCR 反应的特异性和效率。引物与模板复性所需的退火温度与时间取决于引物的碱基组成、长度和浓度。引物长度越短、G＋C 的比率越低，所需的退火温度就越低。一般来说，降低退火温度可提高扩增产量，但引物与模板间错配现象会增多，导致非特异性扩增上升；若提高退火温度可减少引物与模板间的非特异性结合从而提高反应的特异性，但扩增效率下降。

退火温度确定后，退火的时间并不是关键性的因素，但也应加以控制。退火时间过短，会导致延伸失败；而退火时间太长会增加引物与模板间的非特异性结合。

3. 延伸温度与时间

延伸温度取决于所使用的 DNA 聚合酶的种类、催化效率以及最适温度。一般延伸温度都设定在所用 DNA 聚合酶的最适温度附近，以获得最大的扩增效率。不合适的延伸温度不仅影响扩增产物的特异性，也会影响其产量。

延伸的时间视待扩增 DNA 片段的长度而定。由于在最适温度下，Taq 酶催化的核苷酸掺入率约为 35～100 个核苷酸/秒，故延伸 1min 对于 2kb 的扩增片段已经足够，延伸时间过长会导致非特异性扩增带的出现。

4. 循环次数

循环次数决定着扩增的程度。在其他参数都已优化的前提下，循环次数取决于最初靶分子的浓度。循环次数过多会增加非特异性产物量及碱基错配数，此外还会导致 PCR 反应"平台效应"的出现；循环数太少会影响正常的 PCR 产物量。

（二）PCR 反应条件的优化

以往，人们对 PCR 技术的每个细节还认识得不够深入，遇到扩增效果不够理想时，往往无从下手改善扩增效果，优化起来非常麻烦。随着研究的深入，我们已经对 PCR 反应的各个细节是如何影响 PCR 扩增的效率、特异性以及保真度等都有较细致的认识，加上仪器的改善，现在优化起来较以前大为简化。

首先是 PCR 反应体系的优化。PCR 技术自提出以来，人们对其反应体系进行了非常深入的优化，提出了较为通行的"标准体系"，因此，对体系的优化更多的时候是依据 PCR 原理，并结合具体的实验，对反应体系进行微调，如模板的质与量，引物、dNTP、Mg^{2+} 浓度，Taq 酶的用量等，使其更加有效地满足人们对 PCR 反应的需求。

在 PCR 的热循环参数中，退火温度对扩增的效率、特异性等都具有重要影响，因此常常是反应条件优化的重点，一般可以利用梯度 PCR 技术进行优化。

如果扩增特异性较差，产生了较多的非特异性扩增产物，可考虑重新设计引物，应用热启动 PCR(hot start PCR)或者降落 PCR(touch down PCR)及特制的 DNA 聚合酶，可以减少引物二聚体的生成。

还有，模板中混入的酚类、醇类、尿素、甲酰胺、除垢剂等常常对 PCR 扩增产生抑制作用。除此之外，还有一些物质，如 DMSO、甘油、甜菜碱等，对 PCR 反应具有不同程度的促进作用，可应用于不同情形中，以期改善扩增效果。有些商业公司也会针对特殊的 PCR 实验生产一些专用的促进剂，如针对高 G＋C 含量的模板生产的特殊添加剂。

最后需要强调一下，PCR 的循环参数、反应体系中各组分及其他反应条件都是相互影响的，任何因素的改变都将引起其他反应条件的变化，从而直接影响 PCR 反应的结果。因此，

PCR反应的结果是以各种反应条件为自变量的多元函数。由于各种不同反应体系都有其最适反应条件,故只有PCR反应体系在最适反应条件下,方能达到最佳扩增结果。因此,为了达到最佳的实验结果,需要大家平时多积累相关的知识和经验,才能在不同的PCR实验中取得满意的结果。

六、常见的几种PCR反应

PCR技术自问世以来,因其具有较高的实用性,以及敏感度高、特异性强、产率高、重复性好等优点使其在各个领域得以广泛使用。PCR方法在使用中不断得到发展,现已形成了一系列适用于不同科研目的的PCR反应。下面介绍一些常用的PCR反应。

(一)多重PCR

一般PCR仅用一对引物扩增一个核酸片段,多重PCR(multiplex PCR)又称多重引物PCR,是在同一PCR反应体系中加上两对以上引物,同时扩增出多个核酸片段的PCR反应。主要用于:多种病原微生物的同时检测或鉴定;病原微生物、某些遗传病及癌基因的分型鉴定。

(二)巢式PCR

模板DNA量太少时可用巢式PCR,方法是设计两套引物,先用第一套引物进行PCR,然后取少量PCR产物作模板,用第二套巢式引物再进行PCR,巢式引物的退火互补位置位于第一套引物之内,因此称巢式引物。巢式PCR的使用降低了扩增多个靶位点的可能性,因为同两套引物都互补的靶序列很少,从而提高了特异性和灵敏度。

(三)逆转录PCR

逆转录PCR是一种能检测细胞内丰度特异RNA的方法。反应分两步进行:第一步以RNA为模板,在逆转录酶的催化下,合成与RNA互补的cDNA;第二步以cDNA为模板,像一般的PCR一样,对靶序列进行扩增。主要用于RNA病毒的检测和基因表达水平的测定,在分子生物学和临床检验等领域均有广泛应用。

(四)不对称PCR

不对称PCR是用不等量的一对引物扩增出大量的单链DNA的技术,得到的单链DNA可进行序列测定,以便了解目的基因的序列,也可制备用于核酸杂交的探针等。不对称的这对引物分别称为非限制性引物与限制性引物,两种引物的浓度可以相差100倍,低浓度的引物叫限制性引物,在限制性引物用完之前,即在最初10~15个循环中,扩增产物主要是双链DNA,当限制性引物耗尽后,非限制性引物引导的PCR就会产生大量的单链DNA。不对称PCR的关键是控制限制性引物的绝对量,需多次摸索优化两条引物的比例。

(五)反向PCR

常规PCR扩增的是已知序列的两个引物之间的DNA片段,反向PCR则是对一个已知DNA片段两侧的未知序列进行扩增的技术,是用反向的互补引物来扩增两引物以外的未知序列片段。反向PCR中,先将含有一段已知序列的、感兴趣的未知DNA片段进行酶切和环化,然后直接进行 PCR,可以对染色体 DNA 进行染色体步查,扩增末端特异性的 DNA 片段和位点特异性突变等。

(六)原位 PCR

原位 PCR 是在组织细胞里进行 PCR 反应,它结合了具有细胞定位能力的原位杂交和高度特异敏感的 PCR 技术的特点,是细胞学与临床诊断领域里的一项有较大潜力的新技术。主要过程是将固定于载玻片的组织或细胞经蛋白酶 K 的消化后,在不破坏细胞形态的情况下,直接进行 PCR 反应。原位 PCR 有助于细胞内特定核酸的定位与形态学变化的结合分析,可用于正常或恶性细胞,感染或非感染细胞的鉴定和区别。

(七)定量 PCR

定量 PCR 是近年来发展起来的一种新的核酸定量分析技术,其原理是引入了荧光标记分子,使得在 PCR 反应中产生的荧光信号与 PCR 产物的量成正比,对每一反应时刻的荧光信号进行实时分析,计算出 PCR 产物量。根据动态变化数据,可以精确地计算出样品中原有模板的含量。与常规的 PCR 反应相比,在常规的正向与反向引物之间,增加了一对特殊的引物作为探针。定量 PCR 用荧光杂交探针监测 PCR 全过程达到精确定量的起始模板数,同时以内对照有效排除假阴性结果。

七、PCR 技术的应用

(一)基因克隆

传统的基因克隆方法从基因组 DNA 中克隆某一特定基因片段需要经过 DNA 酶切、目标片段分离、连接到载体上形成重组 DNA 分子、转化宿主细胞、建立基因文库,再进行目的基因的筛选、鉴定等,实验步骤繁多,成本高、耗时长。运用 PCR 技术进行基因克隆能克服传统克隆方法的缺点,一次 PCR 扩增就可以将单拷贝基因放大上百万倍,获得微克级的特异 DNA 片段,操作简单,效率提高。无论是从基因组或是从已克隆到某一载体上的基因,甚至是从 mRNA 序列中,都可以采用 PCR 技术获得目的基因片段。

(二)制备探针

Northern 印迹技术等可以研究细胞内特定 mRNA,分析基因的转录产物。而逆转录 PCR 技术大大提高了检测细胞内 mRNA 的灵敏度,能检测低丰度的特定 mRNA 序列,因而也被用于基因表达的研究。在 PCR 反应体系中,用标记的单核苷酸作为原料,可制备大量特异性双链 DNA 探针;用不对称 PCR 扩增,可制备单链 DNA 探针。用 PCR 技术制备特异性探针,在分子生物学研究中有较好的应用价值。

(三)病原体的检测

利用 PCR 可以检测标本中的各种病毒、细菌、真菌、霉菌以及寄生虫等病原体。标本可以是组织、细胞、血液、排泄物等。使用 PCR 进行临床检验,通常应设置阳性对照与阴性对照,以防止出现假阳性或假阴性。PCR 检测时,可选择病原体基因中的保守区作为靶基因,也可选择同一病原体基因中变异较大的部位作靶基因,以进行分型检测。

(四)遗传病的基因诊断

到目前为止,已发现的人类遗传病有4000多种,它们大多与基因变异有关,检测相应的基因变异已经成为诊断这些遗传病的重要手段。DNA分子的碱基突变可引起肿瘤、遗传病、免疫性疾病等,因此,检测DNA突变分子对遗传病的临床诊断与研究具有重大意义。采用PCR技术检测这些DNA分子变异,并对相应的遗传病作出诊断,成本低且快速,对样品质量和数量要求不高,在妊娠早期取少量样品(如羊水、绒毛)进行检测,即可发现携带这些变异的异常胎儿。基于PCR技术的遗传病诊断方法包括检测特异扩增条带的缺失或新的特异扩增带,根据限制性内切酶片段长度多态性(RFLP)图谱进行连锁分析,PCR结合寡核苷酸探针(ASO)斑点杂交检测变异基因,等等。

(五)肿瘤的诊断、转移确定

肿瘤疾病的发生是由于细胞基因组的变化影响了控制细胞生长和分化基因的转录与表达引起的。根据各种肿瘤细胞基因突变的特点,设计引物进行PCR扩增,即可检测相关的肿瘤基因,对是否为肿瘤作出判断。检测血液、淋巴结、肿瘤邻近组织或可疑活检组织,可帮助确定是否有肿瘤转移。PCR对肿瘤的诊断比一般的方法要灵敏,有利于肿瘤的早期诊断与治疗。

(六)器官移植配型的应用

骨髓移植、器官移植等对有些疾病的治疗起独特作用。同基因移植不存在免疫排斥,而异基因移植时,受体会对供体器官排斥,需找到与组织相容性抗原相适应的两个个体,才可进行成功的器官移植。例如骨髓移植治疗某些血液病,人类白细胞抗原(HLA)系统在骨髓移植免疫中起主导作用,就需要对HLA配型进行精确选择,找到相容性好的移植骨髓。HLA经典的配型方法是通过血清学或混合淋巴细胞培养方法分析HLA基因的表型,成本高,精确度差。使用PCR法配型时,可使用对应的HLA基因引物,扩增HLA基因序列,并利用寡核苷酸探针进行杂交,可精确地选择出合适的配型。

(七)法医学中的应用

个体识别和亲子鉴定是法医生物学的重要内容,采用PCR技术进行个体识别和亲子鉴定,具有快速、准确、成本低等优点,同时还解决了法医学取证遇到的如样品量不够和DNA降解等问题。近年来利用PCR扩增特定的DNA顺序,十分有效地克服了实践中的一些局限性。利用犯罪分子在案发现场留下的任何少量标本,如头发、血斑、精斑等进行PCR扩增,结合指纹图谱分析和RFLP分析可进行性别鉴定、个体识别等。

第十一章　核酸分子杂交

核酸分子杂交技术（nucleic acid hybridizaiton）是20世纪70年代发展起来的一种崭新的分子生物学技术，是核酸研究中一项最基本的实验技术，也是检测特异基因和分析基因功能的常用技术之一。它是基于DNA分子碱基互补配对原理，用特异性的核酸探针与待测样品的DNA/RNA形成杂交分子的过程，达到检测靶核酸序列的目的。核酸分子杂交通常用已知序列并带特定标记的DNA或RNA分子来检测样品中未知的核苷酸序列。带有特定标记的已知核酸序列通常称为探针（probe），被检测的核酸为靶序列（target）。常用的标记物有生物素、荧光物质、放射性同位素^{32}P等。

核酸杂交可以在液相中或固相上进行。目前实验室中应用较多的是用硝酸纤维素膜作支持物进行的固相杂交，如Southern印迹法（southern blotting）、Northern印迹法（northern blotting）、斑点杂交、菌落原位杂交。近年来发展起来的基因芯片技术也是一种固相杂交。

应用核酸分子杂交技术可测定特异DNA序列的拷贝数、特定DNA区域的限制性内切酶图谱，以判断是否存在基因缺失、插入重排等现象；末端标记的寡核苷酸探针可检测基因的特定点突变；可进行RNA结构的粗略分析；特异RNA的定量检测；特异基因克隆的筛选；等等。随着分子生物学的发展，核酸分子杂交技术日益广泛应用于医学研究和疾病诊断的多个方面，如遗传病的基因诊断、限制性片段长度多态性（RFLP）用于疾病基因的相关分析、基因连锁分析、法医学上的性别鉴定与亲子鉴定等。在临床应用方面还可以通过对病原微生物基因组DNA或RNA的检测来检查某些病原体，如细菌、病毒的感染。在基因工程技术中，用放射性同位素标记的核苷酸或cDNA探针进行菌落杂交，即可从cDNA文库或基因组文库中挑选特定的克隆，获得某一重组体，用克隆化的DNA片段作探针进行杂交，可确定基因组DNA上特定区域的核苷酸同源序列。

一、基本原理

DNA分子是由两条单链形成的双股螺旋结构，维系这一结构的力是两条单链碱基氢键和同一单链上相邻碱基间的范德华力。在一定条件下，双螺旋之间氢键断裂，双螺旋解开，形成无规则线团，DNA分子成为单链，这一过程称为DNA变性。变性的DNA黏度下降，沉降速度增加，浮力上升，紫外光吸收增加。变性DNA只要消除变性条件，具有碱基互补的单链又可以重新结合形成双链，这一过程称为复性。根据这一原理，将一种核酸单链标记成为探针，再与另一种核酸单链进行碱基互补配对，可以形成异源核酸分子的双链结构，这一过程称作杂交（hybridization）。杂交分子的形成并不要求两条单链的碱基顺序完全互补，所以不同来源的核酸单链只要彼此之间有一定程度的互补序列就可以形成杂交体。杂交双链可以在DNA与DNA链之间，也可在RNA与DNA链之间形成。使双螺旋解开成为单链，因此，DNA变性和复性都是核酸杂交的重要环节。

核酸杂交分子中如果有一条链是已知序列,以它作为探针去探测另一条链(未知序列)是否存在,双方能形成杂交分子并被检测出来,说明未知序列的那一条链具有与已知序列(探针)之间互补或同源的序列。

二、核酸探针

(一)探针的特点

(1)高度特异性,只与靶核酸序列特异性杂交。
(2)可被标记,便于杂交后检测,进行双链杂交分子的鉴定。
(3)长度一般是十几个核苷酸到几千个核苷酸不等。
(4)最好是单链核酸分子。
(5)作为探针的核苷酸序列常选取基因编码序列,避免用内含子及其他非编码序列。
(6)标记后的探针应具有高灵敏度、高稳定性,且标记方法简便、安全。

(二)探针的种类

根据探针的来源和性质可分为基因组 DNA 探针、cDNA 探针、RNA 探针和寡核苷酸探针。

1. 基因组 DNA 探针

基因组 DNA 探针是核酸分子杂交中最常用的探针,为长度多在几百个碱基对以上的双链或单链 DNA 探针。现在已获得的 DNA 探针包括细菌、病毒、真菌、动物和人类细胞的 DNA 探针。此类探针来源于染色体 DNA 分子,一般是从基因文库中选取的某个克隆的 DNA 片段,多为某一个基因的全部或部分序列。

2. cDNA 探针

cDNA(complementary DNA)是指互补于 mRNA 的 DNA 分子,通常从相应的真核细胞中分离获得总 mRNA,在体外利用逆转录酶由 mRNA 反转录生成 cDNA,再经 PCR 扩增生成大量 cDNA 探针。cDNA 探针不存在内含子及其他高度重复序列,是一种较为理想的核酸分子探针,适用于基因表达的检测。

3. RNA 探针

与 cDNA 探针类似,RNA 中不存在高度重复序列,因此非特异性杂交较少。RNA 探针为单链分子,杂交时不存在互补双链的竞争性结合,杂交的效率高,杂交体较稳定。但 RNA 探针也存在易于降解和标记方法复杂等缺点。

目前可通过单向和双向体外转录体系制备 RNA 探针。该系统主要基于一类新型载体 pSP 和 pGEM,这类载体在多克隆位点两侧分别带有 SP6 启动子和 T7 启动子,在 SP6 RNA 聚合酶或 T7 RNA 聚合酶作用下可进行 RNA 转录。如果在多克隆位点接头中插入了外源 DNA 片段,则可以 DNA 两条链中的一条为模板转录生成 RNA,只要在底物中加入适量的放射性同位素或生物素标记的 dUTP,所合成的 RNA 就可得到高效标记。该方法能有效控制探针的长度并可以提高标记分子的利用率。

4. 寡核苷酸探针

采用 DNA 合成仪合成一定长度的寡核苷酸片段,经标记后即可以作为探针使用,一般寡核苷酸探针为 20~50bp 的单链探针。其优点是可以随意合成相应的序列,避免了天然核酸探针中存在的高度重复序列所带来的不利影响。随着序列分析和 PCR 技术的普及,此类探针的应用愈来愈广泛。

(三)探针的标记物

核酸分子杂交技术的广泛应用,在很大程度上取决于高敏感性检测的各种标记物。根据标记物本身的性质及检测特点,可分为放射性同位素及非放射性物质的标记物。

1. 放射性标记物

放射性同位素是一种高度灵敏的杂交反应示踪物,用放射性同位素标记的探针可检测出 $10^{-18} \sim 10^{-14}$ 的物质,在最适合条件下,可检测出样品中少于 1000 个分子的核酸含量。放射性同位素和相应的元素具有完全相同的化学性质,对各种酶促反应无任何影响,也不会影响碱基配对的稳定性和特异性。常用来标记核酸探针的放射性同位素有 ^{32}P、^{35}S、^{3}H、^{14}C、^{131}I。这类探针标记物的缺点是易于造成放射性污染,而且半衰期短,必须随用随标。

2. 非放射性标记物

根据检测方法的不同,非放射性标记物可分为以下几类:①半抗原,如生物素(biotin)、地高辛精(digoxigenin,Dig)等,利用这些半抗原的抗体进行免疫学检测,根据显色反应检测杂交信号。②荧光素,如异硫氰酸荧光素(FITC)、罗丹明等,可以被紫外线激发出荧光而被检测到。③报告基因,如碱性磷酸酶、辣根过氧化物酶、半乳糖苷酶等,激发酶的活性,分解化学物质,产生有颜色的化合物,通过酶联免疫法(ELISA)进行检测。对于非放射性物质标记的这类探针,具有无放射性污染、稳定性较好、检测过程快等优点,但其灵敏度和特异性都不太高。

(四)探针的标记方法

核酸探针的标记可以在体外进行,也可以在体内进行。体内标记是将放射性标记化合物作为代谢底物加到活细胞培养体系中去,经细胞的合成代谢而使同位素掺入到新合成的核酸分子中去。目前核酸分子杂交所用探针几乎均采用体外标记法进行标记,体外标记法分为化学法和酶法,具体方法介绍如下。

1. 随机引物标记法

此方法的基本原理是随机合成的长度为 6 个核苷酸残基的寡聚核苷酸片段的混合物,在较低的退火温度下,能与变性后的 DNA 单链结合,然后在反应体系中加入 Klenow 酶,以 4 种 dNTP(其中有一种带有放射性同位素标记)为底物,在合成反应中新合成的 DNA 分子带有放射性同位素。反应结束后,经变性和纯化就可以获得标记好的 DNA 探针。

2. 缺口平移法

缺口平移法(nick translation)是选择适当浓度的 DNA 聚合酶Ⅰ在 DNA 双链上随机切割,产生若干缺口,缺口处形成 3′—OH 末端。然后利用大肠杆菌 DNA 聚合酶Ⅰ的 5′→3′外切酶活性和 5′→3′聚合酶活性,在缺口的 5′端不断切除核苷酸,而在 3′端不断添加核苷酸,添加的核苷酸中含有带有放射性同位素标记的 dATP,缺口沿着 DNA 链的 3′平移,形成的两条链均被同位素标记上,使得被标记的 DNA 探针达到较高的标记效率。

3. PCR 标记法

在 PCR 扩增过程中,把反应底物中的一种 dNTP 换成标记物标记的 dNTP,这样标记的 dNTP 就可在 PCR 反应时添加到新合成的 DNA 链上。

4. 末端标记法

DNA 末端标记法是将 DNA 片段的一端(5′端或 3′端)利用 T4 多核苷酸激酶或 DNA 聚合酶Ⅰ进行部分标记放射性同位素。这种方法获得的标记活性不高,标记物掺入率低,一般较少用于核酸分子杂交探针的标记。

5. 非放射性物质标记法

目前常用来标记核酸的非放射性物质是生物素和地高辛精。

生物素标记核酸,首先要先获得用生物素标记的 dNTP,如 dATP、dCTP 等,然后在 DNA 聚合酶的作用下,标记了生物素的 dNTP 替换 DNA 链中未标记的 dNTP,从而使 DNA 分子标记了生物素。当掺入 DNA 中的生物素与卵白素或链亲和素特异性结合时,标在上面的酶可以催化反应系统中的底物产生有颜色的化学物质,以示阳性反应。

地高辛精是一种固醇类半抗原,通过碱不稳定的酯键连接到 dUTP 上,然后根据随机引物标记方法,在 DNA 聚合酶的作用下,dNTP 和 Dig－dUTP 掺入到新合成的 DNA 片段中,即可作为标记的探针。进行免疫检测时,当此探针与结合在膜上的靶 DNA 特异性结合后,再与反应液中的以碱性磷酸酶标记的抗 Dig－Fab 片段结合。此酶的作用底物为四氮唑蓝(NBT),受碱性磷酸酶水解后产生肉眼可见的蓝色化合物。地高辛精标记的探针检测灵敏度可以达到测出单拷贝的靶核酸分子的程度。

三、核酸分子杂交类型

(一)液相分子杂交

液相分子杂交是一种研究最早且操作简便的杂交类型。液相杂交的反应原理和反应条件与固相杂交基本相同,仅仅是将待检测的核酸样品和杂交探针同时溶于杂交溶液中进行反应,然后利用羟磷灰石柱选择性结合单链或双链核酸的性质分离杂化双链和未参加反应的探针,用仪器计数并通过计数分析杂交结果,或者利用核酸分子的减色性(260nm 处吸光度的降低与双链形成的多少成正比)分析杂交的结果。

(二)固相分子杂交

固相分子杂交是把将待测的靶核苷酸链预先固定在固相支持物上,再与溶液中已标记的探针进行杂交反应,使杂交分子留在支持物上,故称为固相分子杂交。通过漂洗能将未杂交的游离探针除去,留在膜上的杂交分子直接进行放射自显影,然后根据自显影图谱分析杂交结果。这种分子杂交方法能防止靶 DNA 的自我复性,因此被广泛应用。固相杂交类型包括:菌落原位杂交、斑点及狭缝杂交、Southern 印迹杂交、Northern 印迹杂交、组织原位杂交等。常用的固相杂交支持物有尼龙膜、硝酸纤维素膜、聚二氟乙烯膜等。

1. 固相杂交的类型

1)菌落原位杂交

菌落原位杂交(colony in situ hybridization,图 11-1)是将细菌从培养平板转移到硝酸纤维素滤膜上,将滤膜放到适当溶液中,将滤膜上的菌落裂解以释放出 DNA,将 DNA 烘干固定于膜上,再与^{32}P标记的单链探针杂交。杂交后,洗脱未结合的探针,将滤膜暴露于 X 线胶片进行放射自显影,最后将自显影胶片、滤膜、培养平板比较就可以确定阳性菌落。

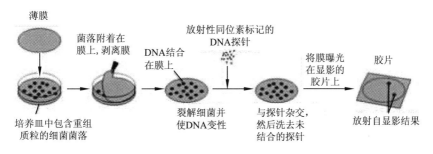

图 11-1 菌落原位杂交示意图

2)Southern 印迹杂交

Southern 印迹杂交是指在膜上检测 DNA 的杂交技术,1975 年由苏格兰爱丁堡大学 E. M. Southern 首先提出,取其姓氏而命名。Southern 印迹杂交的基本方法是将制备得到的待测 DNA,用适当的限制性核酸内切酶进行消化,经琼脂糖凝胶电泳分离各种酶解后的 DNA 片段,然后经碱变性,Tris 缓冲液中和,在高浓度盐溶液的作用下将凝胶中的条带转移到硝酸纤维素滤膜或尼龙膜上,烘干固定后,将滤膜与^{32}P标记的探针进行杂交,利用放射自显影的方法确定与探针互补的 DNA 条带位置(图 11-2)。将电泳分离与杂交分析相结合,不仅能检测出特异的 DNA 序列,而且能够进行定位和分子量测定。

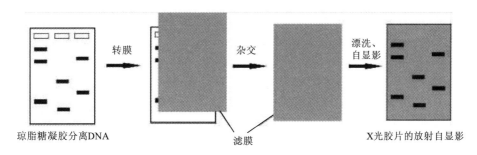

图 11-2 Southern 印迹杂交示意图

3)Northern 印记杂交

Northern 印迹杂交是继 DNA 的 Southern 印记杂交方法出现后,1977 年 Alwine 等提出一种与此相类似的、用于分析细胞总 RNA 或含 Poly(A)尾的 RNA 样品中特定 mRNA 分子大小和丰度的分子杂交技术。Northern 印迹杂交的基本过程和原理都与 Southern 印迹杂交基本相同,区别在于靶核酸是 RNA 而非 DNA。琼脂糖凝胶的电泳系统使用了特殊的保持

RNA为单链的变性试剂。在杂交过程中RNA接触到的所有容器、试剂都要进行处理,淬灭其中的RNA酶,整个操作过程应该与其他可能含RNA酶的操作分开。一般先使用聚乙二醇、甲基亚砜(DMSO)或甲醛使RNA变性,不使用NaOH,因为碱会使RNA水解。电泳后在高盐溶液中把RNA条带转移到硝酸纤维素膜上,再与探针杂交,经过漂洗,放射自显影定位与探针互补的mRNA。

4) 斑点及狭缝印迹杂交

该印迹杂交法是将DNA或RNA变性后,以斑点状或狭缝状直接点样于固相支持物上,与探针进行杂交分析。可用于基因组中特定基因及其表达的定性和定量研究。这种方法的优点是简单、耗时短,可在同一张膜上同时进行多个样品的检测,对于核酸粗提样品的检测效果较好;缺点是不能鉴定所测基因的分子量,而且特异性不高,会出现一定比例的假阳性结果。

5) 组织原位杂交

组织原位杂交(tissue in situ hybridization)简称原位杂交,是应用核酸探针与组织或细胞中的核酸按碱基配对原则进行特异性结合形成杂交体,然后应用组织化学或免疫组织化学方法在显微镜下进行细胞内定位或基因表达的检测技术。其中在此技术上发展的荧光原位杂交(FISH)技术因其具有安全、无污染、探针稳定、灵敏度高等优点,在诊断生物学、发育生物学、细胞生物学、遗传学和病理学研究上均得到广泛的应用。

2. 固相杂交支持物的种类

1) 尼龙膜

尼龙膜(nylon membrane)是一种理想的核酸固相支持物,它有多种类型,除孔径大小不同外,有些经过了正电荷基团的修饰。经修饰的尼龙膜结合核酸能力更强,可重复用于核酸分子杂交,一次杂交后探针分子可经碱变性而被洗脱下来,膜上的核酸还可用于与第二种探针进行杂交。另外,尼龙膜的韧性较强,操作较方便,对于小分子质量的核酸片段亦有很好的结合能力,在低离子条件下也可较好地结合DNA,故比较适合于电转印迹法。但因为尼龙膜与负离子型染料也易结合,使得杂交信号背景值高,故使用受到了一定的限制。

2) 硝酸纤维素膜

硝酸纤维素膜(nitrocellulose filter membrane,简称NC)具有较强的吸附单链DNA和RNA的能力,主要依靠疏水性相互作用使得这些单链核酸分子结合在膜上。硝酸纤维素膜成本低廉,作为固相支持物被广泛应用,但由于它与单链DNA和RNA的结合不是十分牢固,在杂交与漂洗过程中,DNA或RNA会比较容易从膜上脱离下来,从而造成杂交效率下降,因此,在同一硝酸纤维素膜上不适宜重复进行核酸分子杂交。此外,硝酸纤维素膜与核酸的结合有赖于高盐浓度,在低盐浓度时结合核酸分子的效果不佳,故不适用于电转印迹法。

3) 聚二氟乙烯膜

聚二氟乙烯膜(polyvinylidene difluoride,简称PVDF)与带负电荷的物质结合能力强,耐高温,化学稳定性好,且可重复使用,特别适合用于蛋白质的印迹转移。应用时需要先将膜在甲醇中浸透,再在电泳转移缓冲液中饱和,然后再用于蛋白质的印迹转移。

四、DNA芯片技术

DNA芯片属于生物芯片的一种,生物芯片是通过显微光蚀刻等技术在约1平方厘米大小的固相介质(常用玻片、硅芯片、瓷片以及尼龙膜、硝酸纤维素膜等)表面建立的一种微型分析系统,以实现对组织细胞中的核酸、蛋白质等生物组分进行快速、高效的处理与分析。

DNA芯片技术,实际上就是一种大规模集成的固相杂交,是指在固相支持物上原位合成寡核苷酸、cDNA或来自基因组的基因片段作为探针以显微打印的方式有序地固化于支持物表面,然后与标记的组织细胞样品中的核酸进行杂交。通过对杂交信号的检测分析,得出样品的遗传信息(基因序列及表达的信息)。由于常用计算机硅芯片作为固相支持物,所以称为DNA芯片,又可称为基因芯片、cDNA芯片和寡核苷酸阵列等。

DNA芯片技术主要包括4个主要步骤:芯片制备、样品制备、杂交反应、杂交信号的检测与结果分析。

1. 芯片制备

制备芯片主要以玻璃片或硅片为载体,采用原位合成和微矩阵的方法将寡核苷酸片段或cDNA作为探针按顺序排列在载体上。芯片的制备除了用到微加工工艺外,还需要使用机器人技术。以便能快速、准确地将探针放置到芯片上的指定位置。

2. 样品制备

生物样品往往是复杂的生物分子混合体,除少数特殊样品外,一般不能直接与芯片反应。所以,必须通过提取、扩增,获取组织与细胞中的DNA,并用荧光、生物素或放射性同位素进行标记,标记后的DNA分子还需要进行纯化后才能用于杂交实验。

3. 杂交反应

杂交反应是荧光标记的靶DNA与芯片上的探针进行反应产生一系列信息的过程,杂交信号的强弱与样品中靶DNA的量成正比。选择合适的反应条件能使生物分子间反应处于最佳状况中,减少生物分子之间的错配率。

4. 信号的检测与结果分析

当带有荧光标记的靶DNA与芯片上的探针互补形成杂交分子后,在激光激发下,荧光素就会发射荧光,芯片上各个反应点的荧光位置、荧光强弱经过芯片扫描仪和相关软件可以分析图像,将荧光转换成数据,即可以获得有关生物信息。

DNA芯片技术在肿瘤基因表达谱差异研究、基因突变、基因测序、基因多态性分析、基因文库作图、微生物筛选鉴定、遗传病产前诊断等方面应用广泛。将一种或几种病原微生物的全部或部分特异的保守序列集成在一块芯片上,可快速、简便地检测出病原体,从而对疾病作出诊断及鉴别诊断。用DNA芯片技术可以快速、简便地搜寻和分析DNA多态性,极大地推动法医生物学的发展。应用DNA芯片还可以在胚胎早期对胎儿进行遗传病相关基因的监测及产前诊断,为人口优生提供有力保证;而且可以全面监测200多个与环境影响相关的基因,这对生态、环境控制及人口健康有着重要意义。在药物筛选和新药开发方面优势较为明显,用芯片作大规模的筛选研究可以减少或省略大量的动物实验,加快进度,提高效率。

第三篇

生物化学与分子生物学实验

第十二章　生物化学实验

第十三章　分子生物学实验

第十四章　设计性实验

第十二章 生物化学实验

实验一 氨基酸的分离与鉴定

一、目 的

(1) 学习氨基酸滤纸层析法的原理。
(2) 掌握氨基酸滤纸层析操作的方法。

二、原 理

滤纸层析是以滤纸作为惰性支持物的分配层析,可用于蛋白质的氨基酸成分的定性鉴定和定量测定,也适用于糖类、有机酸、维生素、抗生素等物质分离分析。层析溶剂由有机溶剂和水组成。滤纸纤维上的羟基具有亲水性,因此将吸附在滤纸上的一层水作为固定相,而通常把展层用的有机溶剂作为流动相。纸层析可以看作是溶质(样品)在固定相与流动相之间的连续抽提。样品中的不同氨基酸在两相中不断分配,由于分配系数不同,结果它们分布在滤纸的不同位置上。氨基酸在滤纸上的移动速率用 R_f 值表示(图12-1),计算公式如下:

$$R_f = X/Y$$

式中:X 为原点到层析点中心的距离;Y 为原点到展层溶剂前沿的距离。

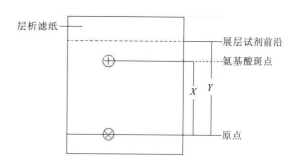

图12-1 氨基酸迁移率 R_f 计算示意图

在一定条件下某种物质的 R_f 值是常数。R_f 值的大小与样品的结构、性质、溶剂系统(溶剂的性质、溶剂的 pH 值)、层析的温度和层析滤纸有关。此外,样品中的盐分、其他杂质以及点样过多皆会影响样品的有效分离。

纸层析法分离氨基酸,一般操作是将样品溶解在适当溶剂(水缓冲液或有机溶剂)中,样品点在滤纸的一端,再选用适当的溶剂系统,从点样的一端通过毛细现象向另一端展开。展开完毕,取出滤纸晾干或烘干,再以适当的显色剂或在紫外灯下观察纸层析图谱。本实验用茚三酮作为显色剂,就可得到氨基酸样品的分离图谱。

三、材料、器材和试剂

1. 材料

氨基酸溶液。

2. 器材

层析缸,层析滤纸,毛细管,吹风机,喷雾器,分液漏斗,烧杯,量筒。

3. 试剂

(1) 展层溶剂。

V(正丁醇)︰V(冰醋酸)︰V(水)=4︰1︰3。将 100mL 正丁醇和 25mL 冰醋酸放入 250mL 分液漏斗中,与 75mL 水混合,充分振荡,静止后分层,放出下层水,漏斗内剩余的液体即为展层试剂。

(2) 氨基酸溶液:0.5%的赖氨酸、缬氨酸、丝氨酸、亮氨酸溶液及它们的混合液(各组分含量均为 0.5%)。

(3) 显色剂:0.1%茚三酮-正丁醇溶液 50~100mL。

四、实验步骤

(1) 将制备好的展层试剂倒入层析缸中。

(2) 取层析滤纸一张,在纸的一端距边缘 1.5cm 处用铅笔轻轻画一条直线,在此直线上每间隔 1~2cm 用铅笔做一记号,共 5 个记号(图 12-2)。

(3) 点样:用毛细管将各种氨基酸样品分别点在上述 5 个位置上,干燥后再点一次。每个样点在纸上扩散的直径最大不超过 5mm,否则分离效果不好,样品用量大会造成"拖尾"现象。

(4) 展层:滤纸上的样点干燥后,将滤纸卷成筒状或折叠为"V"形,然后把滤纸直立于盛有展层溶剂的层析缸中(点样的一端在下,展层溶剂的液面需低于点样线),滤纸的两边不能接触层析缸的侧壁。待展层溶剂上升至 13~15cm 时即取出滤纸,用铅笔描出展层溶剂到达的前沿线,用吹风机的热风吹干。

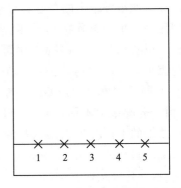

图 12-2 层析点样记号制作示意图

(5) 显色:用喷雾器均匀喷上 0.1%茚三酮-正丁醇溶液,用吹风机的热风吹干,使之呈现出紫红色斑点。

(6) R_f 值的计算:显色完毕后,用铅笔将各种氨基酸显色斑点的形状勾画出来(图 12-3)。然后量出每一个显色斑点中心到原点的距离以及原点到溶剂前沿的距离,最后计算各种氨基酸的 R_f 值,并确定混合氨基酸的组成。

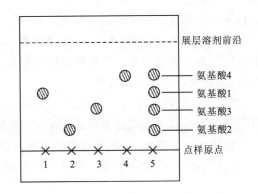

图 12-3 4 种氨基酸纸层析示意图

五、注意事项

(1)选用合适、洁净的层析滤纸。

(2)使用茚三酮显色法,在整个层析操作中,避免用手接触层析滤纸,因手上常有少量含氨物质,在显色时也显出紫色斑点,污染层析结果。因此,在操作过程中应戴手套或指套,同时也要防止空气中氨的污染。

(3)点样斑点不能太大(其直径应小于5mm),防止氨基酸斑点不必要的重叠。吹风机温度不宜过高,否则斑点变黄。

何谓纸层析?何谓 R_f 值?影响 R_f 值的主要因素是什么?

实验二　氨基酸和蛋白质的呈色反应

一、目的

(1) 了解蛋白质和某些氨基酸的呈色反应原理。
(2) 学习几种常用的鉴定蛋白质和氨基酸的方法。

二、原理

蛋白质分子中的某些基团与显色剂作用,可发生特定的颜色反应;不同蛋白质所含有的氨基酸不完全相同,故颜色反应也有不同。重要的颜色反应有以下6种。

1. 双缩脲反应

将尿素加热到180℃,则两分子尿素缩合成一分子双缩脲,并生成一分子氨。双缩脲在碱性溶液中能与硫酸铜反应产生紫红色配合物,此反应称为双缩脲反应。蛋白质分子中含有许多和双缩脲结构相似的肽键,因此也能起双缩脲反应,形成紫红色配合物。通常可用此反应来定性鉴定蛋白质,也可根据反应产生的颜色在540nm处比色,定量测定蛋白质。

2. 茚三酮反应

除脯氨酸、羟脯氨酸和茚三酮反应产生黄色物质外,所有α-氨基酸及一切蛋白质与茚三酮共热,均可产生蓝紫色的物质,此反应称为茚三酮反应。含有氨基酸的其他物质也有此呈色反应。该反应十分灵敏,体积比为1∶1 500 000的氨基酸水溶液也能发生此反应,是一种常用的氨基酸定量测定方法。该反应分两步进行:第一步是氨基酸被氧化形成CO_2、NH_3和醛,水合茚三酮被还原成还原型茚三酮;第二步是形成的还原茚三酮同另一个水合茚三酮分子和氨缩合生成有色物质。

茚三酮反应的适宜pH值应为5～7,否则,即使是同一浓度的蛋白质或氨基酸,反应显示的颜色深浅也有所不同,酸度过大时可能不显色。

3. 黄色反应

该反应是含有芳香族氨基酸特别是含有酪氨酸和色氨酸的蛋白质所特有的呈色反应。蛋白质溶液遇硝酸后,先产生白色沉淀,加热则白色沉淀变黄色物质,再加碱颜色加深呈橙黄色的硝醌酸钠。多数蛋白质含有带苯环的氨基酸,故有黄色反应,如皮肤、指甲和毛发等遇浓硝酸会变成黄色。但值得注意的是苯丙氨酸不易硝化,需要加入少量浓硫酸才有黄色反应。

4. 乙醛酸反应

在蛋白质溶液中加入乙醛酸,并沿管壁慢慢注入浓硫酸,在两液层之间就会出现紫色环,凡含有吲哚基的化合物都有这一反应。色氨酸及含有色氨酸的蛋白质也有此反应,不含色氨酸的白明胶就无此反应。

5. 坂口反应

精氨酸分子中含有胍基,能与次氯酸钠(或次溴酸钠)及α-萘酚在氢氧化钠溶液中生成红色产物。此反应可以用来鉴定含有精氨酸的蛋白质,也可用来定量测定精氨酸含量。

6. 米伦(Millon)反应

米伦试剂为硝酸汞、亚硝酸汞、硝酸和亚硝酸的混合物,在蛋白质溶液中加入米伦试剂后即产生白色沉淀,加热后沉淀变成红色。酚类化合物有此反应,酪氨酸含有酚基,故酪氨酸及含有酪氨酸的蛋白质都有此反应。

三、材料、器材和试剂

1. 材料

鸡蛋清溶液(蛋清与水的体积比为1∶9),头发,指甲,蛋白质溶液(新鲜鸡蛋清与水的体积比为1∶20)。

2. 器材

试管,试管架,滴管,滤纸,酒精灯,恒温水浴锅,量筒。

3. 试剂

(1)双缩脲反应。

10%氢氧化钠溶液,1%硫酸铜溶液,尿素。

(2)茚三酮反应。

0.5%甘氨酸溶液,0.1%茚三酮水溶液,0.1%茚三酮-乙醇溶液(0.1g茚三酮溶于95%乙醇并稀释至100mL)。

(3)黄色反应。

0.5%苯酚溶液,浓硝酸,0.3%色氨酸溶液,0.3%酪氨酸溶液,10%氢氧化钠溶液。

(4)乙醛酸反应。

冰醋酸,0.3%色氨酸溶液,浓硫酸。

(5)坂口反应。

0.3%精氨酸溶液,20%氢氧化钠溶液,1%α-萘酚-乙醇溶液(临时配制),溴酸钠溶液(2g溴酸溶于100mL 5%氢氧化钠溶液,置于棕色瓶中,可在暗处保存两周)。

(6)米伦反应。

0.5%苯酚溶液(苯酚0.5mL,加蒸馏水稀释至100mL)。

米伦试剂:40g汞溶于60mL浓硝酸,水浴加温助溶,溶解后加2倍体积蒸馏水,混匀,静置澄清,取上清液备用。此试剂可长期保存。

四、实验步骤

1. 双缩脲反应

(1)取少许结晶尿素放在干燥管中,微火加热,尿素溶化并形成双缩脲,放出的氨可用红色石蕊试纸检测,至试管内有白色固体出现,停止加热,冷却。然后加10%氢氧化钠溶液1mL混匀,观察有无紫色出现。

(2)另取一支试管,加蛋白质溶液10滴,再加10%氢氧化钠溶液10滴及1%硫酸铜溶液4滴,混匀,观察是否出现紫红色。

2. 茚三酮反应

(1)取2支试管,分别加入蛋白质溶液和0.5%甘氨酸溶液1mL,再各加0.5mL 0.1%茚三酮溶液,混匀,在沸水浴中加热1～2min,观察颜色是否由粉红色变为紫红色再变为蓝紫色。注意:此反应必须在pH值为5～7的条件下进行。

(2)在一块小滤纸上滴1滴0.5%甘氨酸溶液,风干后再在原处滴1滴0.1%茚三酮-乙醇溶液,在微火旁烘干显色,观察是否有紫红色斑点的出现。

3. 黄色反应

取6支试管,分别编号,按表12-1用量分别加入试剂,观察各管出现的现象,若试管反应慢者可稍放置一会或微火加热,待各管出现黄色后,于室温下逐滴加入10%氢氧化钠溶液至碱性,观察颜色变化。

表 12-1 黄色反应各管试剂加入量

试管号	1	2	3	4	5	6
材料	2%鸡蛋清溶液	指甲	头发	0.5%苯酚溶液	0.3%色氨酸溶液	0.3%酪氨酸溶液
材料用量(滴)	4	少许	少许	4	4	4
浓硝酸(滴)	2	20	20	4	4	4
现象						
10%氢氧化钠溶液(mL)						
呈碱性后现象						

注:该反应须在pH=5～7的环境中进行。

4. 乙醛酸反应

取3支试管,分别编号,按表12-2分别加入蛋白质溶液、0.3%色氨酸溶液和水,然后各加入冰醋酸2mL,混匀后倾斜试管,沿壁分别缓慢加入浓硫酸约1mL,静置,观察各管液面紫色环的出现,若不明显,可于水浴中微热。

表 12-2 乙醛酸反应各管试剂加入量

试管号	H_2O(滴)	0.3%色氨酸溶液(滴)	蛋白质溶液(滴)	冰醋酸(mL)	浓硫酸(mL)	现象记录
1	—	—	5	2	1	
2	4	1	—	2	1	
3	5	—	—	2	1	

5. 坂口反应

可定性鉴定含有精氨酸的蛋白质和定量测定精氨酸。

取3支试管,分别编号,按表12-3向各管中加入试剂,记录出现的现象。

6. 米伦反应

(1)用苯酚做实验:取0.5%苯酚溶液1mL于试管中,加米伦试剂约0.5mL(米伦试剂含有硝酸,如加入量过多,能使蛋白质呈黄色,加入量应不超过试液体积的1/5～1/4),小心加热,溶液即出现玫瑰红色。

表 12-3 坂口反应各管试剂加入量

试管号	H$_2$O(滴)	0.3%精氨酸溶液(滴)	蛋白质溶液(滴)	20%氢氧化钠溶液(mL)	1% α-萘酚-乙醇溶液(mL)	溴酸钠溶液(mL)	现象记录
1	—	—	5	5	3	1	
2	4	1	—	5	3	1	
3	5	—	—	5	3	1	

(2)用蛋白质溶液做实验：取 2mL 卵清蛋白溶液，加 0.5mL 米伦试剂，此时出现蛋白质的沉淀(因试剂含汞盐及硝酸)，小心加热，凝固的蛋白质出现红色。

思考题

(1)如果蛋白质水解后双缩脲反应呈阴性，对水解作用的程度可得出什么结论？
(2)茚三酮反应的阳性结果为何颜色？能否用茚三酮反应鉴定蛋白质的存在？
(3)黄色反应的阳性结果说明什么问题？
(4)为什么蛋清可作为铅或汞中毒的解毒剂？

实验三 紫外光吸收法测定蛋白质含量

一、目的

(1)加强对蛋白质的有关性质的认识。
(2)掌握紫外光吸收法测定蛋白质含量的原理和方法。
(3)熟悉紫外-可见分光光度计的使用方法。

二、原理

蛋白质分子中的酪氨酸和色氨酸残基含有共轭双键,具有能够吸收紫外线的性质,并且在280nm处形成最大吸收峰。此外,蛋白质溶液在238nm处的吸光度值与肽键含量成正比。在一定浓度范围内,蛋白质溶液在最大吸收波长处的吸光度值与其浓度成正比,因此可作定量分析。

紫外光吸收法的优点是反应迅速、简便,消耗样品较少,不受低浓度盐类的干扰。该方法的缺点是:①对于一些与标准蛋白质中酪氨酸和色氨酸含量差异较大的蛋白质,此种方法测量的准确度较差;②若样品中含有嘌呤、嘧啶及核酸等能够吸收紫外光的物质,同样会出现较大的干扰。核酸的干扰可以通过查校正表,再进行计算的方法,加以适当的校正,但是不同的蛋白质和核酸对紫外线的吸收程度是不同的,其测定的结果还是会存在一定的误差。

三、材料、器材和试剂

1. 材料

牛血清白蛋白。

2. 器材

紫外-可见光分光光度计,离心机,吸量管,试管,试管架,洗耳球。

3. 试剂

(1)牛血清白蛋白溶液(1mg/mL):称取100mg牛血清白蛋白,溶于100mL蒸馏水中,配制成蛋白质标准溶液。
(2)0.1mol/L磷酸缓冲液(pH=7.0)。

四、实验步骤

1. 标准曲线法

该法测定蛋白质的浓度范围为0.1~1.0mg/mL。
(1)制作标准曲线。
取18支干燥、干净试管编号(每个编号3支平行试管,下同),按表12-4数据加入各试管,摇匀。选用光程为1cm的石英比色皿,运用紫外分光度计在280nm波长处分别测定各管溶液的A_{280}值,以A_{280}值为纵坐标,蛋白质浓度为横坐标绘制标准曲线。

表 12-4　紫外光吸收法测定试剂加入量

试管号	1	2	3	4	5	6
1mg/mL 牛血清白蛋白溶液(mL)	0	1	2	3	4	5
蒸馏水(mL)	5	4	3	2	1	0
蛋白质溶液浓度(mg/mL)	0	0.2	0.4	0.6	0.8	1.0

(2) 样品的测定。

取待测蛋白质溶液 1mL,加入蒸馏水 4mL,摇匀,运用紫外分光光度计在 280nm 波长处测定该管溶液的 A_{280} 值,然后从标准曲线上查出待测蛋白质溶液的浓度。

2. 280nm 和 260nm 的吸收差法

对于含有核酸的蛋白质溶液,可用 0.1mol/L 磷酸缓冲液(pH=7.0)适当稀释后,作为空白调零,用紫外分光光度计分别在 280nm 和 260nm 波长下测得吸光度值,代入下面的公式来计算蛋白质的浓度(mg/mL)。

$$蛋白质浓度 = 1.45 \times A_{280} - 0.74 \times A_{260}$$

3. 215nm 和 225nm 的吸收差法

此法适用于含蛋白质较少的稀溶液。以 215nm 与 225nm 吸光度值之差 D 为纵坐标,蛋白质浓度为横坐标,绘出标准曲线。再测出未知样品的吸收度值之差,即可由标准曲线上查出未知样品的蛋白质浓度。

$$D = A_{215} - A_{225}$$

4. 肽键测定法

蛋白质溶液在 238nm 处的光吸收的强弱,与肽键的多少成正比。因此可以用标准蛋白质溶液配制一系列已知浓度的蛋白质溶液,测定 238nm 的吸光度值 A_{238},以 A_{238} 为纵坐标,蛋白质含量为横坐标,绘制出标准曲线,未知样品的浓度即可由标准曲线查得。

为什么能用紫外光吸收法测定蛋白质的含量?

实验四 蛋白质的沉淀和等电点的测定

一、目的

(1) 了解蛋白质的沉淀反应、变性作用和凝固作用的原理及它们的相互关系。
(2) 学习盐析和透析等生物化学操作技术。
(3) 学习测定蛋白质等电点的一种方法。

二、原理

蛋白质分子在水溶液中,由于其表面形成了水化层和双电层而成为稳定的胶体颗粒,所以蛋白质溶液和其他亲水胶体溶液相似。但是,在一定的物理化学因素影响下,由于蛋白质胶体颗粒的稳定条件被破坏,如失去电荷、脱水,甚至变性,而以固态形式从溶液中析出,这个过程称为蛋白质的沉淀反应。这种反应分为可逆沉淀反应和不可逆沉淀反应两种类型。

可逆沉淀反应——蛋白质虽已沉淀析出,但它的分子内部结构并未发生显著变化,如果把引起沉淀的因素去除后,沉淀的蛋白质能重新溶于原来的溶剂中,并保持其原有的天然结构和性质。利用蛋白质的盐析作用和等电点作用,以及在低温下,乙醇、丙酮短时间对蛋白质的作用等所产生的沉淀都属于这一类沉淀反应。

不可逆沉淀反应——蛋白质发生沉淀时,其分子内部结构空间构象遭到破坏,蛋白质分子由规则性的结构变为无秩序的伸展肽链,使原有的天然性质丧失,这时蛋白质已发生变性。这种变性蛋白质的沉淀已不能再溶解于原来溶剂中。

引起蛋白质变性的因素有重金属、植物碱试剂、强酸、强碱、有机溶剂等化学因素,加热、振荡、超声波、紫外线、X射线等物理因素。它们都能因破坏了蛋白质的氢键、离子键等次级键而使蛋白质发生不可逆沉淀反应。

天然蛋白质变性后,变性蛋白质分子互相凝聚或互相穿插缠绕在一起的现象称为蛋白质的凝固。凝固作用分为两个阶段:首先是变性,其次是失去规律性的肽链聚集缠绕在一起而凝固或结絮。几乎所有的蛋白质都会因加热变性而凝固,变成不可逆的不溶状态。

蛋白质分子的解离状态和解离程度受溶液的酸碱度的影响。当调节溶液的 pH 值达到一定的数值时,蛋白质分子所带正、负电荷的数目相等,以兼性离子状态存在,在电场中,该蛋白质分子既不向阴极移动,也不向阳极移动,此时溶液的 pH 值称为该蛋白质的等电点(pI)。当溶液的 pH 值低于蛋白质的等电点时,蛋白质分子带正电荷,为阳离子;当溶液的 pH 值高于蛋白质的等电点时,蛋白质分子带负电荷,为阴离子。

在等电点,蛋白质的物理性质如导电性、溶解度、黏度、渗透压等都降为最低,可利用这些性质的变化测定各种蛋白质的等电点,最常用的方法是测其溶解度最低时的溶液 pH 值。本实验采用蛋白质在不同 pH 值溶液中形成的溶解度变化和指示剂显色变化观察其两性解离现象,并从所形成的蛋白质溶液混浊度来确定其等电点,即混浊度最大时 pH 值即为该种蛋白质的等电点值。

三、材料、器材和试剂

1. 材料

鸡蛋，酪蛋白。

2. 器材

试管及试管架，滴管，移液管，小玻璃漏斗，滤纸，透析袋，玻璃棒，线绳，烧杯，量筒，恒温水浴锅。

3. 试剂

(1) 蛋白质溶液。

取 5mL 鸡蛋清或鸭蛋清，用蒸馏水稀释至 100mL，搅拌均匀后用 4～8 层纱布过滤，新鲜配制。

(2) 蛋白质氯化钠溶液。

取 20mL 鸡蛋清，加蒸馏水 200mL 和饱和氯化钠溶液 100mL，充分搅匀后，以纱布滤去不溶物。

(3) 酪蛋白乙酸钠溶液。

称取酪蛋白 3g，放在烧杯中，加入 1mol/L NaOH 溶液 50mL，微热搅拌直到蛋白质完全溶解为止。将溶解好的蛋白质溶液转移到 500mL 容量瓶中，并用少量蒸馏水洗净烧杯，一并倒入容量瓶中，再加入 1mol/L 乙酸 50mL，摇匀，用蒸馏水定容至 500mL，塞紧瓶塞，混匀，溶液略呈混浊，此即为溶解于 0.1mol/L 乙酸钠溶液中的酪蛋白胶体。

(4) 其他试剂。

硫酸铵，3% 硝酸银溶液，0.5% 乙酸铅溶液，10% 三氯乙酸溶液，饱和硫酸铵溶液，5% 磺基水杨酸溶液，0.1% 硫酸铜溶液，饱和硫酸铜溶液，0.1% 乙酸溶液，饱和氯化钠溶液，10% 氢氧化钠溶液，0.01mol/L 乙酸溶液，0.1mol/L 乙酸溶液，1mol/L 乙酸溶液，10% 乙酸溶液。

四、实验步骤

1. 蛋白质的盐析作用

取 1 支试管，加入 3mL 蛋白质氯化钠溶液和 3mL 饱和硫酸铵溶液，混匀，静置约 10min，则球蛋白沉淀析出，过滤后向滤液中加入硫酸铵粉末，边加边用玻璃棒搅拌，直至粉末不再溶解，达到饱和为止，此时析出的沉淀为清蛋白。静置，倒去上部清液，取出部分清蛋白沉淀，加水稀释，观察它是否溶解，留存部分做透析用。

2. 重金属盐沉淀蛋白质

取 3 支试管，各加入约 2mL 蛋白质溶液，分别加入 3% 硝酸银溶液 3～4 滴，0.5% 乙酸铅溶液 1～3 滴和 0.1% 硫酸铜溶液 3～4 滴，观察沉淀的生成。第一支试管的沉淀留做透析用，向第 2、3 支试管再分别加入过量的乙酸铅与饱和硫酸铜溶液，观察沉淀的再溶解。

3. 有机酸沉淀蛋白质

三氯乙酸和磺基水杨酸是沉淀蛋白质最有效的两种有机酸。

取 2 支试管各加入 2mL 蛋白质溶液，一管中加入 10% 三氯乙酸溶液 5～6 滴，另一管中加入5％磺基水杨酸溶液4～5滴,观察结果。

4. 有机溶剂沉淀蛋白质

乙醇是脱水剂,它能破坏蛋白质胶体颗粒的水化层,而使蛋白质沉淀。

取1支试管,加入蛋白质氯化钠溶液1mL,再加入无水乙醇2mL,并混匀,观察蛋白质的沉淀。

5. 加热沉淀蛋白质

蛋白质可因加热变性沉淀而凝固,然而盐浓度和氢离子浓度对蛋白质加热凝固有着重要的影响。少量盐类能促进蛋白质的加热凝固;当蛋白质处于等电点时,加热凝固最安全、最迅速;在酸性或碱性溶液中,蛋白质分子带有正电荷或负电荷,虽加热蛋白质也不会凝固;若同时有足量的中性盐存在,则蛋白质可加热而凝固。

取5支试管编号,按表12-5加入有关试剂。

表12-5 加热沉淀蛋白质试剂配制表　　　　单位:mL

试剂 管号	蛋白质溶液	0.1％乙酸溶液	10％乙酸溶液	饱和NaCl溶液	10％NaOH溶液	蒸馏水
1	5	—	—	—	—	3.5
2	5	2.5	—	—	—	1
3	5	—	2.5	—	—	1
4	5	—	2.5	1	—	—
5	5	—	—	—	1	2.5

将各管混匀,观察记录各管现象后,放入100℃恒温水浴中保温10min,注意观察各管的沉淀情况。然后,将第3、4、5号管分别用10％NaOH溶液或10％乙酸溶液中和,观察并解释实验结果。

6. 蛋白质可逆沉淀与不可逆沉淀的比较

(1)在蛋白质可逆沉淀反应中,将用硫酸铵盐析所得的清蛋白沉淀倒入透析袋中,用线绳将透析袋口扎紧,把透析袋浸入装有蒸馏水的烧杯中进行透析,并经常用玻璃棒搅拌,每隔30min换一次水,仔细观察透析袋中蛋白质沉淀变化情况。

(2)在蛋白质不可逆沉淀反应中,将用硝酸银反应所得到的蛋白质沉淀倒入透析袋内,用线绳将透析袋口扎紧,把透析袋浸入装有蒸馏水的烧杯中进行透析,并观察蛋白质沉淀变化情况。

透析1h左右,比较以上两个透析袋中蛋白质沉淀所发生的变化,并加以解释。

7. 蛋白质等电点的测定

取5支试管,按表12-6次序向各管中加入试剂,加入后立即摇匀。观察各管产生的混浊度,并根据混浊度来判断酪蛋白的等电点,混浊度可用＋,＋＋,＋＋＋表示。

表12-6 酪蛋白等电点测定试剂配制表

试剂 管号	酪蛋白乙酸钠溶液(mL)	H₂O(mL)	0.01mol/L乙酸溶液(mL)	0.1mol/L乙酸溶液(mL)	1mol/L乙酸溶液(mL)	pH值	混浊程度
1	1.00	3.38	0.62	—	—	5.9	
2	1.00	3.75	—	0.25	—	5.3	
3	1.00	3.00	—	1.00	—	4.7	
4	1.00	—	—	4.00	—	4.1	
5	1.00	2.40	—	—	1.60	3.5	

思考题

(1)透析的基本原理是什么?

(2)什么是盐析?常用来进行盐析的盐类分子有哪些?

(3)除了本实验应用的方法之外,测定蛋白质等电点的方法还有哪些?

实验五　牛乳中蛋白质的提取与鉴定

一、目的

(1)学习从牛乳中制备酪蛋白的原理和方法。
(2)学习蛋白质的颜色和沉淀反应。

二、原理

牛乳中主要的蛋白质是酪蛋白,含量约为 3.5%。酪蛋白是一种含磷蛋白的不均一混合物,等电点 pI=4.7。根据蛋白质在其等电点溶解度最低的原理,将牛乳的 pH 值调整至 4.7,酪蛋白即沉淀出来。用乙醇除去酪蛋白沉淀中不溶于水的脂类杂质,得到纯的酪蛋白,所得酪蛋白供定性鉴定。除去酪蛋白的滤液中,尚含有球蛋白、清蛋白等多种蛋白质。

三、材料、器材和试剂

1. 材料

新鲜牛奶。

2. 器材

离心机,抽滤装置,布氏漏斗,精密 pH 试纸,表面皿,酸度计,电炉,温度计,试管,烧杯,量筒。

3. 试剂

(1)米伦(Millon)试剂:将 100g 汞溶于 140mL 的浓硝酸中(在通风橱内进行),然后加 2 倍量的蒸馏水稀释。

(2)无水乙醇,95%乙醇,0.2mol/L 醋酸钠缓冲液(pH=4.7),乙醇-乙醚混合液(体积比为 1∶1),0.1mol/L NaOH 溶液,10% NaCl 溶液,0.5% NaCl 溶液,0.1mol/L 盐酸,0.2%盐酸,饱和 $Ca(OH)_2$ 溶液,5%醋酸铅溶液,乙醚等。

四、实验步骤

1. 酪蛋白的制备

(1)取新鲜牛奶 30mL,放入 250mL 烧杯中,加热至 40℃,加入 30mL 加热至同样温度的 pH=4.7 的醋酸钠缓冲液,边加边搅拌,用 0.1mol/L NaOH 溶液调至 pH=4.7。冷却至室温,离心 15min(3000r/min),弃去上清液,得到酪蛋白粗制品。

(2)用 10mL 蒸馏水洗沉淀 3 次,离心 10min(3000r/min),弃去上清液。

(3)在沉淀中加入 10mL 95%乙醇,搅拌片刻,将全部悬浊液转移至布氏漏斗中抽滤。用 10mL 乙醇-乙醚混合液洗涤沉淀 2 次。最后用乙醚洗涤沉淀 2 次,抽干。

(4)将沉淀摊开放在表面皿上,烘干。

(5)准确称重,计算酪蛋白的含量和产率。

$$酪蛋白含量(g/100mL) = \frac{测得酪蛋白的质量(g)}{牛乳体积(mL)} \times 100$$

$$产率 = \frac{测得牛乳中酪蛋白的含量}{理论含量} \times 100\%$$

理论含量为 3.5g/100mL 牛乳。

2. 酪蛋白的性质鉴定

(1) 溶解性:取 6 支试管,分别加蒸馏水、10% NaCl 溶液、0.5% NaCl 溶液、0.1mol/L NaOH 溶液、0.2%盐酸及饱和 $Ca(OH)_2$ 溶液 2mL,然后每管中加入少量酪蛋白。不断摇荡,观察并记录各管中的酪蛋白溶解性。

(2) 米伦反应:取酪蛋白少许,放置于试管中。加入 1mL 蒸馏水,再加入米伦试剂 10 滴,振摇,并轻微加热,观察其颜色变化。

(3) 含硫(胱氨酸、半胱氨酸和甲硫氨酸)鉴定:取少量酪蛋白,溶于 1mL 0.1mol/L NaOH 溶液中,再加入 1~3 滴 5%醋酸铅溶液,加热煮沸,观察溶液颜色变化。

3. 乳清中可凝固性蛋白质的鉴定

将制备酪蛋白时所得的滤液移入烧杯中,轻微加热,即出现蛋白质沉淀。此沉淀为乳清中的球蛋白和清蛋白。

思考题

(1) 为什么调整溶液的 pH 值可将酪蛋白沉淀出来?

(2) 制备酪蛋白的过程中应注意哪些问题,才可获得高产率?

实验六　聚丙烯酰胺凝胶电泳分离蛋白质

一、目 的

(1) 学习聚丙烯酰胺凝胶电泳的原理。
(2) 掌握聚丙烯酰胺凝胶电泳的操作方法。

二、原 理

电泳法分离、检测蛋白质混合样品,主要是根据各蛋白质组分的分子大小和形状以及所带净电荷多少等因素所造成的电泳迁移率的差别。如果在聚丙烯酰胺凝胶不连续系统,碱性缓冲体系中,分离蛋清或血清蛋白质,由于具有浓缩、电荷、分子筛 3 种效应,所以分离效果好,分辨率高,用聚丙烯酰胺凝胶不连续电泳可分出 30 多个条带清晰的成分。

三、材料、器材和试剂

1. 材料

鸡蛋清或动物血清。

2. 器材

垂直板型电泳槽,电泳仪,移液器,离心管,脱色摇床,滴管,烧杯,移液管,洗耳球,容量瓶,培养皿。

3. 试剂

(1) A 液:30%胶母液。

称取 30g 丙烯酰胺,0.8g N,N'-甲叉双丙烯酰胺,加少量蒸馏水溶解后定容至 100mL,4℃保存。

(2) B 液:pH=8.8 的分离胶缓冲液。

取 27.2g Tris,加少量蒸馏水溶解。用浓盐酸调节 pH 值至 8.8 后,定容至 150mL。

(3) C 液:pH=6.8 的浓缩胶缓冲液。

取 9.08g Tris,加少量蒸馏水溶解。用浓盐酸调节 pH 值至 6.8 后,定容至 150mL。

(4) TEMED 溶液(N,N,N',N'-四甲基乙二胺),避光保存。

(5) 10%过硫酸铵(AP)溶液:称取 1g 过硫酸铵,溶于 10mL 蒸馏水中,临用前配制。

(6) 电泳缓冲液(pH=8.3):取 Tris 6g,甘氨酸 28.8g,加少量蒸馏水溶解,调节 pH 值至 8.3,定容至 1000mL。

(7) 40%蔗糖溶液。

(8) 0.1%溴酚蓝指示剂。

(9) 染色液(0.1%考马斯亮蓝 R250-45%甲醇-10%冰乙酸溶液):取 0.1g 考马斯亮蓝 R250,加入 45mL 甲醇,10mL 冰乙酸,用水定容至 100mL。

(10) 脱色液(7.5%冰乙酸-5%甲醇溶液):取 75mL 冰乙酸,50mL 甲醇,加水定容至 1000mL。

四、操作方法

1. 凝胶的制备

(1)装板。

先将玻璃板洗净、晾干,然后把两块长短不等的玻璃板放入电泳槽内芯中,用塑料卡子卡紧,再放入原位制胶器中(图12-4)。

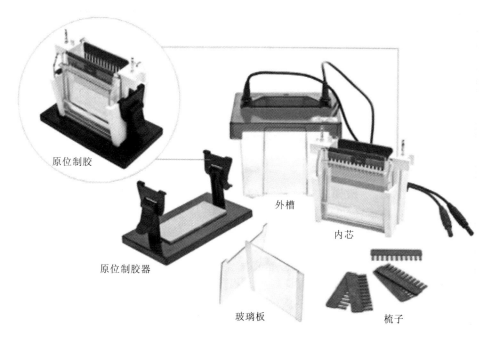

图 12-4　垂直电泳槽的组成部件

(2)配胶。

根据所测蛋白质相对分子质量范围,选择某一合适的分离胶浓度,按照表12-7所列的试剂用量和加样顺序配制某一合适浓度的凝胶。

表 12-7　不连续系统不同浓度凝胶配制用量表

试剂名称		分离胶浓度					配制5mL 4% 浓缩胶(mL)
		配制15mL不同浓度的分离胶液所需试剂量(mL)					
		7.5%	10%	12%	15%	20%	
分离胶	30%胶母液	3.7	5	6	7.5	10	—
	Tris-Cl(pH=8.8)	1.8	1.8	1.8	1.8	1.8	
浓缩胶	30%胶母液	—	—	—	—	—	0.9
	Tris-Cl(pH=6.8)	—	—	—	—	—	0.63
	TEMED	0.02	0.02	0.02	0.02	0.02	0.02
	蒸馏水	9.2	7.8	6.8	5.3	2.8	3.4
	10%过硫酸铵(AP)	0.02	0.02	0.02	0.02	0.02	0.02

(3)凝胶液的注入和聚合。

①分离胶胶液的注入和聚合:将所配制的凝胶液沿着凝胶腔的长玻璃板的内面用滴管滴入,小心不要产生气泡。将胶液加到距短玻璃板上沿1~2cm处为止。然后用滴管沿玻璃管内壁缓慢注入0.5~1cm高度的蒸馏水进行水封。水封的目的是隔绝空气中的氧,并消除凝胶柱表面的弯月面,使凝胶柱顶部的表面平坦。静置凝胶液进行聚合反应,在20~30min左右聚合完成。

②浓缩胶胶液的注入和聚合:倒去分离胶胶面顶端的水封层,再用滤纸条吸去残留的水液。按比例混合浓缩胶,混合均匀后用滴管将凝胶液加到分离胶上方,当浓缩胶液面距短玻璃板上缘0.2cm时,把样品梳轻轻地插入胶液顶部。静置聚合,待出现明显界面表示聚合完成。

2. 蛋白质样品的处理

取100μL鸡蛋清溶液,加50μL 40%蔗糖,3~5滴0.1%溴酚蓝溶液,混匀备用。

3. 加样

用移液器依次在各个样品槽内加样,各加15~20μL。

4. 电泳

对于垂直板型电泳,一般样品进入浓缩胶前电流控制在15~20mA,持续大约30min,待样品进入分离胶后,将电流调到20~30mA,保持电流强度不变。待指示剂迁移至下沿约0.5~1cm处停止电泳,需1~2h。

5. 染色

电泳结束后,将两块玻璃板剥开,将凝胶取出放入培养皿中,加入考马斯亮蓝染色液,染色30min。

6. 脱色

染色完毕,倒出染色液,加入脱色液。一天换3~4次脱色液,直至凝胶的蓝色背景褪去,蛋白质条带清晰为止。脱色时间一般需24~48h。

7. 绘图

根据所观察到的结果,绘制聚丙烯酰胺凝胶电泳结果示意图。

五、注意事项

(1)要选择合适浓度的聚丙烯酰胺凝胶来分离蛋白质样品。

(2)过硫酸铵最好用近期生产的,临用前配制,盛于棕色瓶中,并存放在冰箱里,使用期不超过一星期。

(1)影响聚丙烯酰胺凝胶凝固的因素有哪些?

(2)聚丙烯酰胺凝胶的原理是什么?

(3)为什么聚丙烯酰胺凝胶具有浓缩、电荷和分子筛效应?

实验七　醋酸纤维素薄膜电泳分离血清蛋白质

一、目的

(1) 了解醋酸纤维薄膜电泳分离蛋白质的原理。
(2) 熟悉和掌握醋酸纤维薄膜电泳的操作方法。

二、原理

带电颗粒在电场作用下，向着与其电性相反的电极移动，称为电泳。各种蛋白质都有它特有的等电点，当其处于不同 pH 值的缓冲液中时，所带电荷不同，在电场中的移动方向就有所不同，又因其本身大小及所带电荷数量的差异，其在电场中的移动速度有所差别。蛋白质相对分子质量小而带电多者，移动较快；相对分子质量大而带电少者，移动较慢。血清中一些蛋白质的等电点(pI)均低于 7.5，在 pH 值为 8.6 的缓冲液中，使这项蛋白质都带有负电荷，在电场中，均会向阳极移动，等电点离 7.5 愈远者，移动愈快。各种血清蛋白因等电点不同，其电离程度或带电数量也就不同，所以在电场中的泳动速度也有差异。

血清中所含的各种蛋白质在电场中按其移动快慢可分为清蛋白、α_1-球蛋白、α_2-球蛋白、β-球蛋白、γ-球蛋白 5 条区带。正常人血清蛋白质中各蛋白质组分的含量百分比为：清蛋白 57%～72%，β-球蛋白 6.2%～12%，α_1-球蛋白 2%～5%，γ-球蛋白 12%～20%，α_2-球蛋白 4%～9%。

醋酸纤维素(二乙酸纤维素)薄膜具有均一的泡状结构，渗透性强，对分子移动无阻力，目前已广泛用于血清蛋白、脂蛋白、血红蛋白、糖蛋白、酶的分离和免疫电泳等方面。将薄膜置于染色液中蛋白质固定并染色后，不仅可看到清晰的色带，而且可将色带染料分别溶于碱溶液中进行定量测定，从而可计算出血清中各种蛋白质的含量。

三、材料、器材和试剂

1. 材料

新鲜动物血清。

2. 器材

电泳仪，电泳槽，试管，烧杯，醋酸纤维素薄膜，722 型分光光度计，移液器，培养皿，脱色摇床。

3. 试剂

(1) 0.07mol/L 巴比妥-巴比妥钠缓冲液(pH=8.6)：称取 2.76g 巴比妥和 15.45g 巴比妥钠，置于烧杯中，加蒸馏水约 600mL，稍加热溶解，冷却后用蒸馏水定容至 1000mL。在 4℃下保存，备用。

(2) 染色液(0.5% 氨基黑 10B 染色液)：称取 0.5g 氨基黑 10B，加甲醇 50mL，冰醋酸 10mL，用蒸馏水稀释至 100mL，混匀溶解后置于具塞试剂瓶内储存。

(3) 漂洗液：95% 乙醇 45mL、冰醋酸 5mL 和蒸馏水 50mL，用蒸馏水稀释至 100mL，混匀后置于具塞试剂瓶内储存。

(4) 0.4mol/L NaOH 溶液：取 NaOH 16.0g，加蒸馏水定容至 1000mL。

四、实验步骤

1. 点样

取预先剪好的醋酸纤维素薄膜一条(2cm×8cm),在薄膜的无光泽面距一端2cm处,预先用铅笔画一条线作为点样线,然后将光泽面向下,放入缓冲液中,浸泡约10min,待薄膜完全浸透后,取出,轻轻夹于滤纸中,吸去多余的缓冲液,用点样器的边缘蘸上血清后,在点样线上迅速地压一下,使血清通过点样器印吸在薄膜上,点样力求均匀。待血清渗入薄膜后,以无光泽面向下,加血清的一端朝向电泳槽的阴极,两端紧贴在4层的滤纸桥上,加盖,平衡5～10min,然后通电。

2. 电泳

在电泳槽内加入缓冲液,使两个电极槽内的液面等高,将膜条平悬于电泳槽支架滤纸桥上(先剪尺寸合适的滤纸条,取双层滤纸条附着在电泳槽的支架上,使它的一端与支架的前沿对齐,另一端浸入电极槽的缓冲液内。用缓冲液将滤纸全部浸润并驱除气泡,使滤纸位于支架上,即为滤纸桥。它是联系醋酸纤维薄膜和两电极缓冲液之间的"桥")。通电(通电前先检查薄膜上血清样品是否处在阴极一侧),通电后调节电压至110～130V,每厘米膜宽电流为0.4～0.5mA,通电45～60min。

3. 染色

通电完毕,关闭电源。将薄膜从电泳槽中取出,直接浸于0.5%氨基黑10B染色液中10min。

4. 漂洗

将染色后的薄膜取出,浸入漂洗液中漂洗3～4次,直至薄膜的底色洗净为止,最后用蒸馏水漂洗一遍,用滤纸吸干薄膜表面水分。

5. 脱色

取6支试管,编号,将电泳薄膜按蛋白质区剪开,分别置于试管中。另于空白部位剪一条平均大小的薄膜条,放入空白管中。向各管中加0.4mol/L NaOH溶液5mL,反复振荡,使其充分洗脱。

6. 测定吸光度值

选用波长为620nm的单色光,以空白管中液体作为对照,测定清蛋白及α_1-球蛋白、α_2-球蛋白、β-球蛋白、γ-球蛋白各管的吸光度值。

7. 计算

计算吸光度总和,以及清蛋白、α_1-球蛋白、α_2-球蛋白、β-球蛋白、γ-球蛋白的质量分数。

(1)$A = A_{清} + A_{\alpha_1} + A_{\alpha_2} + A_{\beta} + A_{\gamma}$; (2)$\omega_{清} = A_{清}/A \times 100\%$; (3)$\omega_{\alpha_1} = A_{\alpha_1}/A \times 100\%$;
(4)$\omega_{\alpha_2} = A_{\alpha_2}/A \times 100\%$; (5)$\omega_{\beta} = A_{\beta}/A \times 100\%$; (6)$\omega_{\gamma} = A_{\gamma}/A \times 100\%$。

思考题

(1)在电泳时影响蛋白质泳动速度的因素有哪些?哪种起决定性作用?
(2)简述醋酸纤维素薄膜电泳的原理和优点。

实验八 血红蛋白的凝胶过滤

一、目的

学习并掌握凝胶过滤的分离原理及操作方法。

二、原理

凝胶过滤(gel filtration)色谱,又称为分子筛色谱(molecular sieve chromatography)或排阻色谱(exclusion chromatography)。凝胶过滤色谱所用的介质载体由具有一定孔径的多孔亲水性凝胶颗粒组成。当分子大小不同的混合物通过这种凝胶柱时,直径大于孔径的分子将不能进入凝胶内部,便直接沿凝胶颗粒的间隙流出,称为全排出。较小的分子则容纳在它的空隙内,自由出入,造成在柱内保留时间长。这样,较大的分子先被洗脱下来,而较小的分子后被洗脱下来,从而达到相互分离的目的。

本实验利用凝胶过滤的特点,用葡聚糖凝胶(dextran gel,商品名 Sephadex)对血红蛋白与硫酸铜混合液进行分离。混合液中血红蛋白(呈红色)分子量大,不能进入凝胶颗粒中的静止相,只能留在凝胶颗粒之间的流动相中,因而以较快的速度流过层析柱;而硫酸铜(呈蓝绿色)分子量较小,能自由地出入凝胶颗粒,因而通过凝胶床的速度较慢。因此,对混合液进行洗脱时,呈红色的血红蛋白色带在前,而蓝绿色的硫酸铜色带则远远地落在后边,形成鲜明的两条色带,从而可形象直观地观察到凝胶过滤的效果。

由于凝胶过滤具有设备简单、操作条件温和、分离效果好、重现性强、凝胶柱可反复使用等优点,所以被广泛地使用于蛋白质等大分子的分离纯化、分子量测定、浓缩、脱盐等操作中。

三、材料、器材和试剂

1. 材料

血红蛋白溶液。

2. 器材

层析柱($\Phi=10mm\times150mm$),真空泵,真空干燥器,抽滤瓶,铁架台,恒流泵,紫外检测器,部分收集器,刻度吸量管等。

3. 试剂

(1)葡聚糖凝胶:Sephadex G-25。
(2)铜盐溶液:取 3.73g $CuSO_4 \cdot 5H_2O$ 溶于 10mL 热的蒸馏水中,冷却后稀释至 15mL;另取柠檬酸钠 17.3g 和 $Na_2CO_3 \cdot 2H_2O$ 10g,溶于 60mL 热蒸馏水中,冷却后稀释至 85mL,最后把硫酸铜溶液慢慢倒入柠檬酸钠-碳酸钠溶液中,混匀,若有沉淀,过滤。
(3)蒸馏水:用于洗脱。
(4)抗凝血试剂(10~20mL)。

四、实验步骤

1. 凝胶溶胀

取 5g Sephadex G-25,加 200mL 蒸馏水充分溶胀(在室温下约需 6h 或在沸水浴中溶胀 5h)。待溶胀平衡后,用倾泻法除去细小颗粒,在真空干燥器中减压除气,准备装柱。

2. 装柱

将层析柱垂直固定,旋紧柱下端的螺旋夹,把处理好的凝胶连同适当体积的蒸馏水用玻璃棒搅匀,然后边搅拌边倒入柱中。最好一次连续装完所需的凝胶,若分次装入,需用玻璃棒轻轻搅动柱床上层凝胶,以免出现界面影响分离效果。装柱后形成的凝胶床至少长 8cm,最后放入略小于层析柱内径的滤纸片保护凝胶床面。注意:整个操作过程中凝胶必须处于溶液中,不得暴露于空气中,否则将出现气泡和断层。

3. 平衡

用蒸馏水洗脱,调整流量,使胶床表面保持 2cm 液层,平衡 20min。

4. 样品制备

取 2mL 抗凝血试剂放入试管中,加入等体积的铜盐溶液,再加入 1mL 的血红蛋白溶液,混匀待用。

5. 上样

当胶床表面仅留约 1mm 液层时,用恒流泵吸取混合样品溶液,缓慢地注入层析柱胶床面中央,注意切勿冲动胶床,慢慢打开螺旋夹,待大部分样品进入胶床,且床面上仅有 1mm 液层时,用胶头滴管加入少量蒸馏水,使剩余样品进入胶床。

6. 洗脱

继续用蒸馏水洗脱,调整流速,使上下流速同步保持每分钟约 6 滴,用部分收集器收集洗脱下来的溶液。

7. 凝胶回收与保存

实验完毕后,用蒸馏水把柱内有色物质洗脱干净,回收凝胶,4℃保存。

五、结果记录与分析

记录并解释实验现象,讨论凝胶过滤的分离效果。

(1)凝胶过滤又称为分子筛,大小不同的分子经过凝胶过滤被洗脱出来的次序与一般普通过滤有什么不同?为什么?

(2)凝胶过滤在生物化学实验研究中有哪些用途?

实验九　SDS-聚丙烯酰胺凝胶电泳测定蛋白质的相对分子质量

一、目的

(1) 了解和学习 SDS-聚丙烯酰胺凝胶电泳测定蛋白质相对分子质量的原理。
(2) 掌握 SDS-聚丙烯酰胺凝胶电泳的操作方法。

二、原理

蛋白质在电场中泳动的迁移率主要由其所带电荷的多少、相对分子质量大小及分子形状等因素决定。十二烷基硫酸钠(sodium dodecyl sulfate,简称 SDS)是一种阴离子去污剂,它能按一定比例与蛋白质分子结合成带负电荷的复合物,其负电荷远远超过了蛋白质原有的电荷,也就消除或降低了不同蛋白质之间原有的电荷差别,这样就使电泳迁移率主要取决于分子大小这一因素,此时蛋白质的电泳迁移率与其相对分子量的对数呈线性关系,可用下式表示:

$$\lg M_r = \lg K - bm$$

式中: M_r 为相对分子质量; m 为迁移率; b 为斜率; K 为常数。

根据上述方程将已知分子量的标准蛋白质电泳迁移率与分子量的对数作图,可制作出一条标准曲线。在相同条件下只要测得未知分子量的蛋白质的电泳迁移率,即可从标准曲线求得其近似分子量。实验证明,相对分子质量在 12 000~200 000 的蛋白质,用此法测相对分子质量与用其他测定方法相比,误差一般在 ±10% 以内。

SDS-PAGE 作为一种测定蛋白质分子量的方法,尽管对于大部分蛋白质来说,在比较广泛的分子量范围内,蛋白质的迁移率与其分子量的对数确实存在着线性关系,但是有许多蛋白质是由亚基或两条以上肽链组成的(如血红蛋白、胰凝乳蛋白酶等),他们在变性剂和强还原剂的作用下,解离成亚基或单条肽链。因此,对于这一类的蛋白质,SDS-PAGE 测定的只是它们的亚基或单条肽链的分子量,而不是完整蛋白质的分子量。为此,对这类样品分子量的测定,还必须采用其他测定方法作参照。当然这也使得 SDS-PAGE 特别适用于寡聚蛋白及其亚基的分析鉴定和分子量的测定。

由于 SDS-PAGE 具有设备简单、快速,分辨率和灵敏度高等优点,广泛应用于生物化学、分子生物学、基因工程、医学及免疫学等方面。

三、材料、器材和试剂

1. 材料

固体蛋白质或蛋白质溶液。

2. 器材

垂直板状电泳槽,电泳仪,移液管,移液器,移液枪头,烧杯,滴管,洗耳球,滤纸,移液管架,培养皿,直尺,离心机等。

3. 试剂

(1) 低相对分子质量标准蛋白质。

常用来作为低相对分子量的标志蛋白质包括:马心细胞色素 C(M_r=12 500)、牛胰凝乳蛋白酶 A(M_r=25 000)、猪胃蛋白酶(M_r=35 000)、鸡卵清蛋白(M_r=43 000)、牛血清白蛋白(M_r=68 000)等蛋白质,可将上述 5 种配制成混合蛋白质标准液。

(2)30% 胶母液。

称取 30g 丙烯酰胺,0.8g N,N'-甲叉双丙烯酰胺,加少量蒸馏水溶解后定容至 100mL,棕色瓶 4℃保存可用 2~3 个月。

(3)pH=8.8 的分离胶缓冲液。

取 27.2g Tris,加少量蒸馏水溶解。用浓盐酸调节 pH 值至 8.8 后,定容至 150mL,4℃保存。

(4)pH=6.8 的浓缩胶缓冲液。

取 9.08g Tris,加少量蒸馏水溶解。用浓盐酸调节 pH 值至 6.8 后,定容至 150mL,4℃保存。

(5)10% SDS 溶液:称取 5g SDS 放入烧杯中,加蒸馏水至 50mL,微热使其溶解,置于试剂瓶中,室温保存。

(6)10×电极缓冲液(pH=8.3):称取 Tris 30.2g、甘氨酸 144.2g、10% SDS 溶液 100mL,溶于蒸馏水并定容至 1000mL,使用时稀释 10 倍。

(7)10%过硫酸铵溶液(AP),临用前配制。

(8)样品缓冲液:称取 SDS 0.5g、β-巯基乙醇 1mL、甘油 3mL、溴酚蓝 4mg、浓缩胶缓冲液(pH=6.8)2mL,加蒸馏水溶解并定容至 10mL。此溶液可用来溶解标准蛋白质及待测蛋白质样品。样品若为液体,则加入与样品等体积的原液混合即可。

(9)染色液:称取 2.5g 考马斯亮蓝 R-250,加入 450mL 甲醇和 100mL 冰醋酸,加 450mL 蒸馏水溶解后过滤使用。

(10)脱色液:70mL 冰醋酸,300mL 甲醇,加蒸馏水至 1000mL,混匀备用。

(11)TEMED(四甲基乙二胺)。

四、实验步骤

1. 凝胶的制备

(1)装板。

先将玻璃板洗净、晾干,然后把两块长短不等的玻璃板放入电泳槽内芯中,用塑料卡子卡紧,再放入原位制胶器中。

(2)配胶。

根据所测蛋白质相对分子质量范围,选择 12% 分离胶浓度,按照表 12-8 所列的试剂用量和加样顺序配制凝胶。

(3)凝胶液的注入和聚合。

①分离胶胶液的注入和聚合:用滴管将所配制的凝胶液加至长、短玻璃板的缝隙内,沿着长玻璃板的内面慢慢地加入,小心不要产生气泡。将胶液加到距短玻璃板上沿 1~2cm 处为止。然后用滴管沿玻璃管内壁缓慢注入适量的蒸馏水进行水封。约 30min 后,凝胶与水封层间出现折射率不同的界线,则表示凝胶完全聚合。

②浓缩胶胶液的注入和聚合:倒去水封层的蒸馏水,再用滤纸条吸去残留的水分。按表

12-8配制10mL 5%浓缩胶,混合均匀后用滴管将凝胶液加到已聚合的分离胶上方,当浓缩胶液面距短玻璃板上缘0.5cm时,把样品梳轻轻地插入胶液顶部,两边平直。静置聚合,待出现明显界面后表示聚合完成。

表12-8 凝胶配制表　　　　　　　　　　　　　　　单位:mL

试剂 \ 凝胶浓度	分离胶		浓缩胶
	10%	12%	5%
30%胶母液	6.7	8.0	1.67
蒸馏水	7.9	6.6	6.6
分离胶缓冲液(pH=8.8)	5.0	5.0	—
浓缩胶缓冲液(pH=6.8)	—	—	1.6
10%SDS溶液	0.2	0.2	0.1
10%过硫酸铵	0.05	0.05	0.02
TEMED	0.02	0.02	0.01

2. 样品的制备

若标准或样品蛋白是固体,称取1mg的样品溶解于浓缩胶缓冲液或蒸馏水中;若样品是液体,取蛋白质样品液至小离心管中,再加入等体积的样品缓冲液,混匀后,置于沸水浴中3min,冷却后备用。如处理好的样品暂时不用,可放在-20℃冰箱中保存,使用前在沸水浴中加热3min,以除去亚稳态聚合。

3. 加样

每个样品槽内,只加一个样品或已知分子量的混合标准蛋白质,一般加样体积为20~30μL。由于样品缓冲液中含有适量的甘油,因此样品混合液会自动沉降到样品槽的底部。

4. 电泳

电泳槽连接电泳仪,打开电源,将电流调至20mA,电压开始用100V恒压,待样品中的溴酚蓝指示剂进入分离胶后,将电压调至150V,待指示剂迁移至下沿约1cm处停止电泳,需2~3h。

5. 染色与脱色

电泳结束后,将两块玻璃板剥开,将凝胶取出放入大培养皿中,加入考马斯亮蓝染色液,染色40min。取出凝胶用蒸馏水漂洗数次,再加入脱色液脱色,一天换2~3次脱色液,直至凝胶的蓝色背景褪去,蛋白质条带清晰为止。脱色时间一般需24~48h。

6. 计算

脱色完成后,用蒸馏水漂洗凝胶几次,然后再将凝胶小心放在一块玻璃板上,用直尺测量各蛋白质区带中心与加样端的距离(cm)即蛋白质样品迁移距离,测量溴酚蓝指示剂的迁移距离(cm),计算蛋白质相对迁移率R_m(relative mobility)。

$$相对迁移率(R_m) = \frac{蛋白质样品迁移距离(cm)}{指示剂迁移距离(cm)}$$

以标准蛋白质的相对分子质量为纵坐标,对应的相对迁移率为横坐标作图,可得到一条标准曲线(图12-5),根据待测蛋白质样品的相对迁移率可直接在标准曲线上查出其对应的分子量。

五、注意事项

(1)每次测定未知蛋白质分子量时,应同时用标准蛋白质制作标准曲线,而不能使用过去的标准曲线。

(2)SDS-PAGE测定的分子量只是待测蛋白质亚基或单条肽链的分子量,而不是完整的分子量。

(3)应根据未知蛋白质样品的估计相对分子量选择合适的凝胶浓度。只有在合适的范围内,样品相对分子量的对数与迁移率呈直线关系,才能准确地反映未知蛋白样品的相对分子量。

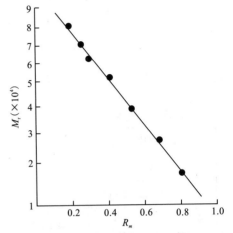

图12-5 标准曲线示意图

(1)SDS在本实验中有什么作用?
(2)用SDS-PAGE法测定蛋白质相对分子量时需要注意哪些问题?
(3)为什么每次测蛋白质相对分子量时都要作标准曲线?

实验十 影响酶活性的因素

酶具有高度的专一性。温度和 pH 值对酶的活性有显著的影响。能使酶的活性增加的作用称为酶的激活作用,使酶的活性增加的一些物质称为酶的激活剂;能使酶的活性减弱的作用称为酶的抑制作用,使酶的活性减弱的一些物质称为酶的抑制剂。激活剂与抑制剂常表现某种程度的特异性。

一、温度对酶活性的影响

(一)目的

(1)通过检验不同温度下唾液淀粉酶的活性,了解温度对酶活性的影响。
(2)进一步明确最适温度的概念。

(二)原理

酶的催化作用受温度的影响很大,一方面与一般化学反应一样,提高温度可以增加酶促反应的速度。通常温度每升高 10℃,反应速度就加快一倍左右,通常用温度系数表示,一般情况下的温度系数约等于 2,最后反应速度达到最大值。另一方面,酶是一种蛋白质,温度过高可引起蛋白质变性,导致酶的失活。因此,反应速度达到最大值以后,随着温度的升高,反应速度反而逐渐下降,以至完全停止反应。反应速度达到最大值时的温度称为某种酶的最适温度。高于或低于最适温度时,反应速度逐渐降低。人体内大多数酶的最适温度在 37℃ 左右。

本实验以唾液淀粉酶催化淀粉水解,并用碘液来检查酶促淀粉水解程度,来说明温度与酶活力之间的关系。

唾液淀粉酶可将淀粉逐步水解成各种不同大小分子的糊精及麦芽糖。它们遇碘各呈不同的颜色。直链淀粉(即可溶性淀粉)遇碘呈蓝色;糊精按分子大小从大到小的顺序,遇碘可呈蓝色、紫色、暗褐色和红色。最小的糊精和麦芽糖遇碘不呈颜色,使整个反应系统呈现出加入碘液的颜色。由于在不同的温度下唾液淀粉酶的活性高低不同,则淀粉被水解的程度不同,所以,可由酶反应混合物遇碘所呈现的颜色来判断温度对酶活力的影响。

(三)材料、器材和试剂

1. 材料

唾液淀粉酶溶液:每人用自来水漱口 3 次,然后取 20mL 蒸馏水置于一小烧杯中,向烧杯中吐入一口唾液,摇匀,备用。

2. 器材

移液管,试管,试管架,恒温水浴锅,洗耳球,电炉,塑料吸管,试管夹。

3. 试剂

(1)1%淀粉溶液(含 0.3% 的 NaCl):将 1g 可溶性淀粉及 0.3g NaCl,混悬于 5mL 蒸馏水中,然后缓慢倒入 60mL 沸腾的蒸馏水,搅动煮沸 1min,凉至室温后加蒸馏水至 100mL,置于冰箱中贮存。

(2) pH=7.0 的磷酸缓冲液(PB)：取 772.5mL 0.2mol/L Na$_2$HPO$_4$·12H$_2$O(称取 Na$_2$HPO$_4$·12H$_2$O 71.64g，加蒸馏水定容到 1000mL)和 227.5mL 0.1mol/L 柠檬酸溶液(称取柠檬酸 10.505g，加蒸馏水至 500mL)混匀，即可得到 pH=7.0 的磷酸缓冲液。

(3) 碘液：称取 2g KI 溶于 5mL 蒸馏水中，随后加 1g 碘，待碘溶解后，加蒸馏水至 300mL，混合均匀贮存于棕色试剂瓶中。或碘试剂(KI-I 溶液)：将 20g KI 及碘 10g 溶于 100mL 蒸馏水中，使用前做 10 倍稀释。

(四) 实验步骤

取 3 支试管，依次编号，按照表 12-9 所示的数据，依次加入各种试剂，混匀。

表 12-9　温度对酶活性的影响

项目＼管号	1	2	3
淀粉酶液(mL)	1	1	1
酶液处理 5min	0℃	37℃	100℃
pH=7.0 的缓冲液(mL)	2	2	2
1%淀粉溶液(含 0.3%的 NaCl)(mL)	1	1	1
反应条件 10min	0℃	37℃	100℃
冷却 3min	流动水冷却		
碘液(滴)	1	1	1
结果			
现象解释			

二、pH 值对酶活性的影响

(一) 目的

(1) 了解 pH 值对酶活力的影响及最适 pH 值的概念。
(2) 学习测定最适 pH 值的方法。

(二) 原理

酶的活力受 pH 值的影响极为显著。通常各种酶只在一定的 pH 值范围内才表现它的活性。一种酶表现其活性最高时的 pH 值，称为该酶的最适 pH 值。酶在最适 pH 值条件下具有最大的活力。低于或高于最适 pH 值时，酶的活性逐渐降低。pH 值能影响底物和酶分子的解离状态，而酶只能和某种解离状态下的底物形成络合物。在最适 pH 值时，酶分子上的活性基团的解离状态最适于与底物结合，此时底物分子本身含有的解离基团也处于最佳解离状态，酶和底物的结合力最大。pH 值高于或低于最适 pH 值时酶的活性基团的解离状态发生变化,酶和底物的结合力降低,因而酶反应速度降低。

酶处于强酸或强碱的环境下时,会使酶发生完全变性,使酶完全丧失其催化活性。不同酶的最适 pH 值不同,大多数酶的最适 pH 值在 4~8 的范围内,动物酶的最适 pH 值大多在 6.5~8.0 之间,植物和微生物酶的最适 pH 值多在 4.5~6.5 之间,但也有例外,例如胃蛋白酶的最适 pH 值是 1.5~2.5,胰蛋白酶的最适 pH 值是 8,精氨酸酶的最适 pH 值是 10。

本实验以唾液淀粉酶催化淀粉水解为例,观察在不同 pH 值条件下淀粉的水解程度来判断 pH 值对酶活性的影响,检查淀粉水解的方法如前所述。

(三)材料、器材和试剂

1. 材料

唾液淀粉酶溶液:每人用自来水漱口 3 次,然后取 20mL 蒸馏水置于一小烧杯中,向烧杯中吐入一口唾液,摇匀,备用。

2. 器材

移液管,洗耳球,试管,试管架,恒温水浴锅,白瓷反应盘,塑料滴管。

3. 试剂

(1)1% 淀粉溶液(含 0.3% 的 NaCl):同"温度对酶活性的影响"实验中制备方法。
(2)唾液淀粉酶液:同"温度对酶活性的影响"实验中制备方法。
(3)碘液:同"温度对酶活性的影响"实验中制备方法。
(4)缓冲系统。
(a)0.2mol/L $Na_2HPO_4 \cdot 12H_2O$
称取 $Na_2HPO_4 \cdot 12H_2O$ 71.64g,加蒸馏水定容到 1000mL。
(b)0.1mol/L 柠檬酸溶液
称取柠檬酸 10.505g,加蒸馏水至 500mL。
按照表 12-10 所示数据配制 pH 缓冲系统。

表 12-10 缓冲溶液配制

pH 值	溶液浓度 0.2mol/L $Na_2HPO_4 \cdot 12H_2O$(mL)	0.1mol/L 柠檬酸溶液(mL)
5.0	257.50	242.50
7.0	411.75	88.25
8.0	486.25	13.75

(四)实验步骤

取 3 支试管,依次编号,按照表 12-11 所示的数据,依次加入各种试剂,混匀。

表 12-11　pH 值对酶活性的影响

操作项目＼管号	1	2	3
pH＝5.0 的缓冲液(mL)	3	—	—
pH＝7.0 的缓冲液(mL)	—	3	—
pH＝8.0 的缓冲液(mL)	—	—	3
1％淀粉溶液(含 0.3％的 NaCl)(mL)	1	1	1
唾液淀粉酶液(mL)	1	1	1
保温	将上述各管混匀后 37℃水浴中保温		
检查水解程度	保温约 2min 后,从第 2 号试管中取出 1 滴溶液置于白瓷盘上,用碘液检查淀粉的水解程度		
碘液(滴)	1	1	1
结果			
现象解释			

三、激活剂、抑制剂对酶活性的影响

(一)目的

(1)了解酶促反应的激活和抑制。

(2)学习测定激活剂和抑制剂影响酶反应的方法和原理。

(二)原理

酶的活性常受某些物质的影响,有些物质能使酶的活性增加,称为酶的激活剂,使酶的活性增加的作用称为酶的激活作用;而有些物质能使酶的活性降低,称为酶的抑制剂,使酶的活性降低的作用称为酶的抑制作用。例如,NaCl 为唾液淀粉酶的激活剂,$CuSO_4$ 为其抑制剂。

很少量的激活剂或抑制剂就会影响酶的活性,而且常具有特异性。值得注意的是激活剂和抑制剂不是绝对的,有些物质在低浓度时是某种酶的激活剂,而在高浓度时则为该酶的抑制剂。例如,NaCl 达到 1/3 饱和度时就可抑制唾液淀粉酶的活性。

本实验以唾液淀粉酶催化淀粉水解为例,观察在激活剂与抑制剂存在的条件下淀粉水解程度,检查淀粉水解的方法如前所述。

(三)材料、器材和试剂

1. 材料

唾液淀粉酶溶液:每人用自来水漱口 3 次,然后取 20mL 蒸馏水置于一小烧杯中,向烧杯中吐入一口唾液,摇匀,备用。

2. 器材

移液管,洗耳球,试管,试管架,恒温水浴锅,白瓷反应盘,塑料吸管。

3. 试剂

(1) 1% NaCl 溶液。

(2) 1% $CuSO_4$ 溶液。

(3) 1%淀粉溶液:称取淀粉1g溶于100mL沸水中,搅动煮沸1min,凉至室温后,于冰箱中贮存备用。

(4) 蒸馏水。

(5) 唾液淀粉酶液:同"温度对酶活性的影响"实验中制备方法。

(6) 碘液:同"温度对酶活性的影响"实验中制备方法。

(四)实验步骤

取3支试管,依次编号,按照表12-12所示的数据,依次加入各种试剂,混匀。

表 12-12 激活剂与抑制剂对酶活性的影响

操作项目 \ 管号	1	2	3
1% NaCl 溶液(mL)	1	—	—
1% $CuSO_4$ 溶液(mL)	—	1	—
蒸馏水(mL)	—	—	1
唾液淀粉酶液(mL)	1	1	1
	将上述各管试剂混匀		
0.1%淀粉溶液(mL)	3	3	3
保温	各管混匀后37℃水浴中保温		
检查淀粉水解程度	保温1min左右,即可检查1号管中淀粉的水解程度,方法同pH值实验,待1号试管的溶液不再变色时取出所有的试管,各加2滴碘液,观察现象		
结果			
现象解释			

(1) 如果想获得好的实验结果,应在实验过程中注意哪些方面?

(2) 为什么每个人提供的唾液淀粉酶的活性存在一定的差异?

实验十一 胰蛋白酶米氏常数的测定

一、目的

(1) 掌握胰蛋白酶米氏常数的测定方法。
(2) 进一步熟悉酶促动力学的相关内容。

二、原理

胰蛋白酶为蛋白酶的一种,在脊椎动物中作为消化酶起作用。它能选择性地水解蛋白质中由赖氨酸或精氨酸的羧基所构成的肽链,能消化溶解变性蛋白质,对未变性的蛋白质无作用。本实验以胰蛋白酶消化酪蛋白为例,采用 Lineweave-Burk 双倒数作图法测定 K_m 值。胰蛋白酶催化酪蛋白中碱性氨基酸(L-精氨酸和 L-赖氨酸)的羧基所形成的肽键水解。水解时生成自由氨基,因此可以用甲醛滴定法判断自由氨基增加的数量来追踪反应。

三、材料、器材和试剂

1. 材料

胰蛋白酶的粗制品。

2. 器材

锥形瓶,碱式滴定管,铁架台,蝴蝶夹,移液管,洗耳球,量筒,恒温水浴锅。

3. 试剂

(1) 1mol/L NaOH 溶液。
(2) 40g/L 酪蛋白溶液(pH=8.5):将 40g 酪蛋白溶解在大约 900mL 水中,再加 20mL 1mol/L NaOH 溶液,连续振荡此悬浮液,微热直至溶解,最后用 1mol/L 盐酸或 1mol/L NaOH 溶液调至 pH=8.5,并用水稀释至 1000mL。
(3) 40g/L 胰蛋白酶溶液:用胰蛋白酶的粗制品配制并放在冰箱内保存。
(4) 400g/L 甲醛溶液。
(5) 2.5g/L 酚酞-乙醇溶液。
(6) 0.1mol/L 标准 NaOH 溶液。

四、实验步骤

(1) 取 6 个小锥形瓶,分别编号 0~5,各加入 5mL 400g/L 甲醛溶液和 1 滴酚酞,并滴加 0.1mol/L 标准 NaOH 溶液,直至混合物呈微粉红色(所有锥形瓶中的颜色一致)。
(2) 量取 100mL 40g/L 酪蛋白溶液(pH=8.5),加入另一锥形瓶中,于 37℃ 水浴中保温 10min。同时将 40g/L 胰蛋白酶溶液也于 37℃ 水浴中保温 10min。然后精确量取 10mL 酶液,加到酪蛋白溶液中充分混合并计时。
(3) 充分混合后,随即取出 10mL 混合液移至 0 号锥形瓶中,向该瓶中加入酚酞(每毫升混合物加入 1 滴酚酞),用 0.1mol/L 标准 NaOH 溶液滴定直至呈微弱但持续的粉红色,在接近终点之前,再加入指示剂(每毫升标准 NaOH 溶液加入 1 滴酚酞)。然后继续滴至终点,记下所用 0.1mol/L 标准 NaOH 溶液的量。

(4)分别于混合 2min、4min、6min、8min、10min 时,各精确量取 10mL 样品混合液,准确按步骤(3)操作。每个样品滴定终点的颜色应当保持一致。用增加的滴定量与时间作图,测定初速度。

(5)配制不同浓度的酪蛋白溶液(7.5g/L、10g/L、15g/L、20g/L、30g/L),测定不同底物浓度时的活力。将实验测得的结果,按 Lineweave-Burk 双倒数作图法,求出 V_{max} 和 K_m 的数值。

(1)实验操作过程中有哪些地方需要注意?
(2)哪些因素会影响实验结果的准确性?

实验十二　聚丙烯酰胺凝胶分离过氧化物同工酶

一、目的

(1)学习过氧化物同工酶的提取方法。
(2)掌握聚丙烯酰胺凝胶电泳分离过氧化物同工酶的原理与操作方法。

二、原理

同工酶是指催化同一化学反应,但其酶蛋白本身的分子结构组成却有所不同的一组酶。它们是DNA编码的遗传信息表达的结果。研究表明,同工酶与生物的遗传、生长发育、代谢调节及抗性等有一定关系,测定同工酶在理论上和实践上都有重要的意义。过氧化物酶是植物体内普遍存在的、活性较高的一种酶,过氧化物酶能催化以下反应:$2H_2O_2 =\!=\!= O_2\uparrow + 2H_2O$。这一类酶以铁卟啉为辅基,属血红素蛋白类。过氧化物酶在细胞代谢的氧化还原过程中起重要的作用,它与呼吸作用、光合作用及生长素的氧化都有关系。在植物生长发育过程中,它的活性不断发生变化。因此,测定这种酶的活性或其同工酶,可以反映某一时期植物体内代谢的变化。

聚丙烯酰胺凝胶电泳是以聚丙烯酰胺凝胶作为载体的一种区带电泳。这种凝胶是由丙烯酰胺单体(acrylamide,简称Acr)和交联剂N',N'-甲叉双丙烯酰胺(N',N'-methylena bisacrylamide,简称Bis)在催化剂的作用下聚合而成的。聚丙烯酰胺凝胶电泳(polyacryamide gel electrophoresis,简称PAGE)根据其有无浓缩效应分为连续的和不连续的两种。前者电泳体系中缓冲液pH值与凝胶浓度相同,带电颗粒在电场作用下主要有电荷及分子筛效应;后者电泳体系中由于缓冲液离子成分、pH值、凝胶浓度及电位梯度的不连续性,带电颗粒在电场中的泳动不仅有电荷效应、分子筛效应,还具有浓缩效应。

本实验利用聚丙烯酰胺凝胶电泳来对植物中的过氧化物同工酶进行分离、染色后,对同工酶条带进行计数,并测量每一个条带的迁移率。

三、材料、器材和试剂

1. 材料

水稻幼苗或幼嫩植物的根、茎、叶。

2. 器材

电泳仪,垂直板式电泳槽,高速离心机,离心管,量筒,烧杯,移液管,洗耳球,移液器,移液器枪头,研钵,塑料吸管。

3. 试剂

(1)A液:30%胶母液。

称取30g丙烯酰胺,0.8g N,N'-甲叉双丙烯酰胺,加少量蒸馏水溶解后定容至100mL,4℃保存。

(2)B液:pH=8.8的分离胶缓冲液。

取 27.2g Tris,加少量蒸馏水溶解。用浓盐酸调节 pH 值至 8.8 后,定容至 150mL。

(3)C 液:pH=6.8 的浓缩胶缓冲液。

取 9.08g Tris,加少量蒸馏水溶解。用浓盐酸调节 pH 值至 6.8 后,定容至 150mL。

(4)TEMED 溶液(N,N,N',N'-四甲基乙二胺),避光保存。

(5)10% 过硫酸铵(AP)溶液:称取 1g 过硫酸铵,溶于 10mL 蒸馏水中,临用前配制。

(6)电泳缓冲液(pH=8.3):取 Tris 6g,甘氨酸 28.8g,加少量蒸馏水溶解,调节 pH 值至 8.3,定容至 1000mL。

(7)40% 蔗糖溶液:取 20g 蔗糖用水溶解,定容至 50mL。

(8)0.5% 溴酚蓝指示剂:0.5g 溴酚蓝溶于 100mL 蒸馏水中。

(9)样品提取液(pH=8.0):取 1.21g Tris,加水至 80mL,调节 pH 值至 8.0 后,定容至 100mL。

(10)乙酸缓冲液(pH=4.7):取 70.52g 乙酸钠,溶于 500mL 水中,再加 36mL 冰醋酸,定容至 1000mL。

(11)7% 乙酸溶液:取 19.4mL 36% 乙酸溶液稀释至 100mL。

(12)抗坏血酸-联苯胺染色液:取抗坏血酸 70.4mg,联苯胺贮存液 20mL(2g 联苯胺溶于 18mL 加热的冰醋酸中再加入 72mL 水),水 50mL,使用前加 0.6% 过氧化氢 20mL。

(13)固定保存液:$V(甲醇):V(冰醋酸):V(水)=5:1:5$。

四、实验步骤

1. 凝胶的制备

(1)装板。

先将玻璃板洗净、晾干,然后把两块长短不等的玻璃板放入电泳槽内芯中,用塑料卡子卡紧,再放入原位制胶器中。

(2)配胶。

根据所测蛋白质相对分子质量范围,选择某一合适的分离胶浓度,按照表 12-7(参照实验六)所列的试剂用量和加样顺序配制某一合适浓度的凝胶。

(3)凝胶液的注入和聚合。

①分离胶胶液的注入和聚合:将所配制的凝胶液沿着凝胶腔的长玻璃板的内面用滴管滴入,小心不要产生气泡。将胶液加到距短玻璃板上沿 1~2cm 处为止。然后用滴管沿玻璃管内壁缓慢注入 0.5~1cm 高度的蒸馏水进行水封。水封的目的是隔绝空气中的氧,并有消除凝胶柱表面的弯月面,使凝胶柱顶部的表面平坦。静置凝胶液进行聚合反应,在 20~30min 左右聚合完成。

②浓缩胶胶液的注入和聚合:倒去分离胶胶面顶端的水封层,再用滤纸条吸去残留的水液。按比例混合浓缩胶,混合均匀后用滴管将凝胶液加到分离胶上方,当浓缩胶液面距短玻璃板上缘 0.2cm 时,把样品梳轻轻地插入胶液顶部。静置聚合,待出现明显界面表示聚合完成。

2. 样品的制备

称取水稻幼苗茎部 0.5g,放入研钵中,加 pH=8.0 的提取液 1mL,于冰水浴中研成匀浆,然后以 2mL 提取液分几次洗入离心管,在高速离心机上以 8000r/min 离心 10min,倒出上清液,加入等量的40%蔗糖溶液,再加1～2滴0.5%溴酚蓝溶液,混匀,备用。

3. 加样

用移液器向每个凝胶样品槽中加样,每个样品槽加样体积为20～30μL。

4. 电泳

加样完毕,上槽接负极,下槽接正极,打开直流稳压电源,开始可先低压(100～120V),过了浓缩胶,再升压至150V以上进行电泳。待指示剂迁移至距凝胶下端约1cm处,停止电泳。

5. 染色

电泳完毕,移去玻璃板,取出凝胶平板,将凝胶浸没于pH值为4.7的乙酸缓冲液中,活化10min。倒去乙酸缓冲液,加入抗坏血酸-联苯胺染色液,使淹没整个胶板,于室温下显色20min,即得到过氧化物酶同工酶的红褐色酶谱。倒掉染色液,重新加入7%的乙酸溶液固定。

五、结果分析

记录酶谱,绘图或照相,并计算每一个酶谱条带的迁移率。

六、注意事项

(1) Acr和Bis在单独存在时具有神经毒性,操作时应避免接触皮肤。

(2) 加样量不宜过多,以免条带分辨不清或拖尾。

(3) 如室温过高,可适当减小电流,延长电泳时间,有条件的最好将电泳温度控制在4℃左右,以免酶的活性降低。

(1) 过氧化物同工酶的提取为什么要在冰水浴中进行?

(2) 过氧化物同工酶的分析能否用于科学研究?是如何进行的?

实验十三　凝胶层析法分离纯化脲酶

一、目的

掌握脲酶凝胶过滤分离纯化的方法和原理。

二、原理

脲酶的相对分子质量较大,达 483 000。本实验采用凝胶层析法,使用交联葡聚糖 Sephadex G-150 作支持物,层析时大分子的脲酶不能进入凝胶颗粒内部,从凝胶颗粒间隙流下,所受阻力小,移动速度快,先流出层析柱;而其他小分子物质及相对分子质量较小的蛋白质可扩散进入凝胶颗粒,所受阻力大,移动速度慢,后流出层析柱,从而达到使脲酶与其他物质分离的目的。定时或定量收集洗脱液,分别在紫外分光光度计 280nm 波长处测定其吸光度,以收集管号为横坐标,280nm 的吸光度为纵坐标,绘出脲酶粗制品蛋白质分离的洗脱曲线;再分别测定洗脱峰内各管的脲酶活性,以管号为横坐标,酶活性为纵坐标,绘出酶活性曲线。酶活性与蛋白质洗脱曲线中峰值重叠的部位即为分离所得到的脲酶所在部位。脲酶催化尿素水解释放出氨和 CO_2,加入的奈氏试剂与氨反应,产生黄色化合物(碘代双汞铵),且颜色的深浅与脲酶催化尿素释出的氨量成正比,故可用比色法测定脲酶的活性。

三、材料、仪器和试剂

1. 材料

大豆粉(用粉碎机将大豆磨成粉,以 100 目钢筛筛出豆粉,放置于冰箱中备用)。

2. 仪器

层析柱,紫外分光光度计,恒温水箱,锥形瓶,收集管,试管,试管架,吸量管。

3. 试剂

(1) 3% 尿素溶液。

(2) 1mol/L 盐酸。

(3) 32% 丙酮溶液。

(4) 0.1mol/L 磷酸缓冲液(pH=6.8):称取 11.18g $K_2HPO_4 \cdot 3H_2O$ 和 6.94g KH_2PO_4,溶于 100mL 蒸馏水中。

(5) 奈氏试剂:取 35g 碘化钾和 1.3g 氯化汞,溶解于 70mL 水中,然后加入 30mL 4mol/L KOH 溶液,必要时过滤,并保存于密闭的玻璃瓶中。

(6) 0.01mol/L 硫酸铵标准溶液:取硫酸铵置于 10℃ 烘箱内烘 3h,取出后置于干燥器内冷却,精确称取干燥的硫酸铵 132mg,溶解后置于 100mL 容量瓶中,用蒸馏水稀释至刻度,即为 0.01mol/L 硫酸铵标准溶液。

(7) 3% 阿拉伯胶:称取 3g 阿拉伯胶,先加 50mL 蒸馏水,加热溶解,最后加蒸馏水定容至 100mL。

(8) 0.001mol/L 硫酸铵标准溶液:取 0.01mol/L 硫酸铵标准溶液 10mL 至 100mL 容量瓶

中,用蒸馏水稀释至刻度,即为0.001mol/L硫酸铵应用液。

四、实验步骤

1. 凝胶的活化

称取4.0g Sephadex G-150,置于锥形瓶中,加蒸馏水200mL,置于沸水浴中溶胀2h,然后用蒸馏水漂洗几次,去除漂浮的细小颗粒。

2. 装柱

将直径为1~1.5cm,长度为20~25cm的层析柱在支架上垂直固定好,关闭层析柱底部的出口。在溶胀好的凝胶中加入2倍体积的蒸馏水,用玻璃棒搅成悬液,顺玻璃棒缓慢倒入层析柱中,当底部凝胶沉积到约2cm时,再打开出口,使溶剂缓慢流出,同时继续倒入凝胶悬液,使凝胶沉积至离层析玻璃管顶端2~3cm为宜,最后用蒸馏水平衡凝胶柱。在加入凝胶时速度应均匀,以免层析床分层,同时凝胶床表面应始终保持约1cm高溶液,防止空气进入柱内产生气泡。如层析床表面不平整,可在凝胶表面用玻璃棒轻轻搅动,再让凝胶自然沉降,使床面平整。

3. 样品的制备

称取2.0g大豆粉,置于锥形瓶中,加入32%丙酮溶液6mL,振摇10min,然后倒入离心管中,用32%丙酮溶液2mL洗锥形瓶,洗液也倒入离心管中,3500r/min离心10min,取上清液,加入等体积的冷丙酮溶液,使蛋白质沉淀。再以3500r/min离心10min,弃去上清液。待沉淀中的丙酮蒸发后,加2.5mL蒸馏水,使沉淀完全溶解,得脲酶粗提液,待凝胶分离纯化。留取0.1mL粗提液,用蒸馏水稀释10倍作为样品稀释液,用于检测酶活性。

4. 加样

先将层析柱出口打开,使蒸馏水缓慢流出,当蒸馏水液面接近凝胶床面时,关闭出口。用吸管吸取0.5mL脲酶粗提液,在接近凝胶床表面处沿层析柱内壁缓缓加入。然后打开出口,使样品进入床内,液面接近凝胶床表面时关闭出口。再用滴管小心加入蒸馏水至2~3cm高。接上储液瓶,进行洗脱。

5. 洗脱与收集

洗脱液的流速直接影响层析分离的效果,流速控制在每分钟7~8滴为宜(流速慢分离效果好,但太慢则形成的峰形过宽,反而影响分离效果)。流出的液体分别收集在刻度离心管中,收集量为每管3mL,共约收集9管。

6. 检测与制图

(1)蛋白质检测:将所有的收集管分别在紫外分光光度计280nm波长处测定吸光度,并以吸光度为纵坐标,管数为横坐标,在坐标纸上绘制出蛋白质洗脱曲线。

(2)脲酶活性的检测:取试管若干,1支为空白,其他对应编号,制备酶促反应液,按表12-13操作。立即混匀,置于37℃恒温水箱中保温10min。准确计时,时间到后立即向各管中加入1mol/L盐酸0.5mL以终止反应。另取若干支试管同上编号,按表12-14操作,进行显色反应。立即混匀,用分光光度计在480nm波长处比色,测定各管的吸光度值。

硫酸铵标准曲线的制备:取7支试管编号,按表12-15操作。

表 12-13　脲酶活性检测

试剂	空白	洗脱液(各管)	样品稀释液
3%尿素(mL)	0.5	0.5	0.5
pH=6.8 的 0.1mol/L 磷酸缓冲液(mL)	1.0	1.0	1.0
对应收集管酶液(mL)	0	0.5	0.5
去离子水(mL)	0.5	0	0

表 12-14　显色反应试剂用量

试剂	空白	洗脱液(各管)	样品稀释液
酶促反应液(mL)	0.1	0.1	0.1
去离子水(mL)	2.9	2.9	2.9
3%阿拉伯胶(滴)	2	2	2
奈氏试剂(mL)	0.75	0.75	0.75

表 12-15　硫酸铵标准曲线制备试剂用量

试管号	1	2	3	4	5	6	7
0.001mol/L 硫酸铵溶液(mL)	0	0.1	0.2	0.3	0.4	0.5	0.6
双蒸水(mL)	3.0	2.9	2.8	2.7	2.6	2.5	2.4
3%阿拉伯胶(滴)	2	2	2	2	2	2	2
奈氏试剂(mL)	0.75	0.75	0.75	0.75	0.75	0.75	0.75
含 NH_3 的量(μmol)	0	0.2	0.4	0.6	0.8	1.0	1.2

加入奈氏试剂后,立即混匀,在 480nm 波长处比色。以所含 NH_3 的量为横坐标,测定得到的吸光度值为纵坐标,绘制标准曲线。

7. 计算

根据测得的吸光度值对照标准曲线查得氨的含量,计算各管中洗脱液的酶活性,活力单位为 U/mL,计算公式如下:

$$洗脱液的酶活性 = \frac{NH_3 含量(\mu mol) \times 酶促反应液总量(mL) \times 60(min)}{酶促反应液体积(mL) \times 洗脱液体积(mL) \times 15(min)}$$

各管洗脱液的酶活性＝每毫升洗脱液的酶活性×3
各管脲酶比活性＝每毫升洗脱液的酶活性/每毫升洗脱液的蛋白质含量

除了本实验用来测定脲酶活性的方法之外,还有哪些方法能够测定脲酶的活性?

实验十四　亲和层析法从鸡蛋清中分离溶菌酶

一、目的

(1) 了解溶菌酶制备的方法和原理。
(2) 了解和掌握溶菌酶活性测定的方法。

二、原理

亲和层析(affinity chromatography)是在一种特制的、具有专一吸附能力的吸附剂上进行层析,又称为功能层析、选择层析和生物专一吸附。生物大分子具有与其相应的专一分子可逆结合的特性,如酶与底物、酶与竞争性抑制剂、酶与辅酶、抗原与抗体、RNA 与其互补的 DNA、激素与受体等,并且结合后可在不丧失生物活性的情况下用物理或化学的方法解离,这种生物大分子和配基之间形成专一的可解离络合物的能力称为亲和力。亲和层析的方法就是根据这种具有亲和力的生物分子间可逆地结合和解离的原理而建立和发展起来的。首先是层析柱的准备,如将酶的底物或抑制剂(称其为配体)与固体支持物(称其为载体),通过化学方法连接起来,制成专一吸附剂,然后将其装入柱中,再将含酶的样品溶液通过该层析柱,在合适的条件下该酶便被吸附在层析柱上,而其他蛋白质则不被吸附,全部通过层析柱流出。然后,再用适当的缓冲液洗脱,该酶又被解离而淋洗下来,收集流出液便可得到欲分离酶的纯品。

溶菌酶(EC3.2.1.17)是糖苷水解酶,由 129 个氨基酸残基组成,在鸡蛋清中含量丰富。此外,它还广泛存在于哺乳动物的唾液、泪液、血浆、乳汁、白细胞及其他组织、体液的分泌液中。从一个鸡蛋中可获得 20mg 左右的冻干酶,是其商品酶的主要来源。在鸡蛋清中除溶菌酶以外,还有其他许多蛋白质,但溶菌酶有两个显著特点:一是具有很高的等电点,pI=11.0;二是其相对分子质量低,$M_r=14.6\times10^3$。溶菌酶能够溶解革兰氏阳性菌,对革兰氏阴性菌不起作用。溶菌酶之所以溶菌,是因为它能催化革兰氏阳性细菌的细胞壁肽聚糖水解,溶菌酶催化水解细菌细胞壁的 N-乙酰胞壁酸和 N-乙酰葡萄糖胺之间的 β-1,4 糖苷键,溶菌酶也能水解甲壳素的 N-乙酰葡萄糖胺之间的 β-1,4 糖苷键,因此可以利用溶菌酶与甲壳素的亲和性来提纯溶菌酶。

本实验采用比色测定法,本法是以活性染料艳红 K-2BP 所标记的溶性微球菌为底物,由于活性染料的标记部位并不是酶的作用点,因此当溶菌酶将这种底物水解以后即产生染料标记的水溶性碎片,除去未经酶作用的多余底物,溶液颜色的深浅就能代表酶活性的相对大小,在 540nm 波长处可直接进行比色测定。

三、材料、仪器和试剂

1. 材料

鸡蛋清,壳聚糖。

2. 仪器

组织捣碎机,层析柱,恒流泵,核酸蛋白质检测仪,自动部分收集器,记录仪,可见紫外-分光光度计,恒温水浴锅,烧杯,真空泵,量筒。

3. 试剂

(1)6% 乙酸溶液:取 60mL 冰乙酸加入 940mL 水中。

(2)甲醇。

(3)乙酸酐。

(4)10% NaOH 溶液:取 10g NaOH 溶于 80mL 水中,定容至 100mL。

(5)2% $NaNO_2$ 溶液:取 1g $NaNO_2$ 溶于 40mL 水中,定容至 50mL。

(6)5mmol/L $NaHCO_3$ 溶液(含 0.2mol/L NaCl):取 0.4g $NaHCO_3$、11.69g NaCl 溶于 900mL 水中,定容至 1000mL。

(7)溶壁微球菌(*M. lysodeiktcus*)。

(8)0.1mol/L 磷酸缓冲液(pH 值为 6.2):取 13.6g KH_2PO_4 溶于 800mL 水中,加入 0.1mol/L NaOH 溶液 162mL,定容至 1000mL。

(9)考马斯亮蓝 R-250。

(10)溶菌酶标准品。

(11)溶菌酶底物:取 1g 艳红 K-2BP 标记溶性微球菌悬于 100mL 0.5mol/L 磷酸缓冲液(pH=6.5)内,置于 4℃冰箱中保存备用。

四、实验步骤

1. 蛋清准备

取 2~3 枚新鲜鸡蛋,洗净擦干,在小头用镊子轻轻捣一直径为 4mm 的小孔,下用烧杯或量筒接好,再在大头打一个小孔,此时蛋清缓缓自动流出。取蛋清的操作应很细致,避免蛋黄破裂混入蛋清而影响实验结果。将所得 80mL 左右鸡蛋清用搅拌器充分混匀(约 15min)。然后用纱布滤去杂质,测量体积,记录 pH 值,置于 4℃冰箱冷藏。

2. 亲和层析柱的制备

(1)称取乙酰甲壳素(壳聚糖)5g,用 300mL 6% 乙酸溶液溶解,不断搅拌,呈胶状。

(2)加入甲醇稀释后,搅拌均匀,边搅拌边加入乙酸酐,形成透明胶状甲壳素。

(3)将胶状甲壳素用捣碎机打碎成细颗粒,倒入烧杯内,加入少量 10% NaOH 溶液于 60℃水浴中保温 3h,用真空泵抽滤,水洗至中性,倒入烧杯中。

(4)向甲壳素中加入 6% 乙酸溶液,搅拌均匀后,边搅拌边加入 2% $NaNO_2$ 溶液进行脱氨反应,再用乙酸溶液调节 pH 值至中性,用真空泵抽滤,反复洗涤,脱去甲壳素分子上的游离氨基,即制得甲壳素凝胶。

3. 鸡蛋清溶菌酶的亲和层析

鸡蛋清溶菌酶的亲和层析步骤如下。

(1)平衡:将上述凝胶倒入 5 mmol/L $NaHCO_3$ 溶液(含 0.2mol/L NaCl)中,搅拌 10min,抽滤,重复操作,进行平衡。

(2)上柱:取新鲜鸡蛋清 20mL,用 5 mmol/L $NaHCO_3$ 溶液(含 0.2mol/L NaCl)稀释至 200mL,作为粗酶液,测定其蛋白质含量和酶活性。取 1mL 原酶液加入上述平衡过的甲壳素凝胶中,充分搅拌 1h,装入层析柱。

(3)将层析柱入口与蠕动泵出口连接,层析柱出口连接到核酸蛋白质检测仪与部分收集器。

(4)洗脱:用 5mmol/L NaHCO$_3$ 溶液(含 0.2mol/L NaCl)洗脱,当洗出液的 A_{280} 小于 0.1 时,改用 6% 乙酸溶液洗脱,控制流速为 1mL/min,每管收集 4mL。

(5)检测:测定有蛋白吸收峰的管的酶活性,收集合并活性较高的管内溶液,此液即为纯化酶液,量其体积。

4. 溶菌酶活力的测定

活性单位定义:在 pH 值为 6.5 及温度为 37℃ 的条件下作用 15min,水解 0.1mg 艳红 K-2BP 标记溶性微球菌的酶量为一个活性单位。

(1)标准曲线的制作。

取试管 6 支,按表 12-16 操作。

表 12-16 标准曲线制作表   单位:mL

试剂	试管号					
	1	2	3	4	5	6
底物溶液	0	0.1	0.2	0.3	0.4	0.5
0.5mol/L pH=6.5 的磷酸缓冲液	0.5	0.4	0.3	0.2	0.1	0
溶菌酶标准品溶液	0.5	0.5	0.5	0.5	0.5	0.5
37℃反应 10min						
乳化剂	2.0	2.0	2.0	2.0	2.0	2.0
3000r/min 离心 10min 后取上清液						
A_{540}						

(2)样品测定。

样品测定按表 12-17 操作。

表 12-17 样品测定操作表   单位:mL

试剂	试管号		
	1	2	3
底物溶液	0	0.5	0.5
0.5mol/L pH=6.5 的磷酸缓冲液	0.5	—	—
溶菌酶溶液	0.5	0.5	0.5
37℃反应 10min			
乳化剂	2.0	2.0	2.0
3000r/min 离心 10min 后取上清液			
A_{540}			

五、结果计算

取样品的平均吸收值,由标准曲线查得活性单位数,再由稀释倍数换算出溶菌酶的比活性。

亲和层析法从鸡蛋清中分离溶菌酶的优缺点有哪些?

实验十五　水果或蔬菜中抗坏血酸的测定(2,6-二氯酚靛酚法)

一、目的

(1)学习维生素C的性质和生理功能。
(2)掌握用2,6-二氯酚靛酚滴定法测定植物材料中维生素C含量的原理和方法。

二、原理

维生素C是一种水溶性维生素,是人类营养中最重要的维生素之一,人体缺乏维生素C时会出现坏血病,因此它又被称为抗坏血酸。维生素C广泛分布于动物界和植物界,但在人类和灵长类动物中不能合成,需从食物中获得。水果和蔬菜是人体维生素C的主要来源。不同的水果和蔬菜,其栽培条件、成熟度和加工、储存方法的差异都可能影响到维生素C的含量,因此,测定维生素C的含量是了解果蔬品质、加工工艺优劣等方面的重要参考指标。维生素C广泛存在于植物中,尤其在水果(如猕猴桃、橘子、柠檬、山楂、柚子、草莓等)和蔬菜(苋菜、芹菜、菠菜、黄瓜、番茄等)中的含量更为丰富。

维生素C具有强还原性,能被染料2,6-二氯酚靛酚氧化成脱氢抗坏血酸。2,6-二氯酚靛酚在碱性溶液中呈蓝色,在酸性溶液中呈红色,被还原后为无色。因此,用2,6-二氯酚靛酚滴定含有维生素C的酸性溶液时,滴入的2,6-二氯酚靛酚呈现粉红色并立即被还原成无色,当滴入的染料使溶液变成红色而该红色不立即褪去时,即为终点。在没有其他杂质干扰的情况下,可根据染料消耗量计算出样品中还原型抗坏血酸的含量。

三、材料、仪器和试剂

1. 实验材料

新鲜水果或蔬菜。

2. 仪器

分析天平,锥形瓶,容量瓶,离心管,量筒,移液管,洗耳球,离心机,研钵,滴定管,铁架台,烧杯。

3. 试剂

(1) 1%草酸溶液:草酸1g溶于100mL蒸馏水中。
(2) 2%草酸溶液:草酸2g溶于100mL蒸馏水中。
(3) 0.1mg/mL 标准维生素C溶液:准确称取维生素C 10mg,用1%草酸溶液定容至100mL。临用时配,冰箱中贮存。
(4) 0.005% 2,6-二氯酚靛酚溶液:称取50mg 2,6-二氯酚靛酚溶于300mL含10.4mg碳酸氢钠的热水中,冷却后用蒸馏水稀释至1000mL,滤去不溶物,贮存于棕色瓶中,4℃冷藏可稳定一周,临用前以抗坏血酸标准溶液标定。

四、实验步骤

1. 抗坏血酸的提取

取 2g 蔬菜或水果样品,加 5mL 2%草酸溶液,于研钵中研磨成浆状,将提取液及渣子一起转移到离心管中,用 15mL 2%草酸溶液分 2~3 次冲洗研钵,洗液一并转入离心管中。然后以 3000r/min 离心 15~20min,上清液转移到 50mL 容量瓶中,用 2%草酸溶液定容至刻度,摇匀备用。

2. 标准液的滴定

准确吸取 0.1mg/mL 标准维生素 C 溶液 4mL,放入 50mL 锥形瓶中,加 16mL 1%草酸溶液,用 2,6-二氯酚靛酚滴定至淡红色(15s 内不褪色即为终点)。记录所用 2,6-二氯酚靛酚溶液的体积,计算出 1mL 2,6-二氯酚靛酚溶液所能氧化抗坏血酸的量。

3. 样品的滴定

准确吸取样液两份,每份 20mL,分别放入两个 50mL 的锥形瓶中,用 2,6-二氯酚靛酚滴定至淡红色(15s 内不褪色即为终点)。另取 20mL 1%草酸溶液作空白对照滴定。

五、结果计算

取两份样品滴定所耗用染料体积的平均值,代入下式计算 100g 样品中还原型抗坏血酸的含量:

$$抗坏血酸含量(mg/100g) = \frac{(V_1 - V_2) \times V \times M \times 100}{V_3 \times W}$$

式中:V_1 为滴定样品所耗用的染料平均毫升数(mL);V_2 为滴定空白对照所耗用的染料毫升数(mL);V 为样品提取液的总体积(mL);V_3 为滴定时所取的样品提取液体积(mL);M 为 1mL 染料所能氧化抗坏血酸的量(mg);W 为待测样品的重量(g)。

用该法测定抗坏血酸有什么不足之处?

实验十六　碱性 SDS 法提取大肠杆菌质粒

一、目的

(1)学习使用碱性 SDS 法制备和纯化质粒的方法。
(2)熟悉琼脂糖凝胶电泳的原理与操作方法。

二、原理

细菌质粒是细菌染色体外的遗传因子,常使细菌带有某些特性和生理功能,如抗药性、产生细菌毒素等。绝大部分质粒为环状双链 DNA 分子。经过人工改造后的质粒是基因工程中重要的基因载体之一。

基因工程是利用工具酶通过体外操作实现 DNA 分子在寄主细胞间的稳定转移。这就要求被转移的 DNA 片段在新的寄主细胞可以复制繁殖。多数 DNA 片段不能自我复制,这就必须将这些 DNA 片段与一个可以自我复制的 DNA 片段在寄主间转移的 DNA 片段相连,再转入新的寄主细胞中,这些能自我复制并可携带其他 DNA 片段在寄主间转移 DNA 分子即克隆载体,其中一大类便是质粒载体。

从大肠杆菌中提取质粒 DNA 的方法很多,其中碱性 SDS 法被认为是比较好的方法,提取率较高,提取到的质粒可用于酶切、连接、转化,是常用的方法。

碱性 SDS 法提取大肠杆菌质粒是基于染色体 DNA 与质粒 DNA 的变性与复性的差异而分离的。用溶菌酶处理大肠杆菌使染色体 DNA 和质粒 DNA 都释放出来。在强碱性条件下,染色体 DNA 双链结构解开而变性,质粒 DNA 也变性,但由于共价闭合环状超螺旋的结构,两条互补链不会完全分开。当溶液 pH 值调节到中性时,质粒 DNA 易复性而存在于溶液中,染色体 DNA 不易复性,互相缠绕,通过离心而与蛋白质-SDS 复合物等一起沉淀下来。再用乙醇沉淀出上清液中的质粒 DNA,核糖核酸酶作用除去 RNA,用苯酚除去残余蛋白质,就得到较纯的质粒 DNA。

三、材料、器材与试剂

1. 实验材料

含质粒的大肠杆菌菌株。

2. 器材

恒温培养箱,振荡培养箱,超净工作台,高速离心机,旋涡混合仪,移液器,移液枪头,$-20℃$冰箱,锥形瓶,烧杯,量筒,移液管,洗耳球,水平电泳槽,电泳仪,微波炉,分析天平,紫外观察仪。

3. 试剂

(1)LB 培养基。

取 10g 胰蛋白胨,5g 酵母提取物,10g 氯化钠加入 950mL 双蒸水,摇动容器直至溶质完全溶解,用 0.2mL 5mol/L NaOH 调节 pH 值至 7.0,加入双蒸水至总体积为 1000mL,高温湿热灭菌 25min。

(2)STE 溶液。

0.5mmol/L NaCl,10 mmol/L Tris-HCl(pH=8.0),1mmol/L EDTA(pH=8.0)。

(3)溶液Ⅰ。

50mmol/L 葡萄糖(G),25 mmol/L Tris-HCl(pH=8.0),10 mmol/L EDTA(pH=8.0)高压灭菌。

(4)溶液Ⅱ。

0.2mol/L NaOH,1% SDS。

(5)溶液Ⅲ。

每100mL含5mol/L乙酸钾60mL、冰乙酸11.5mL、水28.5mL。

(6)无水乙醇。

(7)Tris-EDTA-2Na(TE)缓冲液(含有 50mmol/L Tris 和 20mmol/L EDTA-2Na,pH=8.0)。

(8)10×TBE 缓冲液。

称取 Tris 108g,硼酸 55g,加入 40mL 500mmol/L EDTA,pH 8.0,先加 800mL 双蒸水,加热溶解后,再加双蒸水定容至 1000mL。

(9)10mg/mL 溴化乙锭(EB)溶液。

(10)琼脂糖。

(11)0.5%溴酚蓝溶液。

(12)40%蔗糖溶液。

(13)RNase A。

四、实验步骤

1. 细菌的收获

(1)挑取一环大肠杆菌(含质粒)冷冻保存的菌种。

(2)转接在含有 100μg/mL 氨苄青霉素的 LB 固体培养基斜面上,37℃培养过夜。

(3)挑取一环,转接在含有 100μg/mL 氨苄青霉素的 LB 液体培养基中,37℃振荡培养过夜。

(4)将 1.5mL 培养菌液倒入离心管中,用高速离心机 10 000r/min 离心 30s,将剩余的培养物贮存于 4℃冰箱。

(5)倒去培养液,使细菌沉淀尽可能干燥。

2. 质粒 DNA 的提取(碱裂解法)

(1)将细菌沉淀重悬于 500μL 用冰预冷的 STE 溶液中,剧烈振荡。10 000r/min 离心 30s 后倒去上清液。

(2)离心沉淀中加入 100μL 溶液Ⅰ与适量的 RNase A,轻微振荡。

(3)加 200μL 溶液Ⅱ。盖紧管口,快速颠倒离心管 5 次,以混合内容物。室温静置 5min。

(4)再加入 150μL 溶液Ⅲ。盖紧管口,温和振荡,使溶液Ⅲ在黏稠的细菌裂解物中分散均匀,之后室温静置 3~5min。

(5) 用高速离心机以 10 000r/min 离心 2min,将上清液转移到另一离心管中。

(6) 用 2 倍体积的预冷无水乙醇于室温沉淀双链 DNA。振荡混合,于室温静置 5min。然后 10 000r/min 离心 2min。

(7) 小心倒去上清液,将离心管倒置于一张滤纸上,以使所有液体流出。

(8) 用 50μL TE 溶解核酸(或再加 RNA 酶降解 RNA),贮存于 −20℃冰箱。

3. 电泳分析质粒 DNA

(1) 配制 0.8% 琼脂糖凝胶(0.16g 琼脂糖,20mL 1×TBE),在微波炉内融化,然后制胶。

(2) 上样,加 15~20μL 质粒 DNA 样品和 2μL 上样缓冲液(0.5% 溴酚蓝和 40% 蔗糖按一定比例制成的混合液)。

(3) 100V 电泳,以溴酚蓝为指示剂。

(4) 电泳完毕,将凝胶浸没于溴化乙锭(EB)溶液中 20min。

(5) 染色完毕后,取出凝胶在紫外观察仪中观察。

五、结果分析

绘制琼脂糖凝胶电泳分离质粒 DNA 结果示意图,对实验结果进行分析。

六、注意事项

(1) 溴化乙锭(EB)是强诱变剂,并有中度毒性,取用含有这一物质的溶液时,务必戴手套。

(2) 碱裂解的时间不宜过长,否则易使质粒 DNA 变性。变性的质粒 DNA 不能被限制性核酸内切酶切割,与溴化乙锭(EB)的结合能力也明显下降。

(1) 质粒 DNA 提取的方法有哪些? 比较它们的优缺点。

(2) 影响质粒 DNA 提取效果的因素有哪些?

实验十七　植物 DNA 的提取与测定

一、目的

(1)学习从植物材料中提取和测定 DNA 的原理。
(2)掌握 CTAB 法提取 DNA 的实验方法。

二、原理

细胞中的 DNA 绝大多数以 DNA-蛋白复合物(DNP)的形式存在于细胞核内。提取 DNA 时,一般先破碎细胞释放出 DNP,再用含少量异戊醇的氯仿除去蛋白质,最后用乙醇把 DNA 从抽提液中沉淀出来。DNP 与核糖核蛋白(RNP)在不同浓度的电解质溶液中溶解度差别很大,利用这一特性可将二者分离。

CTAB(十六烷基三甲基溴化铵,hexadecyl trimethyl ammonium bromide,简称 CTAB):是一种阳离子去污剂,可溶解细胞膜,它能与核酸形成复合物,在高盐溶液中(0.7mol/L NaCl)是可溶的,当降低溶液盐的浓度到一定程度(0.3mol/L NaCl)时从溶液中沉淀,通过离心就可将 CTAB 与核酸的复合物同蛋白、多糖类物质分开,然后将 CTAB 与核酸的复合物沉淀溶解于高盐溶液中,再加入乙醇使核酸沉淀,CTAB 能溶解于乙醇中。

本实验采用 CTAB 法提取 DNA 并通过紫外吸收法鉴定。

三、材料、器材和试剂

1.材料

新鲜菠菜幼嫩组织、花椰菜花冠或小麦黄化苗等。

2.器材

高速冷冻离心机,可见紫外分光光度计,恒温水浴锅,液氮罐,锥形瓶,电泳仪,水平电泳槽,烧杯,移液器,移液枪头,量筒。

3.试剂

(1)CTAB 提取缓冲液。

100mmol/L Tris-HCl(pH=8.0),20mmol/L EDTA-2Na,1.4mol/L NaCl(表 12-18),2% CTAB,使用前加入体积分数为 0.1% 的 β-巯基乙醇。Tris 用 HCl 调节 pH 值至 8.0,此时的溶液为 Tris-HCl 溶液。

表 12-18　CTAB 提取缓冲液配制

试剂	相对分子量	配制 1000mL(g)	配制 500mL(g)
Tris	121.14	12.11	6.06
EDTA-2Na	372.24	7.44	3.72
NaCl	58.44	81.82	40.91

(2)TE 缓冲液:10 mmol/L Tris－HCl,1mmol/L EDTA(pH＝8.0)。

(3)DNase－free RNase A。

溶解 RNase A 于 TE 缓冲液中,浓度为 10mg/mL,煮沸 10～30min,除去 DNase 活性,于 －20℃冰箱储存(DNase 为 DNA 酶,RNase 为 RNA 酶)。

(4)氯仿-异戊醇混合液(体积比为 24∶1)。

240mL 氯仿加 10mL 异戊醇混匀。

(5)95％乙醇。

注:TE 缓冲液,Tris－HCl 液(pH＝8.0),NaAc 溶液均需要高压灭菌。

四、实验步骤

(1)称取 2～5g 新鲜菠菜幼嫩组织或小麦黄化苗等植物材料,用自来水、蒸馏水先后冲洗叶面,用滤纸吸干水分备用。叶片称重后剪成 1cm 长,置研钵中,经液氮冷冻后研磨成粉末。待液氮蒸发完后,加入 15mL 预热(60～65℃)的 CTAB 提取缓冲液,转入一磨口锥形瓶中,置于 65℃水浴保温,0.5～1h,不时地轻轻摇动混匀。

(2)加等体积的氯仿/异戊醇混合液(体积比为 24∶1),盖上瓶塞,温和摇动,使成乳状液。

(3)将锥形瓶中的液体倒入离心管中,在室温下 4000r/min 离心 5min,静置,离心管中出现 3 层,小心地吸取含有核酸的上层清液于量筒中,弃去中间层的细胞碎片和变性蛋白以及下层的氯仿。

(4)将收集到量筒中的上层清液,倒入小烧杯。沿烧杯壁慢慢加入 1～2 倍体积预冷的 95％乙醇,边加边用细玻棒沿同一方向搅动,可看到纤维状的沉淀(主要为 DNA)迅速缠绕在玻棒上。小心取下这些纤维状沉淀,加 1～2mL 70％乙醇冲洗沉淀,轻摇几分钟,除去乙醇,即为 DNA 粗制品。

(5)上述 DNA 粗制品含有一定量的 RNA 和其他杂质。若要制取较纯的 DNA,可将粗制品溶于 TE 缓冲液中,加入 10mg/mL 的 RNase 溶液,使其终浓度达 50μg/mL,混合物于 37℃水浴中保温 30min 除去 RNA。

(6)将 DNA 制品溶于 250μL 的 TE 缓冲液中,完全溶解 DNA 样品。

(7)用可见紫外分光光度计测定该溶液在 260nm 紫外光波长下的光密度值。代入下式计算 DNA 的含量。

五、结果计算

$$DNA 浓度(\mu g/mL) = \frac{OD_{260}}{0.020 \times L} \times 稀释倍数$$

式中:OD_{260} 为 260nm 处的光密度;L 为比色杯内径(cm);0.020 为 1μg/mL DNA 钠盐的光密度。

DNA 的紫外吸收高峰为 260nm,吸收低峰为 230nm,而蛋白质的紫外吸收高峰为 280nm。上述 DNA 溶液适当稀释后,在可见-紫外分光光度计上测定其 OD_{260}、OD_{230} 和 OD_{280}。如 $OD_{260}/OD_{230} \geq 2$,$OD_{260}/OD_{280} \geq 1.8$,表示 RNA 已经除净,蛋白含量不超过 0.3％。

(1)制备的 DNA 在什么溶液中较稳定?

(2)为了保证植物 DNA 的完整性,在吸取样品、抽提过程中应注意什么?

实验十八 植物总RNA的提取与分析

一、目的

(1)掌握RNA制备的技术与方法。
(2)熟悉琼脂糖凝胶电泳分离RNA的原理与方法。

二、原理

在研究基因表达、基因克隆及cDNA文库建立时,基础工作即分离得到无污染的完整的RNA。制备总RNA的策略是破碎细胞,除去蛋白质、DNA及多糖等杂质。几种制备方法各有特点,视不同生物材料及设备条件许可,分别采用某种方法或结合使用这些方法,一般都能得到较好的分离效果。制备得到的总RNA中包括rRNA、tRNA、mRNA。许多技术需要进一步提纯mRNA。

在提取RNA的实验中,失败的主要原因是受到核糖核酸酶的污染,RNA酶很稳定,一般而言反应不需要辅助因子,因而RNA制剂中只要存在少量RNA酶就会产生严重后果。为避免RNA酶的污染,实验中所用到的全部溶液、玻璃器皿、塑料制品都需特别处理。实验要求戴手套严格操作,实验用的溶液均需用焦碳酸二乙酯(DEPC)处理以使RNA酶失活,玻璃器皿需200℃干烘24h,不耐高温的可以用氯仿处理。

分离提取RNA的方案第一步操作都是在能导致RNA酶变性的化学环境中裂解细胞,然后才将RNA从各种生物大分子中分离出来。本实验采用异硫氰酸胍-苯酚-氯仿一步抽提法。

RNA的检测主要用琼脂糖凝胶电泳,分为非变性电泳和变性电泳。一般变性电泳用得最多的是甲醛变性电泳(如在Northern blot实验过程中),由于RNA分子是单链核酸分子,它不同于DNA的双链分子结构,其自身可以回折形成发卡式二级结构及更复杂的分子状态,以至于通过一般传统的琼脂糖凝胶电泳难以得到依赖于分子量的电泳分离条带,为此电泳上样前应将样品在65℃下加热变性5min,使RNA分子的二级结构充分打开,并且在琼脂糖凝胶中加入适量的甲醛,可保证RNA分子在电泳过程中持续保持单链状态,因此,总RNA样品便在统一构象下得到了琼脂糖凝胶上的依赖于分子量的逐级分离条带。

三、材料、器材和试剂

1. 材料

无菌种子萌发的新鲜幼芽。

2. 器材

研钵,匀浆器,台式高速离心机,超净工作台,紫外-可见分光光度计,电泳仪,水平电泳槽,液氮罐,离心管,玻璃棒,移液器,移液器枪头,凝胶成像仪。

3. 试剂

(1)焦碳酸二乙酯(DEPC)。

(2) 4mol/L 异硫氰酸胍。

(3) 0.025mol/L 柠檬酸钠。

(4) 异丙醇。

(5) 0.5% 十二烷基肌酸钠。

(6) 0.1mmol/L 巯基乙醇。

(7) 2mol/L 乙酸钠(pH=4.0)。

(8) 氯仿-酚-异戊醇混合液(体积比为 25∶24∶1)。

(9) 75% 乙醇。

(10) 琼脂糖。

(11) 10×电泳缓冲液:200mmol/L 吗啉代丙磺酸(MOPS,pH 值为 7.0),50mmol/L NaAc;10mmol/L EDTA(pH 值为 8.0),用 DEPC(焦炭酸乙二酯)、水配制,用 NaOH 调节 pH 值为 7.0,过滤除菌后避光保存。

(12) 10×电泳上样缓冲液:体积分数为 50% 的甘油(用 DEPC 处理的水稀释),10mmol/L EDTA(pH 值为8.0),$2.5×10^{-3}$g/L 溴酚蓝,$2.5×10^{-3}$g/L 二甲苯腈 FF。

(13) 0.5μg/mL 溴化乙锭溶液(EB)。

四、实验步骤

1. RNA 的提取

(1) 将无菌种子发芽,待芽长出 1cm 左右时,称 0.5g 芽,用 DEPC 处理的水冲洗几次,放入 -20℃ 预冷的研钵中。

(2) 加液氮迅速将芽研磨成细粉后,放入预冷的匀浆器中,加入 5mL 预冷的变性液(4mol/L 异硫氰酸胍,0.025mol/L 柠檬酸钠,0.5% 十二烷基肌酸钠,0.1mmol/L 巯基乙醇),低温充分匀浆。

(3) 转入处理过的离心管中,加入 500μL 2mol/L 乙酸钠(pH=4.0),混匀后加入等体积的氯仿-酚-异戊醇混合液,混匀。

(4) 冰浴 15min,4℃,12 000r/min 离心 20min。

(5) 小心吸取上清液,加入等体积的异丙醇,混匀,-20℃ 冰箱放置超过 1h。

(6) 4℃,12 000r/min 离心 10min,弃上清液。沉淀用 3mL 预冷变性液溶解。加入等体积的异丙醇以沉淀 RNA,-20℃ 冰箱放置过夜。

(7) 4℃,12 000r/min 离心 20min。

(8) 沉淀 RNA 用 75% 冰乙醇漂洗,4℃,12 000r/min 离心 10min,弃上清液。

(9) 倒置离心管,让沉淀 RNA 在超净工作台中空气干燥 10min。沉淀 RNA 用 200μL DEPC 处理过的水溶解后,进行电泳分析和紫外检测。

2. RNA 制品的纯度检测

纯 RNA 的 $OD_{260}/OD_{280}=2.0$,由于材料和方法的不同,一般纯化的 RNA OD_{260}/OD_{280} 的值为 1.7~2.0,若低于此值,则样品中可能污染有蛋白质。RNA 样品的 OD_{260}/OD_{230} 应大于 2.0,若小于此值,则说明样品中还混有异硫氰酸胍。

(1) 取两个 0.5cm 的石英比色皿。

(2)两比色皿中均加入1.5mL灭菌水,一个比色皿作为空白对照,另一个加入7.5μL RNA样品液,用于检测。

(3)分别测其OD_{280}、OD_{260}、OD_{230}值,计算OD_{260}/OD_{280}和OD_{260}/OD_{230}的值。

3. 总RNA的电泳

(1)琼脂糖凝胶非变性电泳。

①1.2%琼脂糖凝胶:用1×电泳缓冲液配制1.2%的凝胶,至少使其凝固30min后进行上样。

②制备样品:在离心管中,将RNA样品溶液与10×上样缓冲液以9:1的体积比混匀。

③将样品加入样品槽,以5V/cm的电场强度电泳1~1.5h。

④待溴酚蓝迁移至凝胶长度的1cm处结束电泳。将凝胶置于0.5μg/mL溴化乙锭溶液中染色25min。

⑤在凝胶成像仪上观察结果。

(2)琼脂糖凝胶甲醛变性电泳。

①1.2%琼脂糖甲醛变性胶:称取1.2g琼脂糖,加72mL DEPC处理的水,加热溶化。冷却至60℃,在通风橱内加入10×电泳缓冲液10mL,甲醛(37%)18mL,混匀后倒入凝胶模具中。

②样品制备:在离心管内,将RNA样品与10×上样缓冲液以9:1的体积比混合。65℃温浴5~10min。

③将样品加入样品槽,以5V/cm的电场强度电泳1.5~2h。

④待溴酚蓝迁移至凝胶长度1cm处停止电泳,将凝胶置于溴化乙锭溶液中染色25min。

⑤在凝胶成像仪上观察结果。

五、实验结果

根据在凝胶成像仪上观察的结果作图,记录实验结果并进行相关分析。

六、注意事项

(1)焦碳酸二乙酯(DEPC)、异硫氰酸胍都具有毒性,在实验操作时要做好防护。

(2)提取RNA实验,为了避免实验出现污染,实验者必须穿实验服、戴口罩和手套,实验器皿都要经高温或焦碳酸二乙酯(DEPC)处理,要规范实验操作,严格按照实验流程进行。

思考题

(1)RNA提取实验为什么要比DNA提取实验更容易出现污染?

(2)为什么提取RNA后要测定它的纯度?

实验十九　酵母核糖核酸的分离及组分鉴定

一、目的

了解核酸的组分,并掌握鉴定核酸组分的方法。

二、原理

由于 RNA 的来源和种类很多,因而提取制备方法也各异,一般有苯酚法、稀碱法、浓盐法。酵母细胞富含核酸,且核酸主要是 RNA,含量为干菌体的 2.67%～10.0%,而 DNA 含量较少,仅为 0.03%～0.516%。因此,提取 RNA 多以酵母为原料。工业上制备 RNA 多选用低成本、适于大规模操作的稀碱法或浓盐法。这两种方法所提取的核酸均为变性的 RNA,主要用做制备单核苷酸的原料,其工艺比较简单。

稀碱法使用氢氧化钠使酵母细胞壁变性、裂解,然后用酸中和、除去蛋白质和菌体后的上清液用乙醇沉淀 RNA 或调整 pH 值至 2.5,利用等电点沉淀,提取的 RNA 有不同程度的降解。浓盐法是用高浓度盐溶液处理样品,同时加热,以改变细胞壁的通透性,使核酸从细胞内释放出来。苯酚法又是实验室最常用的。组织匀浆用苯酚处理并离心后,RNA 即溶于上层水相中,DNA 和蛋白质则留在苯酚层中,向水层加入乙醇后,RNA 即以白色絮状沉淀析出。此法能较好地除去 DNA 和蛋白质,提取的 RNA 具有生物活性。

RNA 含有核糖、嘌呤碱/嘧啶碱和磷酸各组分。加硫酸煮可使 RNA 水解,其水解液中可用定糖法、加钼酸铵沉淀(或用定磷法)和加银沉淀等方法测出上述组分的存在。嘌呤碱与硝酸银作用产生白色的嘌呤银化物沉淀。核糖核酸与浓盐酸供热时,及发生降解,形成的核糖继而转变为糠醛,后者与地衣酚(3,5-二羟基甲苯)反应呈墨绿色,该反应需用三氯化铁或氯化铜作催化剂。磷酸与钼酸铵试剂作用会产生黄色的磷钼酸铵沉淀[$(NH_4)_3PO_4 \cdot 12MoO_3 \cdot 6H_2O$]。嘧啶碱在硫酸作用下被水解,因此无法进行鉴定。

三、材料、器材和试剂

1. 材料

酵母片或酵母粉。

2. 器材

研钵,刻度试管,普通试管,试管夹,烧杯,离心管,玻璃棒,恒温水浴锅,电炉,量筒,移液管,洗耳球,塑料吸管,台式低速离心机,分析天平,试管架。

3. 试剂

(1) 0.04mol/L NaOH:称取 1.6g NaOH,溶于 1000mL 蒸馏水中。

(2) 1.5mol/L H_2SO_4:将 42mL 浓硫酸缓慢注入 458mL 蒸馏水中。

(3) 冰乙酸。

(4) 95%乙醇。

(5) 0.1mol/L $AgNO_3$:称取 $AgNO_3$ 4.25g,溶于 250mL 蒸馏水中。

(6)浓盐酸。

(7)10% $FeCl_3 \cdot 6H_2O$：称取 $FeCl_3$ 1g，溶于 10mL 蒸馏水中。

(8)三氯化铁($FeCl_3$)浓盐酸溶液：将 1.25mL 10% $FeCl_3 \cdot 6H_2O$ 加入到 250mL 浓盐酸中。

(9)苔黑酚乙醇溶液：称取苔黑酚 3g 溶于 100mL 95%乙醇中（冰箱中可保存一个月）。

(10)定磷试剂。

A：17% H_2SO_4 50mL。将 8.5mL 浓 H_2SO_4（相对密度为 1.84）缓缓加入到 41.5mL 蒸馏水中。

B：2.5%钼酸铵溶液 50mL。称取 1.25g 钼酸铵溶于 50mL 蒸馏水中。

C：10%抗坏血酸(Vc)溶液 50mL。称取 5g Vc 溶于 50mL 蒸馏水中，贮存在棕色瓶中。溶液呈淡黄色时可用，如呈深黄色或棕色则失效，需纯化抗坏血酸。

临用时将上述 A、B、C 3 种溶液与蒸馏水按以下体积比例混合：

$$17\% \ H_2SO_4 : 2.5\%钼酸铵 : 10\%抗坏血酸 : 水 = 1 : 1 : 1 : 2$$

四、实验步骤

1. RNA 的提取

称取 2g 干酵母粉或酵母片
↓
于研钵中加 0.04mol/L NaOH 10mL，充分研磨
↓
放入大试管中，于沸水中加热 30min（搅拌）
↓
取出加乙酸 4 滴，使提取液呈酸性
↓
离心 10~15min（3000r/min），弃渣
↓
取上清液加入等体积 95%乙醇（或酸性乙醇），边加边搅拌，静置，待完全沉淀
↓
3000r/min 离心 5min，弃上清液
↓
即得到 RNA 的粗制品

将得到的 RNA 粗制品烘干后称重。

2. 鉴定

将上述所提取的 RNA 的粗制品加 1.5mol/L H_2SO_4 5mL，在沸水浴中加热 10min，将 RNA 溶解，制成水解液，并进行组分鉴定。

(1)嘌呤碱：取 2mL 水解液加 1mL 0.1mol/L $AgNO_3$ 溶液，观察有无出现絮状嘌呤银化物沉淀。

(2)核糖：取一支试管，加入 2mL 水解液、2mL $FeCl_3$ - HCl 溶液和 0.2mL 苔黑酚乙醇溶

液,放入沸水浴中 3min,观察溶液颜色变化。

(3)磷酸:取一支试管加入水解液 1mL,然后再加入定磷试剂 1mL,于沸水浴中加热 3min,观察溶液颜色变化。

五、结果计算

根据酵母片与所得 RNA 的粗制品质量,计算 RNA 的提取率。

$$\text{RNA 提取率} = \frac{\text{RNA 粗制品质量(g)}}{\text{酵母片质量(g)}} \times 100\%$$

六、注意事项

(1)在离心时,离心管要两个为一组进行平衡,并对称放置于离心机中,以免损伤离心机的转轴。

(2)配制与使用浓硫酸时,要小心谨慎,以免烧伤皮肤及衣物。

思考题

硫酸水解酵母核糖核酸的化学原理是什么?

实验二十　动物肝脏 DNA 的提取

一、目的

(1) 掌握从动物组织中提取、分离、纯化 DNA 的基本原理及操作方法。
(2) 学习鉴定 DNA 样品的方法。

二、原理

核酸是一类磷酸基团的重要生物大分子,所有生物体内均含有核酸(除少数亚病毒类之外)。按其化学组成分为两大类:脱氧核糖核酸(DNA)和核糖核酸(RNA)。在真核生物中,DNA 主要存在于细胞核中,核外(如线粒体、叶绿体)也有少量存在。RNA 主要存在于细胞质中,以核糖体中含量最多,核内 RNA 主要存在于核仁中。对于病毒来说,要么只有 DNA,要么只有 RNA,所以可将病毒分为 RNA 病毒和 DNA 病毒。

在细胞核内,核酸通常是与某些组织蛋白质结合成复合物——核糖核蛋白(RNP)和脱氧核糖核蛋白(DNP)形式存在的。因此,在制备核酸时,需先将组织(或细胞)匀浆或破碎。使之释放出核蛋白(RNP 和 DNP),再设法将这两大类核蛋白分开,最后用蛋白质变性剂如苯酚、氯仿等,去垢剂如十二烷基磺酸钠(SDS)或用蛋白酶处理,除去蛋白质,使核酸与蛋白质分离,从而将核酸提取出来。

RNP 和 DNP 在不同浓度的电解质溶液中的溶解度有很大的差别。如在高浓度氯化钠(1~2mol/L)溶液中,脱氧核糖核蛋白(DNP)的溶解度很大,核酸核蛋白(RNP)溶解度很小。在低浓度氯化钠(0.14mol/L)溶液中,DNP 的溶解度很小。RNP 的溶解度很大。因此,可利用不同浓度的氯化钠溶液,将脱氧核糖核蛋白和核糖核蛋白从样品中分别抽提出来。将抽提得到的核蛋白用 SDS 或苯酚处理使核蛋白解聚,DNA(或 RNA)即与蛋白质分开;用氯仿-异戊醇将蛋白质沉淀除去,而 DNA 则溶解于溶液中。

经上述分离、纯化处理后的核酸盐溶液,再利用其不溶于有机溶剂的性质,而使其在适当浓度的亲水有机溶剂(如乙醇)中呈絮状沉淀析出。重复进行上述处理,即可制成所要求纯度的脱氧核糖核酸制品。提纯的 DNA(或 DNA 钠盐)为白色纤维状固体。

为了防止 DNA(RNA)酶解,提取时加入 EDTA(乙二胺四乙酸)。因为 EDTA 是抑制 DNA 酶活性最好的抑制剂之一,由于 DNA 酶的酶解作用必须有 Ca^{2+} 和 Mg^{2+} 的存在,故只要在提取液中少量加入金属螯合剂 EDTA,就可使 DNA 酶完全失活。

本实验采用动物新鲜肝脏为提取 DNA 的材料,通过组织匀浆,使细胞破碎;利用 RNP 和 DNP 在一定浓度的 NaCl 溶液中溶解度不同的特点,提取 DNP;用 SDS 使蛋白质变性和核蛋白解聚,释放出 DNA;用氯仿使蛋白质变性沉淀,离心除去;用乙醇作沉淀剂,得到较纯的 DNA;用 RNase A 除去 RNA,再用氯仿使酶蛋白变性沉淀,离心除去;最后用乙醇作沉淀剂,得到更纯的 DNA。由于 DNA 可与二苯胺试剂反应生成蓝色化合物,其最大光吸收峰在 595nm,可用比色法测定,因此提取的 DNA 样品可采用二苯胺法进行定性或定量测定;也可用分光光度法检测 DNA 样品的含量和纯度,高纯度 DNA 样品的 260nm 与 280nm 的吸收比值在 1.8 左右,当比值高时表明样品中混杂有 RNA,当比值低时表明样品中可能有蛋白质或酚的污染。因此,可利用 A_{260}/A_{280} 比值的大小来鉴定DNA样品的纯度。

三、材料、器材和试剂

1. 材料

动物新鲜肝脏。

2. 器材

匀浆器,离心机,离心管,恒温水浴锅,量筒,吸量管,真空干燥箱,可见-紫外分光光度计,电泳仪,水平电泳槽,移液器,移液枪头,烧杯,紫外观察仪。

3. 试剂

(1) 4mol/L NaCl 溶液:将 233.84g NaCl 溶于水,稀释至 1000mL。

(2) 0.14mol/L NaCl-0.15mol/L EDTA-2Na 溶液:溶解 8.18g NaCl 及 37.2g EDTA-2Na 于蒸馏水,稀释至 1000mL。

(3) 25% SDS 溶液:溶解 25g 十二烷基磺酸钠于 100mL 灭菌双蒸水中。

(4) 0.015mol/L NaCl-0.0015mol/L 柠檬酸三钠溶液:称取 0.88g NaCl 及 0.44g 柠檬酸三钠溶于蒸馏水,稀释至 1000mL。

(5) 氯仿-异戊醇混合液:V(氯仿):V(异戊醇)=24:1。

(6) 1.5mol/L NaCl-0.15mol/L 柠檬酸三钠溶液:称取 87.66g NaCl 及 44.12g 柠檬酸三钠溶于蒸馏水中,稀释至 1000mL。

(7) TE 缓冲液(10mmol/L Tris-HCl,1mmol/L EDTA,pH=8.0):称取 0.12g Tris,加适量蒸馏水溶解,用 1mol/L HCl 溶液调节 pH 值至 8.0 并定容至 100mL,加入 0.037g EDTA 溶解。

(8) RNase A 溶液(10g/L):将 RNase A 10mg 溶解于 1mL TE 缓冲液中。

(9) 95% 乙醇。

(10) 二苯胺试剂:使用前称取 1g 重结晶的二苯胺,溶于 100mL 冰乙酸中,再加入 10mL 过氯酸,混匀备用,临用前加入 1mL 1.6% 乙醛溶液,配成的溶液为无色。

(11) 电泳缓冲液(5×TBE):称取 10.88g Tris,5.52g 硼酸,0.74g EDTANa·$2H_2O$,用蒸馏水溶解后定容至 200mL。使用时,用蒸馏水稀释 10 倍(0.5×TBE)。

(12) 琼脂糖。

(13) 6× 上样缓冲液:称取 0.25g 溴酚蓝,40g 蔗糖,溶于 100mL 蒸馏水中。

(14) 10mg/mL 溴化乙锭(EB)溶液。

(15) DNA Marker。

四、实验步骤

(一) DNA 提取

(1) 取动物新鲜肝脏(约 2g),用 0.14mol/L NaCl-0.15mol/L EDTA 溶液洗去血液,剪碎,加入 5mL 0.14mol/L NaCl-0.15mol/L EDTA 溶液,置匀浆器中研磨。待研成糊状后,将糊状物 3000r/min 离心 5min,弃去上清液,沉淀物用 0.14mol/L NaCl-0.15mol/L EDTA

溶液洗2～3次。

(2)向上述沉淀物加入0.14mol/L NaCl-0.15mol/L EDTA溶液,使总体积为2mL,然后滴加25% SDS溶液0.2mL,边加边搅拌。然后置于60℃水浴保温10min,等溶液变得黏稠时,取出冷却至室温。

(3)加入4mol/L NaCl溶液0.7mL,使NaCl最终浓度达到1mol/L,搅拌10min,加入约1倍体积的氯仿-异戊醇混合液,振摇20min,10 000r/min离心5min。收集上层水相,然后再向上层水相加入1.5～2倍体积预冷的95%乙醇,DNA沉淀即析出,10 000r/min离心5min,去掉上清液,收集沉淀,即得到DNA粗品。

(4)将DNA粗品置于2.7mL 0.015mol/L NaCl-0.0015mol/L柠檬酸三钠溶液中溶解,再加入0.3mL 1.5mol/L NaCl-0.15mol/L柠檬酸三钠溶液,搅匀,加入1倍体积的氯仿-异戊醇混合液,振摇10min,10 000r/min离心5min,小心地吸取上层水相,弃中层变性蛋白。向收集的上层水相加入2倍体积预冷的95%乙醇,DNA即沉淀析出。10 000r/min离心5min,弃去上清液,沉淀为较纯的DNA。

(5)将上步(4)所得沉淀物溶于2mL TE缓冲液中,加入RNase A溶液至终浓度为20mg/mL,混匀,在37℃恒温水浴中保温30min。

(6)向经RNase A消化后的DNA溶液中加入1倍体积的氯仿-异戊醇混合液,振摇5min,10 000r/min离心5min,小心地吸取上层水相(含DNA),弃中层变性蛋白,重复抽提1～2次。向收集的水相中加入2倍体积预冷的95%乙醇,DNA即沉淀析出,10 000r/min离心5min,弃去上清液,将离心管室温下倒置干燥。

(7)将所得更纯的DNA沉淀溶于2mL 0.015mol/L NaCl-0.0015mol/L柠檬酸三钠溶液中备用。

(二)DNA样品的鉴定

1. 二苯胺法DNA定性鉴定

按表12-19操作。

表12-19 二苯胺定性鉴定DNA

试剂名称	试管号	1	2
DNA样品溶液(mL)		—	1
0.015mol/L NaCl-0.0015mol/L柠檬酸三钠溶液(mL)		2	1
混匀,置100℃恒温水浴保温5min			
二苯胺试剂(mL)		4	4
观察现象			

2. 紫外吸收法鉴定DNA纯度

将DNA样品液适当稀释,移入光径为1cm的石英比色皿,并以0.015mol/L NaCl-

0.0015mol/L柠檬酸三钠溶液作为空白对照。在可见-紫外分光光度计上分别于260nm和280nm波长处进行测定,记录测定数据A_{260}和A_{280},计算A_{260}/A_{280}比值大小,确定DNA样品的纯度。

3. 琼脂糖凝胶电泳检测 DNA

(1)制备0.8％琼脂糖凝胶(含终浓度0.5mg/L溴化乙锭)。

(2)取10μL DNA样品,加入6×上样缓冲液2μL,混匀后上样,同时取相应的DNA Markers上样。

(3)80V电泳1h。

(4)紫外观察仪查看样品DNA的均一性,相对分子质量大小以及是否存在RNA杂质等。

五、注意事项

(1)做好防护,避免污染。

(2)严格按照实验步骤进行操作,保证获得高质量的DNA。

(3)选取合适的DNA Marker、适宜的电泳条件,确保获得较好的电泳结果。

(1)本实验所用来提取动物肝脏DNA的方法有什么优缺点?

(2)有无其他可用来提取动物肝脏DNA的方法?如有请简述其操作步骤。

实验二十一　动物肝脏 RNA 的制备

一、目的

初步掌握从动物组织中提取 RNA 的原理和方法。

二、原理

一个典型的哺乳动物细胞约含 10pg RNA，其中 80%～85% 是 rRNA，15%～20% 为小分量的 RNA(tRNA 和 snRNA)，mRNA 占总 RNA 的 1%～5%。从组织细胞提取总 RNA 的方法很多，如热酚法、氯化锂沉淀法、盐酸胍法、SDS-苯酚联合抽提法和异硫氰酸胍法等。酸性异硫氰酸胍/酚/氯仿一步抽提法具有分离提取 RNA 产率高、纯度好，且不易降解等特点，是目前最常用的 RNA 提取方法。其基本原理是：组织细胞在匀浆过程中被变性剂破膜溶解，变性剂有抑制 RNase 活性的作用，并使蛋白质与核酸分离，经苯酚氯仿将 RNA 抽提至水相，在乙醇溶液中沉淀回收总 RNA。

三、材料、器材和试剂

1. 实验材料

新鲜动物肝脏。

2. 器材

剪刀，镊子，组织匀浆器，离心机，移液器，移液器枪头，试管，离心管，冰箱，液氮罐。

3. 试剂

(1) 无 RNase 水的制备：以玻璃蒸馏器蒸出的双蒸水，按 1∶1000 体积比将焦碳酸二乙酯(diethyl pyrocarbonale，简称 DEPC)加入到双蒸水中，室温放置 12h 以上，然后高压灭菌 30min。以此 DEPC 水，用于配制以下试剂。

(2) 0.75mol/L 柠檬酸钠($Na_3C_6H_5O_7 \cdot 2H_2O$，pH=7.0)：称柠檬酸钠 22g，溶于 70mL 水中以浓 HCl 调节 pH 值至 7.0，加水至 100mL，高压灭菌。

(3) 变性缓冲液：4mol/L 异硫氰酸胍，25mmol/L 柠檬酸钠，0.5% 十二烷基磺酸钠(sarkosyl)，0.1mol/L β-巯基乙醇。

称异硫氰酸胍 250g 溶于 293mL 水中，加入 0.75mol/L 柠檬酸钠(pH=7.0)17.6mL 及 10% 的十二烷基磺酸钠(SDS)26.4mL。于 65℃ 溶解后总体积为 528mL。用 0.22μm 的微孔滤膜过滤，此滤液作为贮存液，在室温可保存 3 个月。用前取 100mL，加入 0.7mL β-巯基乙醇。此液即为变性缓冲液，可在室温保存一个月。

(4) 2mol/L NaAc 液(pH=4.0)：称无水乙酸钠 32.8g，加水 80mL，加热溶解后，以冰乙酸调节 pH 值至 4.0，补水至 200mL，高压灭菌。

(5) 水饱和酚液：取重蒸酚 200mL，于 65～70℃ 水浴溶解后，加入等体积的体积分数为 0.2% 的 β-巯基乙醇水溶液，充分振荡混匀，待分层后，去除大部分水相，保存在棕色广口瓶中于 4℃ 冰箱存放待用。

(6) 75%乙醇,4℃冰箱存放。

(7) 0.5% SDS：称十二烷基硫酸钠(SDS)1.0g,水溶后加水至200mL。

(8) 异丙醇。

四、实验步骤

1. 组织匀浆

新鲜的动物肝脏,称量后剪碎放入组织匀浆器中,按 100mg/mL 的比例加入变性缓冲液,在组织匀浆器中缓慢匀浆 15～20 次。

2. RNA 抽提

将匀浆液移至 50mL 塑料离心管中,加入 1/10 体积的 2mol/L NaAc,等体积的水饱和酚及 1/5 体积的氯仿-异戊醇混合液(体积比为 49∶1)。每加一种试剂后均应充分振荡混匀。于水浴中静置 15min,在 4℃以 5000r/min 离心 20min。离心后 RNA 在水相,DNA 和蛋白质留在有机相及两相界面。

3. 沉淀 RNA

取出离心后的水相,加入等体积的异丙醇,混匀,于 −20℃放置 1h 以上,在 4℃以 5000r/min 再次离心 20min。去上清液,沉淀的 RNA 溶于加 1/10 体积的变性缓冲液,再加等体积的异丙醇,轻轻混匀,−20℃放置 1h,离心沉淀出 RNA,去上清液,沉淀用 75%冷乙醇洗 2 次(不必悬浮),抽空干燥 15min 后,将沉淀物溶于少量 0.5% SDS 中,于 65℃保温 10min,分装存放在液氮中备用。

五、注意事项

(1) 整个实验过程中,为防止手接触带来 RNase 的污染,实验操作者必须戴手套进行,并经常更换。在配制试剂和提取 RNA 过程中应随时注意避免来自于操作者和空气中 RNase 污染源。

(2) 经 DEPC 处理的器皿,必须高压灭菌,使 DEPC 分解为 CO_2 和乙醇,否则残留的 DEPC 会影响 RNA 的活性。

(3) 整个操作过程应在冰浴中进行。

思考题

(1) 本实验用来提取动物肝脏 RNA 的效果如何？有需要改进的地方吗？

(2) 获得的动物组织 RNA 为什么要放到液氮中保存？有更好的保存方法吗？

实验二十二　mRNA 的分离纯化

一、目的

(1) 学习 mRNA 分离纯化的原理。
(2) 熟悉和掌握 mRNA 分离纯化的实验操作。

二、原理

真核生物的 mRNA 分子是单顺反子,是编码蛋白质的基因转录产物。真核生物的所有蛋白质归根到底都是 mRNA 的翻译产物,因此,高质量 mRNA 的分离纯化是克隆基因、提高 cDNA 文库构建效率的决定性因素。真核生物 mRNA 分子最显著的结构特征是具有 5′端帽子结构(m^7G)和 3′端的 poly(A)尾巴。绝大多数哺乳动物细胞的 3′端存在 20~300 个腺苷酸组成的 poly(A)尾,这种结构为真核 mRNA 分子的提取、纯化,提供了极为方便的选择性标志,寡聚(dT)纤维素或寡聚(U)琼脂糖亲合层析分离纯化 mRNA 的理论基础就在于此。

mRNA 的分离方法较多,其中以寡聚(dT)纤维素柱层析法最为有效,已成为分离纯化 mRNA 的常用方法。此法利用 mRNA 3′末端含有 Poly(A)$^+$的特点,在 RNA 流经寡聚(dT)纤维素柱时,在高盐缓冲液的作用下,mRNA 被特异的吸附在寡聚(dT)纤维素上,然后逐渐降低盐的浓度进行洗脱,mRNA 被洗脱下来。经过两次寡聚(dT)纤维素柱后,可得到较高纯度的 mRNA。纯化的 mRNA 在 70% 乙醇中 −70℃ 可保存一年以上。

三、材料、器材和试剂

1. 材料

已分离得到的真核生物总 RNA。

2. 器材

高速冷冻离心机,高压灭菌锅,剪刀,试管,橡胶手套,−20℃ 冰箱,−70℃ 冰箱,层析柱,紫外分光光度计。

3. 试剂

(1) 3mol/L 醋酸钠(pH=5.2)。
(2) 0.1mol/L NaOH。
(3) DEPC − H_2O。
(4) 1×上样缓冲液:20 mmol/L Tris − HCl(pH=7.6),0.5mol/L NaCl,1mol/L EDTA(pH=8.0),0.1% SDS。

先配制 Tris − HCl(pH=7.6)、NaCl、EDTA(pH=8.0)的母液,经高压灭菌后按各成分准确含量,混合后再高压灭菌,冷却至 65℃ 时,加入在 65℃ 预热的 10% SDS 至其终浓度达到 0.1%。

(5) 洗脱缓冲液:10 mmol/L Tris − HCl(pH=7.6),1 mmol/L EDTA(pH=8.0),0.05% SDS。

(6)70%乙醇：用DEPC-H_2O配制70%乙醇（用高温灭菌的器皿配制），然后装入高温烘烤过的玻璃瓶中，存放于低温冰箱。

(7)无RNA酶灭菌水：用高温烘烤过的玻璃瓶(180℃,2h)盛装蒸馏水，然后加入体积分数为0.1%的DEPC,处理过夜后高压灭菌。

(8)寡聚(dT)纤维素。

(9)无水乙醇。

四、实验步骤

(1)将0.5～1.0g寡聚(dT)纤维素悬浮于0.1mol/L NaOH溶液中。

(2)将悬浮液装入已用DEPC处理的灭菌层析柱中，用3倍柱床体积的DEPC-H_2O洗柱。

(3)使用1×上样缓冲液洗柱，直至洗出液pH值小于8.0。

(4)将真核生物的总RNA溶解于DEPC-H_2O中，在65℃中保温10min，冷却至室温后加入等体积1×上样缓冲液，混匀后上样，用灭菌试管收集流出液。当RNA样品液全部进入柱床后，再用1×上样缓冲液洗柱，继续收集流出液。

(5)用5～10倍柱床体积的1×上样缓冲液洗柱，每个试管1mL进行收集洗脱液，OD_{260}测定RNA含量。前部分收集管中流出液的OD_{260}值很高，其内含物为无Poly(A)尾的RNA；后部分收集管中流出液的OD_{260}值很低或无吸收。

(6)用2～3倍柱体积的洗脱缓冲液洗脱Poly(A)$^+$ RNA,分部收集，每部分为1/3～1/2柱体积。

(7)OD_{260}测定Poly(A)$^+$ RNA分布，合并含Poly(A)$^+$ RNA收集管中的液体，加入1/10体积的3mol/L NaAc(pH=5.2)、2倍体积的预冷无水乙醇，混匀，-20℃放置30min。

(8)在4℃离心，10 000r/min 15min，弃去上清液。用70%乙醇洗涤沉淀。4℃离心，10 000r/min 5min。

(9)弃去上清液，在室温放置10min。

(10)用少量无RNA酶灭菌水溶解沉淀，即得到mRNA溶液，可用于cDNA合成。也可用DEPC-H_2O配制70%乙醇悬浮溶解沉淀。贮存于-70℃冰箱。

五、注意事项

(1)整个实验过程中必须防止RNase的污染。

(2)层析结束后，寡聚(dT)纤维素可用0.3mol/L NaOH漂洗，然后用1×上样缓冲液平衡，并加入0.02%叠氮钠(NaN_3)，在4～10℃冰箱中保存，可重复使用。

思考题

(1)实验过程中如何控制RNase的污染？

(2)得到的mRNA可以用来开展哪些生物化学与分子生物学的实验？

实验二十三　分光光度法测定丙酮酸的含量

一、目　的

(1)了解植物组织中丙酮酸含量测定的原理。
(2)熟悉利用分光光度法测定丙酮酸的操作方法。

二、原　理

植物样品的组织液用三氯乙酸去除蛋白质后,其中所含的丙酮酸可与2,4-二硝基苯肼作用,生成丙酮酸-2,4-二硝基苯腙,后者在碱性溶液中呈樱红色,其颜色深度可用分光光度计测量。与已知丙酮酸标准曲线进行比较,即可求得样品中丙酮酸的含量。

三、材料、器材和试剂

1. 材料

大蒜、大葱或洋葱,石英砂。

2. 器材

分光光度计,具塞刻度试管,研钵,容量瓶,吸量管,量筒,分析天平,离心机,剪刀,离心管。

3. 试剂

(1)8%三氯乙酸溶液。
(2)1.5mol/L NaOH 溶液。
(3)0.1% 2,4-二硝基苯肼(用2mol/L盐酸配制)溶液。
(4)丙酮酸钠。

四、实验步骤

1. 丙酮酸标准曲线的制作

称取丙酮酸钠7.5mg于烧杯中,用8%三氯乙酸溶液溶解后转移至100mL容量瓶,并用8%三氯乙酸溶液定容,此溶液为60μg/mL的丙酮酸原液。取6支试管,按表12-20数据配制不同浓度的丙酮酸标准溶液。

表12-20　不同浓度丙酮酸标准溶液的配制

试剂＼试管号	1	2	3	4	5	6
丙酮酸原液(mL)	0	0.6	1.2	1.8	2.4	3.0
8%三氯乙酸溶液(mL)	3.0	2.4	1.8	1.2	0.6	0
丙酮酸浓度(μg/mL)	0	12.0	24.0	36.0	48.0	60.0

在上述各管中分别加入 1.0mL 0.1% 2,4-二硝基苯肼溶液,摇匀,再加入 5mL 1.5mol/L NaOH 溶液,摇匀显色,在 520nm 波长下测定吸光度值,绘制标准曲线。

2. 植物样品组织液的提取

称取植物样品(大蒜、大葱或洋葱)5g,于研钵中加少许石英砂及少量 8% 三氯乙酸溶液,仔细研成匀浆,再用 8% 三氯乙酸溶液洗涤后转移至 100mL 容量瓶中,定容至刻度,塞紧瓶塞,振荡混匀,取约 10mL 匀浆液 4000r/min 离心 10min,上清液备用。

3. 组织液中丙酮酸的测定

取 3mL 上清液加入到一个刻度试管中,加 1.0mL 0.1% 2,4-二硝基苯肼溶液,摇匀,再加 5mL 1.5mol/L NaOH 溶液,摇匀显色,在 520nm 波长下测定吸光度值,记录数值,在标准曲线上查得溶液中丙酮酸的含量。

$$样品中丙酮酸含量(mg/g) = \frac{A \times f}{m \times 1000}$$

式中:A 为在标准曲线上查得的丙酮酸质量(μg);f 为稀释倍数;m 为样品质量(g)。

(1)测定丙酮酸含量的基本原理是什么?

(2)本实验出现的误差如何分析?

实验二十四　糖酵解中间产物的鉴定

一、目的

(1)熟悉糖酵解的过程。
(2)掌握鉴定糖酵解中间产物的方法。

二、原理

利用碘乙酸对糖酵解过程中3-磷酸甘油醛脱氢酶的抑制作用,使3-磷酸甘油醛不再继续反应而积累。硫酸肼作为稳定剂,用来保护3-磷酸甘油醛使其不能自发分解。然后用2,4-二硝基苯肼与3-磷酸甘油醛在碱性条件下形成2,4-二硝基苯肼-丙糖的棕色复合物,其棕色程度与3-磷酸甘油醛的含量成正比。

三、材料、器材和试剂

1. 材料

新鲜酵母。

2. 器材

试管,吸量管,恒温水浴锅,烧杯,分析天平,移液管,洗耳球。

3. 试剂

(1)2,4-二硝基苯肼溶液:取 0.1g 2,4-二硝基苯肼,溶于 100mL 2mol/L 盐酸中,贮于棕色瓶中备用。

(2)0.56mol/L 硫酸肼溶液:称取 7.28g 硫酸肼,溶于 50mL 水中,这时不会全部溶解,当加入 NaOH 使 pH 值达到 7.4 时,则完全溶解。

(3)5% 葡萄糖溶液。

(4)10% 三氯乙酸溶液。

(5)0.75mol/L NaOH 溶液。

(6)0.002mol/L 碘乙酸溶液。

四、实验步骤

(1)取小烧杯 3 个,分别加入新鲜酵母 0.3g,并按表 12-21 分别加入各试剂,混匀。

(2)将各杯混合物分别倒入编号相同的发酵管内,于 37℃ 保温 1.5h,观察发酵管产生气泡的量有何不同。

(3)把发酵管中发酵液倒入同号小烧杯中,并在 2 号和 3 号烧杯中按表 12-22 补加各试剂,摇匀,放 10min 后和 1 号烧杯中内容物一起分别过滤,取滤液进行测定。

(4)取 3 支试管,分别加入上述滤液 0.5mL,按表 12-23 加入试剂并处理。
观察各管颜色的变化,并对实验结果进行分析。

表 12-21 初始试剂加入量

烧杯号	5%葡萄糖溶液(mL)	10%三氯乙酸溶液(mL)	0.002mol/L 碘乙酸溶液(mL)	0.56mol/L 硫酸肼溶液(mL)	发酵时起泡多少
1	10	2	1	1	
2	10	—	1	1	
3	10	—	—	—	

表 12-22 试剂补加量

烧杯号	10%三氯乙酸溶液(mL)	0.002mol/L 碘乙酸溶液(mL)	0.56mol/L 硫酸肼溶液(mL)
2	2	—	—
3	2	1	1

表 12-23 实验结果记录

试管号	滤液(mL)	0.75mol/L NaOH溶液(mL)	条件	2,4-二硝基苯肼溶液(mL)	条件	0.75mol/L NaOH溶液(mL)	观察结果
1	0.5	0.5	室温放置10min	0.5	38℃水浴保温19min	3.5	
2	0.5	0.5		0.5		3.5	
3	0.5	0.5		0.5		3.5	

思考题

(1) 实验中哪一支发酵管生成的气泡最多？为什么会出现这种现象？

(2) 哪一支管最后生成的颜色最深？为什么？

实验二十五　脂肪酸的 β-氧化作用

一、目的

(1) 了解脂肪酸的 β-氧化作用。
(2) 掌握测定 β-氧化作用的方法及其原理。

二、原理

在肝脏中,脂肪酸经 β-氧化作用生成乙酰辅酶 A,绝大多数通过三羧酸循环(TCA)彻底氧化成 CO_2 和 H_2O,一部分乙酰辅酶 A 缩合生成乙酰乙酸。乙酰乙酸可脱羧生成丙酮,也可还原生成 β-羟丁酸。乙酰乙酸、β-羟丁酸和丙酮总称为酮体。肝脏是生成酮体的器官,但肝脏缺乏利用酮体的酶,因此不能利用酮体。酮体生成后进入血液,输送到肝外组织,再进一步分解成乙酰 CoA 参与三羧酸循环。在正常情况下,其产量甚微;饥饿时血中酮体浓度增高。酮体过多会导致中毒,要避免酮体过多产生,就必须充分保证糖的供给。

本实验用新鲜肝糜与丁酸保温,生成的丙酮在碱性条件下,与碘生成碘仿。反应式如下:

$$2NaOH + I_2 \longrightarrow NaOI + H_2O + NaI$$

$$CH_3COCH_3 + 3NaOI \longrightarrow CHI_3 + CH_3COONa + 2NaOH$$

剩余的碘可用标准硫代硫酸钠溶液滴定。

$$NaOI + NaI + 2HCl \longrightarrow I_2 + 2NaCl + H_2O$$

$$I_2 + 2Na_2S_2O_3 \longrightarrow Na_2S_4O_6 + 2NaI$$

根据滴定样品与滴定对照所消耗的硫代硫酸钠溶液体积之差,可以计算由丁酸氧化生成丙酮的量。

三、材料、器材和试剂

1. 材料

新鲜兔肝。

2. 器材

恒温水浴锅,微量滴定管,吸管,剪刀,镊子,锥形瓶,漏斗,试管,试管架,研钵,分析天平,滤纸,锥形瓶,玻璃皿,移液管,洗耳球。

3. 试剂

(1) 0.5% 淀粉溶液。
(2) 15% 三氯乙酸溶液。
(3) 10% 盐酸溶液。
(4) 0.2mol/L 丁酸溶液:取 18mL 正丁酸,用 1mol/L 氢氧化钠溶液中和至 pH 值为 7.6,并稀释至 1000mL。

(5)10%氢氧化钠溶液。

(6)0.1mol/L碘液:称取12.7g碘和25g碘化钾,溶于水中,定容至1000mL,混匀后用标准0.1mol/L硫代硫酸钠溶液标定。

(7)标准0.1mol/L硫代硫酸钠溶液。

(8)1/15mol/L磷酸缓冲液(pH=7.6):86.8mL 1/15mol/L磷酸氢二钠加13.2mL 1/15mol/L磷酸二氢钠。

(9)Locke氏溶液:取0.9g氯化钠、0.042g氯化钾、0.024g氯化钙、0.015g碳酸氢钠及0.1g葡萄糖,溶于水中,稀释至100mL。

四、实验步骤

1. 肝糜制备

取家兔一只,处死后迅速放血,取出肝脏,在玻璃皿上剪成碎糜。

2. 保温反应

取2个50mL锥形瓶,编号1、2,各加入6mL Locke氏溶液和4mL 1/15mol/L的磷酸缓冲液。向1号锥形瓶中加入6mL 0.2mol/L丁酸溶液,2号锥形瓶作为对照不加丁酸。称取肝糜两份,每份2g,分别加入到1、2号锥形瓶中,混匀后37℃恒温水浴保温。

3. 沉淀蛋白

保温1.5~2h后,取出1、2号锥形瓶,各加入4mL 15%的三氯乙酸,在2号锥形瓶中再加6mL 0.2mol/L丁酸溶液。混匀,静置15min后过滤。将滤液收集在两支试管中。

4. 酮体的测定

分别吸取两种滤液5mL,对应加入到另外两个锥形瓶中(编号为3、4),再加5mL 0.1mol/L碘液和5mL 10%氢氧化钠溶液,摇匀后静置10min。然后各加入5mL 10%盐酸中和,最后用0.1mol/L标准硫代硫酸钠溶液滴定剩余的碘,滴至浅黄色时,加入3滴0.5%淀粉溶液作指示剂,摇匀后继续滴加直至蓝色消失为止。记录滴定样品与对照所消耗的硫代硫酸钠溶液的体积。

五、结果计算

$$丙酮含量(mg/g)=(A-B)\times 0.9667\times 20/5\div 2$$

式中:A为滴定对照所消耗的0.1mol/L硫代硫酸钠溶液的体积(mL);B为滴定样品所消耗的0.1mol/L硫代硫酸钠溶液的体积(mL);0.9667为1mL 0.1mol/L标准硫代硫酸钠溶液所相当的丙酮的质量(mg);20/5表示20mL样品液中取5mL用于实验;2为肝脏样品质量(g)。

(1)机体在什么情况下会出现酮体代谢失调?如何检测和预防?

(2)为什么说做好本实验的关键是制备新鲜的肝糜?

实验二十六　植物体内的转氨基作用

一、目的

(1) 了解转氨基作用的特点。
(2) 掌握纸层析的操作方法。

二、原理

植物体内通过转氨酶的作用，α-氨基酸上氨基可转移到α-酮酸原来酮基的位置上，结果形成一种新的α-酮酸和一种新的α-氨基酸，所生成的氨基酸可用纸层析法检出。

三、材料、器材和试剂

1. 材料

绿豆芽的子叶及胚轴。

2. 器材

研钵，量筒，离心机，试管，移液管，恒温培养箱，漏斗，层析缸，层析滤纸，毛细管，吹风机，离心管，恒温水浴锅，洗耳球。

3. 试剂

(1) 0.1mol/L 丙氨酸溶液。
(2) 0.1mol/L α-酮戊二酸溶液(用 NaOH 中和至 pH 值为 7.0)。
(3) 含有 0.4mol/L 蔗糖的 0.1mol/L 磷酸缓冲液(pH=8.0)，磷酸缓冲液(pH=7.5)。
(4) 0.1mol/L 谷氨酸溶液。
(5) 30% 三氯乙酸。
(6) 展层溶剂。
V(正丁醇)∶V(冰醋酸)∶V(水)=4∶1∶3。将正丁醇 100mL 与冰醋酸和醋酸共 25mL 放入 250mL 分液漏斗中，与 75mL 水混合，充分振荡，静止后分层，放出下层水层，漏斗内的剩余液体即为展层试剂。
(7) 显色剂：0.1% 茚三酮-正丁醇溶液 50~100mL。

四、实验步骤

1. 酶液的提取

取发芽 2~3 天的绿豆芽 5g，放入研钵中，加 2mL 磷酸缓冲液(pH=8.0)研磨成匀浆，转入离心管。研钵再加入 1mL 该缓冲溶液冲洗，然后倒入离心管中，以 3000r/min 离心 10min，取上清液备用。

2. 酶促反应

取 3 支试管编号，按表 12-24 分别加入试剂和酶液。

表 12-24 转氨酶酶促反应　　　　　　　单位：mL

管号	0.1mol/L α-酮戊二酸溶液	0.1mol/L 丙氨酸溶液	酶液	磷酸缓冲液（pH=7.5）
1	0.5	0.5	0.5	1.5
2	0.5	—	0.5	2.0
3	—	0.5	0.5	2.0

将试管摇匀后置于恒温培养箱中 37℃ 保温 30min。取出后各加 3 滴 30% 三氯乙酸溶液终止酶反应，于沸水浴中加热 10min，使蛋白质完全沉淀，冷却后离心，取上清液备用。

3. 纸层析

取层析滤纸一张，在距底线 1.5cm 处用铅笔画一直线，在线上等距离确定 5 个点，作为点样位置，相邻各点间距 1.5 cm。取上述上清液及谷氨酸、丙氨酸标准液分别点样，样品液点 4～5 滴，标准液点 2 滴。每点一次用吹风机吹干后再点下一次。最后沿垂直于基线的方向将滤纸卷成圆筒，以线缝合，注意纸边不能叠在一起或接触（图 12-6）。

在层析缸中放入展层试剂，将滤纸筒垂直放入，进行展层实验，待展层试剂前沿上升高度达到 15cm 后取出，用铅笔标出前沿位置。吹风机吹干，剪断缝线，以 0.1% 茚三酮-正丁醇溶液喷雾，用吹风机烘干后显色。

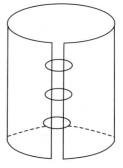

图 12-6　纸层析时滤纸的圆筒状示意图

五、结果观察与分析

观察实验结果，比较参与转氨基反应的氨基酸与标准氨基酸迁移率的差异，确定氨基酸的种类，绘制纸层析结果示意图。

(1) 在实验过程中转氨酶的活性是否会受到影响？为什么？

(2) 转氨基作用在植物和动物组织中哪一个更显著？为什么？

第十三章　分子生物学实验

实验二十七　PCR(聚合酶链式反应)技术扩增目的基因片段

一、目的

(1)学习 PCR 反应的基本原理。
(2)了解引物设计的要求。
(3)熟悉 PCR 热循环仪的操作方法。

二、原理

聚合酶链式反应(polymerase chain reaction,简称 PCR)是一种体外酶促合成特异 DNA 片段的方法,其原理与 DNA 的变性和复制过程相似。在微量模板 DNA、引物、4 种脱氧核苷酸(dNTP)、耐热 DNA 聚合酶(*Taq*)和 Mg^{2+} 等反应物质的组成下,经高温变性、低温退火和适温延伸 3 步反应组成一个循环周期,通过多次循环过程使目的 DNA 迅速扩增。

具体为在高温(93～95℃)下,待扩增的靶 DNA 双链受热变性成为两条单链 DNA 模板。然后在低温(37～65℃)下,两条人工合成的寡核苷酸引物与互补的单链 DNA 模板结合,形成部分双链。然后在 *Taq* 酶的最适温度(72℃)下,以引物 3′端为合成的起点,以单核苷酸为原料,沿模板以 5′—3′方向延伸,复制互补合成 DNA 新链。这样,每一个双链的 DNA 模板,经过一次循环后就成了两条双链 DNA 分子。每一次循环所产生的 DNA 均能成为下一次循环的模板,使两条人工合成的引物间的 DNA 特异区拷贝数扩增一倍,PCR 产物得以 2^n 的指数形式迅速扩增,经过 25～30 个循环后,DNA 可以扩增 $10^6 \sim 10^7$ 倍。

本实验利用已设计的特异引物对提取的植物、动物或微生物的基因组 DNA 进行 PCR 扩增。

三、材料、器材和试剂

1. 材料

已提取得到的植物、动物或微生物的基因组 DNA。

2. 器材

PCR 热循环仪,高压灭菌锅,0.2mL 离心管,移液器,移液枪头,超净工作台,微量离心机,冰箱。

3. 试剂

(1)10×PCR 缓冲液。

(2) 25 mmol/L Mg^{2+}。
(3) 10 mmol/L dNTPs。
(4) *Taq* DNA 聚合酶。
(5) 5 μmol/L 引物 1。
(6) 5 μmol/L 引物 2。

四、实验步骤

1. 配制 PCR 反应体系

PCR 反应体系包括 DNA 模板、引物、*Taq* DNA 聚合酶、dNTPs、Mg^{2+} 和含有必需离子的反应缓冲液。

取两个 0.2mL 离心管,在管 1(对照管)中按序加入下列试剂,配制无模板 DNA 混合反应液,体积不足部分以灭菌双蒸水补足;管 2(反应管)中所加试剂除了 DNA 模板外,其余均与管 1 中的试剂相同,总体积为 25μL(表 13-1)。手指轻弹管底混匀溶液,在离心机中快速离心数秒,使溶液集中于底部后进行 PCR 反应。

这个 PCR 反应体系可以根据实验结果进行调整和优化。

表 13-1 PCR 反应体系

反应物	管1(对照管)(μL)	管2(反应管)(μL)
10×PCR 缓冲液	2.5	2.5
25mmol/L Mg^{2+}	2.5	2.5
10mmol/L dNTPs	1.0	1.0
5μmol/L 引物 1	1.5	1.5
5μmol/L 引物 2	1.5	1.5
Taq DNA 聚合酶(5U/μL)	0.2	0.2
DNA 模板	—	2.0
双蒸水	15.8	13.8

2. 设置 PCR 扩增程序

(1) 94℃预变性 5min。
(2) 94℃变性 45s。
(3) 52℃退火 45s。
(4) 72℃延伸 1min。
(5) 重复步骤(2)~(4)30 次。
(6) 72℃延伸 10min。

把装有 PCR 反应体系的 0.2mL 离心管(PCR 管)放入 PCR 仪中,设置 PCR 扩增程序,然后保存这个程序并运行。一般完成一次 PCR 反应需要 2~3h,PCR 完成后取出 PCR 管,放入 -20℃ 冰箱保存。

PCR 程序也可以根据实验结果进行优化,如调整变性时间,改变退火温度等。

思考题

(1) PCR 的反应体系需要哪些物质?各有何作用?
(2) PCR 程序每一步的作用是什么?

实验二十八　DNA 琼脂糖凝胶电泳

一、目的

(1)熟悉琼脂糖凝胶的制备方法。
(2)掌握琼脂糖凝胶电泳分离 DNA 的原理与操作方法。

二、原理

凝胶电泳是分离与测定生物大分子的一项重要技术,琼脂糖凝胶电泳或聚丙烯酰胺凝胶电泳是分离鉴定及纯化 DNA 片段的标准方法。该技术操作简单、快速,可以分辨出其他方法不能分辨的 DNA 片段。DNA 溶液在 pH 值为 8.0 时带负电,在电泳电场中向正极移动,用聚丙烯酰胺分离小片段 DNA(5～1000bp)效果最好,其分辨力极高,相差 1bp 的 DNA 片段都能分开。琼脂糖凝胶的分辨能力虽低,但其分离的范围较广,可以分离长度为 200～50 000bp 的DNA。本实验采用的是琼脂糖凝胶电泳,它常用于按分子量大小分离 DNA 片段的情况,小片段比大片段迁移快,在不同浓度的凝胶上,DNA 片段迁移的速度也不相同,凝胶浓度越大,凝胶的纤维网孔越密,就越能有效地分离不同分子量的分子,尤其是分离小分子质量的分子。利用溴酚蓝指示剂可以判断电泳迁移距离,电泳时间不能过长,否则迁移速度快的小分子量的DNA 片段会跑到缓冲液中去。

观察琼脂糖凝胶中的 DNA 片段最简便的方法是利用荧光染料溴化乙锭进行染色,溴化乙锭可以嵌入 DNA 的堆积碱基上,从而与 DNA 结合,并呈现荧光,显示出不同分子量的DNA 带图谱,用已知大小的标准样品(DNA Marker)与未知片段的迁移距离相比较,就可以决定未知 DNA 分子量的大小。

三、材料、器材和试剂

1. 材料

真核生物总 DNA 或 PCR 扩增的 DNA 片段。

2. 器材

电泳仪,水平电泳槽,移液器,烧杯,凝胶成像系统,移液枪头,微波炉,分析天平。

3. 试剂

(1)5×TBE 缓冲液(5 倍的 Tris-硼酸-EDTA 缓冲液)。

称取 27g Tris 和 13.75g 硼酸置于盛有适量蒸馏水的烧杯中,再加入 10mL 0.5mol/L EDTA 缓冲液(pH 值为 8.0),转移至 500mL 的容量瓶中,洗涤烧杯 2～3 次,也转移至容量瓶,加水定容至刻度,摇匀即可,使用时,要用蒸馏水稀释 10 倍(0.5×TBE)。

(2)琼脂糖。

(3)10mg/mL 溴化乙锭(EB)。

(4)DNA Marker。

(5)上样缓冲液:2.5×10^{-3}g/L 溴酚蓝与 0.4g/L 蔗糖溶液按照体积比 1∶5 混合。

四、实验步骤

(一) 琼脂糖凝胶板的制备

1. 琼脂糖凝胶的制备

称取 0.3g 琼脂糖于 100mL 烧杯中,加入 30mL 0.5×TBE 缓冲液,在微波炉中加热,待完全融化后放置室温冷却至 60℃左右。加入 3μL 溴化乙锭(10mg/mL),混匀。

2. 凝胶板的制备

将上述冷却至 60℃左右的琼脂糖凝胶溶液倒入水平放置的制胶模具(图 13-1)中,控制灌胶速度,使胶缓慢地展开,直到整个有机玻璃板表面形成均匀的凝胶层,凝胶厚度一般为 0.3~0.5cm,放上样品梳。待胶凝固后取出样品梳,将胶板放入电泳槽中,胶面应浸没在 TBE 电泳缓冲液液面以下 2~3mm。

(二) 加样

取 5μL 真核生物总 DNA 或 PCR 扩增的 DNA 片段溶液于点样板上,再加入 2μL 上样缓冲液,混匀后,加入到样品槽中,并做好记录,另选择一个样品槽加入 DNA Marker(已加入上样缓冲液)5μL。

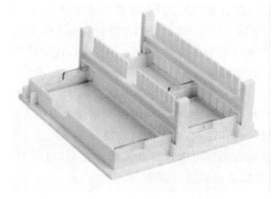

图 13-1 琼脂糖凝胶制胶模具

(三) 电泳

加样完毕后将靠近样品槽一端连接负极,另一端连接正极,接通电源,开始电泳,电场强度不高于 5V/cm。当溴酚蓝指示剂条带移动到距离凝胶前沿 1cm 时,停止电泳。

(四) 结果观察与保存

将凝胶放入凝胶成像系统中,在波长为 254nm 的紫外灯下进行观察并拍照保存结果。估算样品 DNA 的分子量,并对电泳结果进行分析。

五、注意事项

溴化乙锭(EB)是强诱变剂并有中等毒性,配制和使用时都应戴手套,并且不要把 EB 洒到桌面或地面上。凡是沾污了 EB 的容器或物品必须经专门处理后才能清洗或丢弃。

(1) 琼脂糖凝胶电泳中 DNA 分子迁移率受哪些因素的影响?

(2) 除了溴化乙锭外,还有哪些替代的荧光染料?

实验二十九 大肠杆菌感受态细胞的制备

一、目 的

(1) 了解大肠杆菌感受态细胞制备的原理。
(2) 掌握制备大肠杆菌感受态细胞的方法。

二、原 理

所谓的感受态,即指受体(或者宿主)最易接受外源 DNA 片段并实现其转化的一种生理状态,它是由受体菌的遗传性状所决定的,同时也受菌龄、外界环境因子的影响。细胞的感受态一般出现在对数生长期,新鲜幼嫩的细胞是制备感受态细胞和进行成功转化的关键。

受体细胞经过氯化钙($CaCl_2$)的处理后,细胞膜的通透性发生变化,可使外源 DNA 载体分子进入,称之为感受态细胞。感受态细胞通过热休克处理可将载体 DNA 分子导入受体细胞。

除了用氯化钙方法制备感受态细胞外,还有 Hanahan 方法、Inoue 方法和电转化方法等。可根据实验需要及不同的菌种来选择合适的方法。

本实验是采用氯化钙方法来制备大肠杆菌感受态细胞。

三、材料、器材和试剂

1. 材料

大肠杆菌 DH5α。

2. 器材

锥形瓶,接种环,培养皿,生化培养箱,振荡培养箱,可见-紫外分光光度计,离心机,离心管,−70℃冰箱,移液器,超净工作台,灭菌牙签,酒精灯,移液枪头。

3. 试剂

(1) 250 mmol/L KCl 溶液:在 100mL 双蒸水中溶解 1.86g KCl 配制成 250 mmol/L KCl 溶液。

(2) 5mol/L NaOH 溶液。

(3) 2mol/L $MgCl_2$ 溶液:称取 19g $MgCl_2$ 加入到 90mL 双蒸水中,搅拌均匀后,再加水至 100mL,然后高压灭菌 25min。

(4) SOB 培养基。

称取胰蛋白胨 20g,酵母抽提物 5g,NaCl 0.5g,加入 800mL 蒸馏水。然后加入 250 mmol/L KCl 溶液 10mL,用 5mol/L NaOH(约 0.2mL)调节溶液的 pH 值至 7.0。最后加入双蒸水至总体积为 1000mL,高压蒸气灭菌 25min。该溶液在使用前加入 5mL 已灭菌的 2mol/L $MgCl_2$ 溶液。

(5) 0.1mol/L $CaCl_2$ 溶液。

(6) 甘油。

(7)LB 固体培养基。

配 100mL LB 固体培养基:称取 2.5g LB Powder(含有酵母抽提物、氯化钠等),1.5g 琼脂,加入 100mL 双蒸水,溶解后,高压灭菌 25min。

(8)LB 液体培养基。

(9)氨苄青霉素(Amp)。

四、实验步骤

(一)制备感受态细胞

(1)将大肠杆菌 DH5α 菌株在 LB 固体培养基平板上画线,37℃培养过夜,获得合适的克隆。

(2)挑单克隆至 2mL SOB 培养基中,37℃振荡过夜培养。

(3)在 250mL 锥形瓶中加入 25mL SOB 培养基,随后取过夜培养的菌液 0.5mL 接种其中,37℃振荡培养 2~2.5h,当 A_{600} 在 0.4~0.6 之间时,停止振荡,取出锥形瓶在冰上放置 10min。

(4)将菌液转移到 50mL 离心管中,4000r/min 离心 10min,弃去上清液。让沉淀物尽可能地在空气中干燥。

(5)加入 8mL 预冷的 0.1mol/L $CaCl_2$,用移液器吹打重悬沉淀,冰浴中静置 15min。

(6)在 4℃下,4000r/min 离心 10min,收集菌体,弃去上清液。

(7)加 2mL 预冷的 0.1mol/L $CaCl_2$ 悬浮菌体,制备好的感受态细胞悬液可在冰上放置,24h 内直接用于转化实验,也可加等体积 20% 灭菌甘油,混匀后分装于 0.5mL 离心管中,每管 100~200μL 感受态细胞悬液,置于 −70℃ 冰箱中,可保存 6~12 个月。

(二)质粒 DNA 的转化

(1)取一个装有感受态细胞的离心管(100μL),取两个已灭菌的 1.5mL 离心管,分别标记为样品管与对照管,然后分别加入 20μL 感受态细胞,样品管中加入质粒 DNA 5μL,对照管中加入灭菌双蒸水 5μL,混匀,冰浴中静置 20min。

(2)42℃热激 90s。

(3)迅速放入冰水中冷却 15min。

(4)在超净工作台中,每管加入 1mL LB 液体培养基(不含 Amp),混匀,37℃振荡培养 1h。

(5)4000r/min 离心 1min,留 100μL 液体重悬沉淀。

(6)将菌液用移液器吸取到装有 LB 固体培养基的平板上(含有 Amp),用涂布棒涂均匀。

(7)将平板倒置放在生化培养箱中,37℃放置 16~24h。

(三)感受态细胞效率的检测

观察已转化质粒与未转化质粒(对照)的大肠杆菌在含有 Amp 的 LB 固体培养基平板上的生长情况。对菌体计数后,分析感受态细胞的转化效率。

五、注意事项

(1)实验中所用的器皿均要灭菌,以防止杂菌的污染。

(2)实验过程中要注意无菌操作,溶液移取、分装等均应在超净工作台上进行。

(3)应收获对数生长期的细胞用于制备感受态,OD_{600}尽量控制在0.4~0.6。

(4)热激很关键,温度要准确,时间要合适。

(5)制备感受态细胞所用试剂如$CaCl_2$等的质量要好。

思考题

(1)如果感受态细胞的转化效率不高,可能的原因有哪些?

(2)为什么感受态细胞通常存放在-70℃冰箱中,而不存放在-20℃冰箱中?

实验三十　PCR 产物的纯化

一、目的

熟悉和掌握 PCR 产物电泳与纯化的操作方法。

二、原理

在 PCR 过程中,部分引物和 dNTPs 在 *Taq* DNA 酶等因子的作用下以 DNA 模板为指导合成新的 DNA 分子,当然还有一部分的引物和 dNTPs 没有完成所期望的任务,以小分子的形式存在于 PCR 产物混合液中,为了后续分子克隆的工作能够顺利进行,PCR 产物就需要进行纯化,以去除 PCR 产物混合液当中残留的 *Taq* 酶、Mg^{2+}、引物、dNTPs 及缓冲液中的小分子。

通过电泳将所需要的 PCR 产物和其他分子分离开来,经过 EB 染色后,在紫外灯激发显色,把目标条带从凝胶中切出来,然后通过相应的缓冲液将其溶解,经异丙醇(乙醇)作用使得 DNA 分子沉淀,再通过在高速离心让沉淀的 DNA 分子结合(binding)在滤膜上,最后用洗脱缓冲液(elution buffer)将其从滤膜上洗脱下来就得到了纯化的 PCR 产物。

三、材料、器材和试剂

1. 材料

有目标 DNA 条带的 PCR 扩增产物。

2. 器材

离心机,离心管,移液器,移液枪头,恒温水浴锅,手术刀片,紫外凝胶观察仪,防紫外线眼镜,橡胶手套,分析天平,塑料密封盒,离心管架,水平电泳槽,微波炉,烧杯,带有层析滤膜的离心管(QIA quick spin column)。

3. 试剂

(1) 胶回收试剂盒(QIAGEN)。
(2) 异丙醇。
(3) 琼脂糖。
(4) 6×上样缓冲液(loading buffer)。
(5) 1×TAE 电泳缓冲液。
(6) 10mg/mL 溴化乙锭(EB)。
(7) DNA Marker。

四、实验步骤

(一)琼脂糖凝胶电泳

1. 制胶

准备好制胶模具,称取 1.5g 琼脂糖,倒入烧杯中,再加入 100mL 1×TAE 电泳缓冲液,然后把烧杯放入微波炉中,中火 4~5min,待琼脂糖完全熔化后,取出烧杯(取时要戴微波炉手套,以免被烫伤),室温放置 5min,将烧杯中的凝胶液缓缓倒入制胶模具中,插上样品梳,室温静置 20~30min。

2. 点样

将凝固好的琼脂糖凝胶,放入加有电泳缓冲液的水平电泳槽中,取出样品梳。然后加入 15~20μL 有目标 DNA 条带的 PCR 扩增产物和 3μL 6× 上样缓冲液(loading buffer)进行混合后,把混合溶液加入凝胶的样品槽中,在合适的样品槽中加入 5μL DNA Marker(已加入上样缓冲液)。

3. 电泳

盖好电泳槽盖后,接通电源,100V 电泳 1.5h 左右(在凝胶中只有一排样品槽的情况)。

4. 凝胶染色

电泳完毕后,取出凝胶,放入装有 10mg/mL 溴化乙锭溶液的密封盒中,染色 25min。

(二)PCR 产物纯化

在紫外观测仪上查看电泳结果,找出含有目标 DNA 条带的 PCR 扩增产物进行纯化。以 QIAGEN 公司的胶回收试剂盒为例,具体步骤如下:

(1)在 2.0mL 的离心管壁写上准备纯化的 PCR 产物的相关信息,并称重。

(2)用刀片切下含目标 DNA 片段的胶块,切的尽可能小一些,把所得胶块放入已称重的 2.0mL 离心管中。

(3)称量装有胶块的离心管重量,计算出胶块的重量。

(4)加入 3 倍体积的 QG buffer 到离心管中(100mg 凝胶相当于 100μL 的 QG buffer)。

(5)将含有胶块的离心管放入 50℃ 水浴中,温育 10min,至胶块完全融化,为促进融化,每 2~3min 振荡离心管一次。

(6)胶块完全融化后,从水浴锅中取出离心管,然后向离心管中加入 1 倍凝胶体积的异丙醇,混匀。

(7)将溶液转移入 QIA quick spin column 中,室温放置 2min,12 000r/min 离心 1min。

(8)弃去收集管中的液体,加入 750μL PE buffer,静置 2~5min,12 000r/min 离心 1min。

(9)弃去收集管中的液体,12 000r/min 离心 1min(空载离心,除去乙醇)。

(10)把 QIA quick spin column 置于 1 个洁净的 1.5mL 的离心管中;

(11)向硅胶模的中央加入 30μL 的 elution buffer 或去离子水,室温放置 5min,12 000r/min 离心 1min。如想提高洗脱效率,可以将此步获得的洗脱液用移液器吸出后加到硅胶模的中央,再离心洗脱一次。

(12)将洗脱所得溶液置于 -20℃ 中保存。所得到的洗脱液可与克隆载体进行连接,形成重组 DNA 分子后,转化大肠杆菌感受态细胞,经过培养获取克隆子。

五、注意事项

(1)电泳时最好使用新配制的 TAE 电泳缓冲液,以免影响电泳和回收效果。

(2)切胶时要迅速,避免紫外照射时间太长会对 DNA 造成损伤。

(3)凝胶回收 DNA 的效率与初始 DNA 量和洗脱体积有关,初始量越少,洗脱体积越少,回收率越低。

(1)胶回收得到的目标 DNA 溶液,是否需要通过琼脂糖凝胶电泳或紫外分光光度法测定其含量?为什么?

(2)PCR 产物为什么不能直接进行分子克隆实验?

实验三十一　重组 DNA 分子连接及转化

一、目的

(1) 学习 DNA 体外重组技术及转化方法。
(2) 了解蓝白斑实验筛选转化子的原理和方法。

二、原理

当 PCR 扩增使用的是 Taq DNA 聚合酶时，只要在 PCR 扩增程序中增加一步 72℃延伸 5min，就会使扩增的目标 DNA 片段 3′末端增加一个碱基 A(腺嘌呤)，而所选取的 pMD 18 - T 质粒载体两个 3′末端均为 T(胸腺嘧啶)，因此在连接酶的作用下可以借助于碱基互补配对的氢键作用有效地将具有互补末端的外源 DNA 分子与载体分子连接起来(图 13 - 2)。

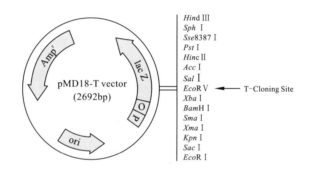

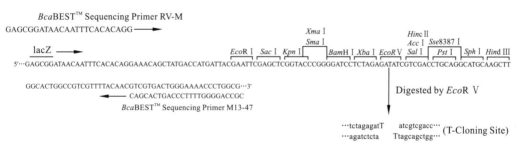

图 13 - 2　pMD18 - T vector 的结构

通过温度刺激使处于感受态的大肠杆菌细胞捕获重组的 DNA 分子，经过一段时间的培养后，使得转入重组 DNA 分子的大肠杆菌细胞能够表达重组载体分子上的 Amp 抗性，然后将菌液涂布在含有氨苄青霉素(Amp)、IPTG 和 X - gal 的 LB 固体培养基上。由于质粒 DNA 上含编码抗 Amp 的基因，因而在加有 Amp 的培养基上一个转化子细胞可以长成一个单菌落。

通过插入失活 lacZ 基因，破坏重组子与宿主之间的 α-互补作用，是许多携带 lacZ 基因载体常用的筛选方式。本实验使用的 pMD18 - T 载体上就包含 lacZ 基因。该 lacZ 基因编码的 α 肽链(β-半乳糖苷酶的 N 端)没有活性，当它与宿主细胞所编码的、同样没有活性的 ω 肽链(β

-半乳糖苷酶的 C 端)结合时,二者的结合物却具有完整的 β-半乳糖苷酶活性,即受体菌编码的、有缺陷的酶片段与质粒上编码的、有缺陷的酶片段之间发生了 α-互补,可分解生色底物 X-gal(5-溴-4-氯-3-吲哚-β-D-半乳糖苷),产生蓝色物质,形成蓝色菌落。如果外源 DNA 片段插入到位于 lacZ 中的多克隆位点后,就破坏了 α 肽链的阅读框,从而使重组子与宿主细胞之间无法形成 α-互补,不能产生具有功能活性的 β-半乳糖苷酶,无法分解 X-gal。因此含有外源 DNA 片段的重组子的细菌在涂有 IPTG(异丙基硫代 β-D-半乳糖苷)和 X-gal 的培养基平板上形成白色菌落。

三、材料、器材和试剂

1. 材料

Taq DNA 聚合酶扩增的 PCR 产物。

2. 器材

冰箱,制冰机,离心机,离心管,振荡培养箱,生化培养箱,超净工作台,培养皿,封口膜,恒温水浴锅,分析天平,涂布棒,移液器,移液器枪头,高压灭菌锅,烧杯,锥形瓶。

3. 试剂

(1)大肠杆菌 DH5α 感受态细胞。

(2)pMD18-T vector 试剂盒(包括 pMD18-T vector、Control insert 和 Solution I)。

(3)LB powder(含有酵母抽提物、氯化钠等)。

(4)琼脂粉。

(5)100mg/mL 氨苄青霉素(Amp)溶液。

(6)500μmol/L IPTG。

(7)20mg/mL X-gal 溶液。

四、实验步骤

(一)培养基的配制

(1)LB 固体培养基的配制:称取 6.25g LB powder,3g 琼脂粉,倒入一个 500mL 的锥形瓶中,加双蒸水 250mL,摇匀后,加瓶塞。

(2)LB 液体培养基的配制:称取 2.5g LB powder,倒入一个 250mL 的锥形瓶中,加双蒸水 100mL,摇匀后,加瓶塞。

(二)实验试剂及器皿的灭菌

将涂布棒、配制的 LB 固体和液体培养基、移液器枪头、离心管、双蒸水、培养皿等包裹好后,放入灭菌锅中,高压灭菌 25min。

(三)倒培养基平板

待灭菌锅压力表显示为 0 后,打开放气阀,排出剩余的水蒸气,然后打开灭菌锅,取出灭菌的物品。当到合适的温度(60℃左右)后,加入 100mg/mL 氨苄青霉素 125μL 到固体培养基

（在此温度下,固体培养基呈液态）,使氨苄青霉素的终浓度达到 $50\mu g/mL$,摇匀后,将培养基倒入已灭菌的培养皿中,每个平板约 15mL,室温放置,待凝固后,4℃保存。

（四）重组 DNA 的连接

具体操作见表 13-2。

表 13-2　重组 DNA 连接反应体系　　　　　单位:μL

试剂	样品管	正对照管	负对照管
pMD18-T vector	0.2	0.2	0.2
Control insert	—	0.2	—
PCR product	2.0	—	—
Solution I	1.0	1.0	1.0
ddH$_2$O	1.8	3.6	3.8
Total	5.0	5.0	5.0

注:正对照主要监测载体的连接效率;负对照用来监测实验操作过程的污染情况。

把离心管中的溶液用移液器混合均匀,离心管口包裹封口膜,4℃静置过夜（16~24h）。

（五）连接产物的转化

(1)每个培养基平板上分别加入 $6.7\mu L$ IPTG 和 $40\mu L$ X-gal,用涂布棒涂布均匀后,待用。

(2)取 1 支装有 $100\mu L$ 感受态细胞的离心管,与装有连接产物的离心管一起放到冰上,待感受态细胞解冻,混合均匀后,每个连接产物离心管加入 $20\mu L$ 感受态细胞,混合均匀,冰上放置 20min,42℃水浴热激 90s,再冰上放置 15min,然后每个离心管中加入 1mL LB 液体培养基（不含氨苄青霉素）,37℃振荡培养 1~1.5h,使受体菌恢复到正常的生长状态。

(3)终止培养后,取出离心管,3500r/min 离心 1min,吸去 $870\mu L$ 上清液,余下的 $150\mu L$ 离心管下层溶液,混匀后吸出涂板。

(4)倒置培养皿,于 37℃恒温培养 16~24h。

五、结果观察与计算

观察平板上菌落生长情况,分析结果,具体情况见下表 13-3。

表 13-3　各实验组在培养皿内菌落生长状况及结果分析

组别	菌落生成情况	结果分析
样品组	白色菌落和少量蓝色菌落	说明有重组质粒导入细胞中（有时还需要酶切进一步鉴定）
正对照组	白色菌落和极少量蓝色菌落	说明插入片段比较纯,并且有少量载体自连
负对照组	少量蓝色菌落或无菌落	有少量载体自连或无载体自连

样品组在含 Amp 培养基中生长的菌落即为转化体,根据此培养皿中的菌落数可计算出转化体总数和转化率,计算公式如下:

$$转化体总数 = 菌落数 \times (转化反应原液总体积/涂板菌液体积)$$
$$插入频率 = 蓝色菌落数/白色菌落数$$
$$转化频率 = 转化体总数/加入质粒 DNA 的量(每微克的转化菌落数)$$

六、注意事项

(1) 实验中凡涉及溶液的移取、分装等需敞开实验器皿的操作,均应在超净工作台中进行,以防污染。

(2) 感受态细胞储存时间过长将导致转化率下降。

(3) 转化菌不宜培养时间过长,以免使其菌落过多而重叠,妨碍计数和单菌落的挑选。

(1) 如果实验的转化率偏低,应从哪些方面分析原因?

(2) 如果在对照组不该长出菌落的培养皿中长出了菌落,该怎样分析这个实验结果?

实验三十二 转化菌落 PCR 检测

一、目的

(1)熟悉和掌握 PCR 的原理与操作方法。
(2)掌握琼脂糖凝胶电泳的操作方法。

二、原理

克隆的成功与否在一定程度上可以从含氨苄青霉素(Amp)的培养基上是否长出菌落以及菌落的颜色作初步判断,但在连接过程中有时会出现连接的错误,从而也能在含氨苄青霉素(Amp)的培养基上长出白色菌斑。因此对克隆后的检测是必要的,可以避免或减少对不需要序列的测序工作,从而减少资源与精力的浪费。

在 pMD 18 - T vector 质粒载体的插入位点两侧分别有一个 M13 - 47 引物结合位点和 RV - M13 引物结合位点,可以根据这两个引物位点对克隆产物进行 M13 引物 PCR 扩增检测,检测是否有片段大小正确的 DNA 序列的插入,进一步筛选正确的克隆产物。

三、材料、器材和试剂

1. 材料

带有克隆子的菌液。

2. 器材

PCR 仪,超净工作台,离心机,移液器,移液枪头,PCR 八联管,离心管架,八联管盒,冰箱,灭菌牙签,电泳仪,水平电泳槽,紫外观察仪。

3. 试剂

(1)灭菌双蒸水。
(2)10mmol/L dNTPs。
(3)10×PCR buffer。
(4)25mmol/L $MgCl_2$。
(5)5U Taq DNA 聚合酶。
(6)10μmol/L M13 F 引物。
(7)10μmol/L M13 R 引物。
(8)LB 液体培养基。
(9)100mg/mL 氨苄青霉素。
(10)琼脂糖。
(11)6×上样缓冲液。
(12)1×TAE 电泳缓冲液。
(13)DNA Marker。
(14)溴化乙锭(EB)。

四、实验步骤

(一)挑白色菌斑进行培养

在平板上可以看到蓝白菌斑,用灭菌牙签从每个平板上挑取 8 个白色单菌落,分别放入含 1mL LB 液体培养基(含氨苄青霉素)的 8 个 2mL 离心管中,37℃振荡培养过夜。

(二)克隆 PCR 检测

1. PCR 模板的前处理

取出 5μL 经过培养的菌液加入 45μL 灭菌双蒸水,混匀后,在 PCR 仪上,95℃,10min,将其作为 PCR 的扩增模板,待用。

2. PCR 反应体系配制

克隆检测 PCR 反应体系见表 13-4。

表 13-4　克隆检测 PCR 反应体系　　　　　　　单位:μL

	1×PCR	9×PCR
10×PCR buffer	2.0	18.0
25mmol/L MgCl$_2$	2.5	22.5
10mmol/L dNTPs	0.5	4.5
5U Taq	0.1	0.9
10μmol/L M13 F	0.5	4.5
10μmol/L M13 R	0.5	4.5
DNA template	3.0	—
ddH$_2$O	15.9	143.1
Total	25.0	198.0

注:如果准备配制 8 个 PCR 反应,先配制 9×PCR 反应液(不含 DNA 模板),然后再分装,最后再分别加入 DNA 模板溶液到 PCR 管中。这样操作的优点是可以保证每个 PCR 管中的反应体系都是均匀一致的。

3. 设置 PCR 反应程序

PCR 反应程序:

94℃,4min ⟶ 94℃,30s ⟶ 55℃,30s ⟶ 72℃,30s ⟶ 72℃,10min ⟶ 10℃,2h ⟶ End

循环30次

4. PCR 产物的保存

PCR 反应程序结束后,将装有 PCR 扩增产物的八联管保存于 4℃冰箱中待用。

(三) 电泳检测

1. 制胶

准备好制胶模具,称取 0.8g 琼脂糖,倒入烧杯中,然后用量筒量取 100mL 1×TAE 电泳缓冲液倒入烧杯中。把烧杯放入微波炉中,中火 4~5min,待琼脂糖完全熔化后,取出烧杯(取时要戴微波炉手套,以免被烫伤),室温放置 5min,然后再把凝胶液缓缓倒入制胶模具中,插上样品梳,室温静置 20~30min。

2. 点样

将凝固好的琼脂糖凝胶,放入加有电泳缓冲液的水平电泳槽中,取出样品梳。然后按照 5μL 克隆 PCR 产物加 1.5μL 6×上样缓冲液的比例进行混合后,把混合溶液加入到凝胶的样品槽中,在合适的样品槽中加入 5μL DNA Marker(已加入上样缓冲液)。

3. 电泳

盖好电泳槽盖后,接通电源,100V 电泳 45min 左右。

4. 凝胶染色

电泳完毕后,取出凝胶,放入装有溴化乙锭的密封盒中,染色 20min。

5. 观察电泳结果

将染色后的凝胶置于透明塑料密封袋中,然后在紫外观察仪中观察电泳结果。

五、结果分析

可能出现的结果及分析见表 13-5。

表 13-5　电泳结果及分析

电泳结果	结果分析
电泳条带长度合适	载体中插入了合适的 PCR 产物
电泳条带长度大于或小于目标条带	连接或克隆 PCR 过程中出现了问题
电泳条带长度为 156bp	载体自连
未出现条带	电泳点样时操作不当

选取合适电泳条带长度所对应的培养菌液 0.5mL 到已灭菌的 1.5mL 离心管中,用封口膜封好,送生物公司测定插入到载体上的 DNA 序列。

(1) 在克隆 PCR 检测之前,菌液为什么要用高温处理?
(2) 送去合适的菌液去测序,一定能得到正确的 DNA 序列吗?为什么?

实验三十三 质粒 DNA 的酶切与琼脂糖电泳鉴定

一、目的

(1) 了解限制性核酸内切酶的概念及其在基因工程中的应用。
(2) 熟悉利用限制性核酸内切酶切割质粒的方法。
(3) 掌握琼脂糖凝胶电泳的基本原理和实验方法。

二、原理

限制性核酸内切酶是一类能识别和切割双链 DNA 分子内特定碱基顺序的核酸内切酶,为原核生物特有,与相伴存在的甲基化酶共同构成细菌的限制修饰体系,以限制外源 DNA,保护自身 DNA,对原核生物性状的稳定遗传具有重要意义。限制性内切酶可分为 3 种类型:Ⅰ、Ⅱ 和 Ⅲ 型。Ⅰ 型在 DNA 链上的识别位点和切割部位不一致,没有固定的切割位点,不产生特异片段。Ⅲ 型能在 DNA 链上的特异位点切割,其切割位点在识别位点之外。Ⅱ 型是目前常用的限制性核酸内切酶,它有高度特异的碱基识别序列和切割位点,可产生特异的 DNA 片段,它是基因工程中剪切 DNA 分子的常用工具酶,在 DNA 序列测定、探针的制备及杂交、基因诊断等方面皆离不开其应用。

限制性核酸内切酶以双链 DNA 为底物,以 Mg^{2+} 为辅助因子,在酶切反应体系中还需要加入二硫苏糖醇(DTT)防止限制酶氧化,保持酶活性。反应结束后,经琼脂糖凝胶电泳鉴定酶切结果,用 EDTA 螯合 Mg^{2+} 或加入 0.1% SDS 使酶变性而终止反应。本实验选用 EcoRⅠ(识别位点 G↓AATTC)和 HindⅢ(识别位点 A↓AGCTT)对重组质粒(pMD18-T 与 PCR 扩增的目标 DNA 经连接酶催化所形成,见实验二十九)DNA 进行酶切,然后用琼脂糖凝胶电泳检测酶切的效果。

琼脂糖凝胶电泳是鉴定质粒,特别是重组 DNA 分子的重要技术手段,也被广泛用来分离、纯化特定的 DNA 片段。DNA 的琼脂糖凝胶电泳原理与蛋白质聚丙烯酰胺凝胶电泳原理基本相同。电泳时,DNA 分子在 pH 值高于其等电点的溶液中带负电荷,在电场中向正极移动。在一定电场强度下,DNA 分子迁移率取决于其本身的大小和构型,分子量较小的 DNA 分子比分子量较大的 DNA 分子更易通过凝胶介质,故其迁移率较大,跑在前面。对于线性双链 DNA 分子,其分子量的对数与迁移率成反比。质粒 DNA 经限制性核酸内切酶切割后,其构型均为线性。

DNA 分子是无色的,在进行凝胶电泳时,常以溴化乙锭(EB)作为染料,对 DNA 进行染色。溴化乙锭分子可插入 DNA 双螺旋结构的两个碱基之间,与 DNA 形成一种荧光络合物,在波长 254nm 的紫外线照射下,显示橙红色荧光,从而使凝胶中的 DNA 分子成为可见的谱带。通过与已知分子量的标准 DNA Marker 比较,可估计出待测 DNA 的分子量。由于 EB 是一种强烈的诱变剂,可诱发癌细胞的产生,所以在实验中要做好防护,控制 EB 的污染区域,同时也可以选用低毒核酸染料,如 GoldenView 来进行核酸的定性与定量鉴定。

三、材料、器材和试剂

1. 材料

提取并纯化的重组质粒 DNA(pMD18-T 与 PCR 扩增的目标 DNA 经连接酶催化所形成,见实验二十九)。

2. 器材

恒温培养箱,台式离心机,微波炉,水平电泳槽,电泳仪,紫外观察仪,移液器,离心管,移液枪头,烧杯,分析天平。

3. 试剂

(1)限制性核酸内切酶 $EcoR$ Ⅰ 和 $Hind$ Ⅲ(生物公司定购)。

(2)10×限制性核酸内切酶缓冲液(购酶时附送)。

(3)双蒸水。

(4)DNA Marker。

(5)琼脂糖。

(6)6×上样缓冲液:0.25%溴酚蓝,0.25%二甲苯青,30%甘油。

(7)1mol/L 二硫苏糖醇(DTT):用 20mL 0.01mol/L 乙酸钠溶液(pH=5.2)溶解 3.09g DTT,过滤除菌后分装成每管 1mL,储存于-20℃冰箱。

(8)10 mg/mL 溴化乙锭(EB):称取 100mg 溴化乙锭,加入到 10mL 蒸馏水中,溶解混匀后用铝箔包裹或转移至棕色瓶中,室温保存。

(9)0.5mol/L EDTA(pH=8.0):称取 186.1g 二水乙二胺四乙酸二钠盐(EDTA-2Na·2H_2O),加入到 800mL 蒸馏水中,用 NaOH 调节 pH 值至 8.0(约 20g NaOH 颗粒)后定容至 1000mL,分装后高压灭菌备用。

(10)5×TBE(电泳时稀释 10 倍使用):称取 54g Tris 碱,27.5g 硼酸,加蒸馏水 900mL 使完全溶解后,再加入 0.5mol/L EDTA(pH=8.0)溶液 20mL,最后定容至 1000mL。

四、实验步骤

(一)质粒 DNA 的限制性酶切

(1)质粒 DNA 用 $EcoR$ Ⅰ 和 $Hind$ Ⅲ 进行单酶切与双酶切反应:在灭菌的 3 个新的 0.5mL 离心管中按表 13-6 依次加入下列试剂(总体积 20μL)。将每个离心管快速离心 5s,以使样品集中。

(2)酶切:37℃水浴 2~3h。

(3)终止:65℃加热 20min 以终止反应。各种酶切过的质粒 DNA 于-20℃保存。

(二)琼脂糖凝胶电泳

1. 制胶

(1)将水平电泳槽内的有机玻璃内槽洗干净,晾干,放入水平放置的制胶槽中,并在固定位置放好样品梳。

表 13-6　质粒 DNA 的酶切反应体系　　　　　　　　单位:μL

试剂	EcoR I 单酶切管	Hind Ⅲ 单酶切管	EcoR I 和 Hind Ⅲ 双酶切管
灭菌双蒸水	12	12	11
10×限制酶缓冲液	2	2	2
质粒 DNA	5	5	5
EcoR I	1	—	1
Hind Ⅲ	—	1	1

注:每种酶活力控制在 1~2U。

(2)称取 1g 琼脂糖倒入烧杯中,再加入 0.5×TBE 的电泳缓冲液 100mL,然后把烧杯放入微波炉加热至琼脂糖完全融化,取出烧杯待融化的凝胶液冷却至 65℃左右时加入 10mg/mL 溴化乙锭,使其终浓度达到 0.5μg/mL,混匀。

(3)将冷却至 65℃左右的琼脂糖凝胶液混匀后,缓慢地倒入内槽板上,使胶液均匀分布在内槽表面,胶层厚度约 5mm 为宜。

(4)室温放置 20~30min,使其凝固。

2. 加样与电泳

(1)将装载 1%琼脂糖凝胶(含 EB)的内槽置于水平电泳槽中,向电泳槽中加入 0.5×TBE 电泳缓冲液,液面高出凝胶表面 1~2mm,注意加样孔中不能有气泡,以免影响加样。

(2)取 DNA 样品 10μL 和 0.2 倍体积的 6×上样缓冲液混合。

(3)用移液器按以下顺序加样到加样孔中:

　　1 道　　　5μL DNA Marker　　　　　　　　＋1μL 6×上样缓冲液
　　2 道　　　10μL 未酶切质粒 DNA　　　　　　＋2μL 6×上样缓冲液
　　3 道　　　10μL EcoR I 单酶切　　　　　　　＋2μL 6×上样缓冲液
　　4 道　　　10μL Hind Ⅲ 单酶切　　　　　　　＋2μL 6×上样缓冲液
　　5 道　　　10μL EcoR I 和 Hind Ⅲ 双酶切　　＋2μL 6×上样缓冲液

(4)将加样端接负极,另一端接正极,接通电源,调节电场强度为 5V/cm,进行电泳。待溴酚蓝指示剂移到距凝胶前沿约 1cm 处时,停止电泳关闭电源,一般需要 40~50min。

(5)将含有 EB 的凝胶放到紫外观察仪上查看电泳结果并拍照记录。

最后根据电泳结果分析酶切实验的效果,总结成功经验或分析失败的原因。

五、注意事项

(1)用于酶切的质粒 DNA 纯度要高,溶液中不能含有痕量的酚、氯仿、乙醇、EDTA 等限制性核酸内切酶的抑制因子,否则会影响酶的活性,导致 DNA 切割不完全。

(2)将限制性内切酶加入反应体系中,要使其与其他成分混匀,一般用移液器反复吹打几次或用手指轻弹管壁,避免剧烈振荡,否则会导致 DNA 大分子断裂,或使内切酶变性。

(3)当用两种限制性内切酶消化 DNA 时,如果两种酶的反应条件完全相同(温度、离子浓度等),则两种酶可同时加到一个反应管中进行酶切;如果两种酶所要求的温度不同,那么要求低温的酶先消化,反应结束后,再加入第二种酶,升高温度后继续进行酶切;如果两种酶对盐离子浓度要求不同,先在低盐缓冲液中加入第一种酶,反应结束后,加入适量高盐缓冲液,然后再加入第二种酶进行消化反应。

(4)若酶切产物要开展进一步的实验研究,放置时间不宜过长,否则其黏性末端容易脱落。

(5)大多数内切酶的最适温度为37℃,要保证酶切效果,一定要严格控制酶的反应时间。

(6)溴化乙锭(EB)为强诱变剂,有毒性,操作时必须戴手套,注意防护;沾有EB的物品需处理后才可丢弃。

(1)DNA的酶切实验要注意哪些问题?
(2)双酶切缓冲液应满足什么条件?如何解决?
(3)琼脂糖凝胶电泳常用哪几种缓冲液?为什么不用Tris-HCl缓冲体系?
(4)如果DNA样品中残留有蛋白质或RNA,电泳后会出现什么结果?

实验三十四　Southern 印迹杂交

一、目的

(1)了解 Southern 杂交的基本原理。

(2)掌握 Southern 杂交的实验方法。

二、原理

Southern 印迹杂交(Southern blotting)是指将待检测 DNA 片段从琼脂糖凝胶转移到合适的固相支持介质(一般为尼龙膜或硝酸纤维素膜)上,再与标记的核酸探针(DNA 或 RNA 探针)进行杂交的过程。如果待检测物中含有与探针互补的 DNA 序列,则二者通过碱基互补的原理进行结合,游离探针洗涤后再用合适的技术进行检测,从而显示出待检测物中相应的 DNA 片段及其相对大小。

Southern 杂交是由 Edward M. Southern 于 1975 年首次提出,可用来检测待检测物中是否存在和探针同源的 DNA 片段。其基本过程是:先用一种或多种限制性核酸内切酶消化基因组 DNA,再通过琼脂糖凝胶电泳按大小分离所得的 DNA 片段,随后在原位发生变性,并从凝胶中转移至固相支持物上,然后与特异性的 DNA 或 RNA 分子片段杂交,最后采用放射自显影或化学发光法进行检测。

Southern 杂交技术是分子生物学领域中最常用的基本技术之一,目前被广泛用于基因克隆的筛选、品种鉴别、酶切图谱制作、基因组中特定序列的定量和定性检测、基因家族及其成员数分析、基因突变分析、限制性片段长度多态性分析、疾病诊断等方面。

三、材料、器材和试剂

1. 材料

待检测的 DNA 样品。

2. 器材

恒温水浴锅,电泳仪,水平电泳槽,离心管,台式离心机,−20℃冰箱,微量移液器,微波炉,紫外透射仪,凝胶成像分析系统,恒温干燥箱,托盘,杂交箱,杂交袋,Whatman 3MM 滤纸,硝酸纤维素膜,−70℃冰箱,X 光片,保鲜膜等。

3. 试剂

(1)TE 缓冲液:10mmol/L Tris-HCl,1mmol/L EDTA(pH=8.0)。

(2)限制性内切酶及其相应缓冲体系。

(3)灭菌双蒸水。

(4)0.5mol/L EDTA。

(5)无水乙醇。

(6)70%乙醇。

(7)琼脂糖。

(8)5×TBE(电泳时稀释 10 倍使用):称取 54g Tris 碱,27.5g 硼酸,加蒸馏水 900mL 使完全溶解后,再加入 0.5mol/L EDTA(pH=8.0)溶液 20mL,最后定容至 1000mL。

(9)6×上样缓冲液:0.25% 溴酚蓝,0.25% 二甲苯青,30% 甘油。

(10)10mg/mL 溴化乙锭(EB):称取 100mg 溴化乙锭,加入到 10mL 蒸馏水中,溶解混匀后用铝箔包裹或转移至棕色瓶中,室温保存。

(11)DNA Marker(DNA 标准分子量)。

(12)水解液:0.25mol/L HCl。

(13)变性液:1.5mol/L NaCl,0.5mol/L NaOH。

(14)中和液:1mol/L Tris-HCl(pH=7.4),1.5mol/L NaCl。

(15)碱性转移缓冲液(20×SSC,pH=7.0):0.3mol/L 柠檬酸钠,3.0mol/L NaCl。

(16)杂交液:6×SSC,5×Denhardt 试剂[0.2% 聚蔗糖(Ficoll 400),0.2% 聚乙烯吡咯烷酮,0.2% 牛血清蛋白组分],0.5% SDS,100μg/mL 经变性并打断的鲑鱼精 DNA。

(17)洗膜液:① 2×SSC,0.1% SDS;② 1×SSC,0.1% SDS;③ 0.5×SSC,0.1% SDS;④ 0.2×SSC,0.1% SDS;⑤ 0.1×SSC,0.1% SDS。

(18)显影液(1000mL):米吐尔(硫酸甲基对氨基苯酚)3.5g,无水亚硫酸钠 60g,对苯二酚 9g,无水碳酸钠 40g,溴化钾 3.5g。

(19)定影液(1000mL):硫代硫酸钠 240g,无水亚硫酸钠 15g,冰醋酸(98%)15mL,硼酸 7.5g,硫酸铝钾 15g。

(20)3mol/L NaAC。

四、实验步骤

(一)DNA 样品的酶切

1. 酶切

建立酶切体系(50μL),酶切 10pg~10μg 的 DNA,37℃下酶切消化 2~3h,可根据 DNA 来源调整酶切时间。

2. 电泳检测

酶切结束前可取 5μL 样品处理液用琼脂糖凝胶电泳检测酶切效果。完全酶切产物在泳道中呈现均匀的弥散状,其中还经常可见一些明亮条带,代表某些基因组 DNA 中的重复序列。如果靠近电泳孔附近有一条明显亮带,说明酶切不完全,应增加酶切时间,如果酶切效果不好,可以延长酶切时间。

3. 终止酶切反应

酶切消化后的 DNA 加入 1/10 体积的 0.5mol/L EDTA,以终止反应。

4. 纯化 DNA

酶切消化液中加入 50μL 3mol/L NaAc,再加 1mL 无水乙醇,混匀后在 -20℃ 放置 30min,10 000r/min 离心 20min,去上清液。向得到的沉淀中加入 1mL 70% 乙醇,10 000r/min 离心 5min,去上清液,空气中干燥 15min。最后用 TE 缓冲液溶解沉淀。

(二)琼脂糖凝胶电泳分离酶切后 DNA 片段

1. 制胶

(1)将水平电泳槽内的有机玻璃内槽洗干净,晾干,放入水平放置的制胶槽中,并在固定位置放好样品梳。

(2)称取 1g 琼脂糖倒入烧杯中,再加入 0.5×TBE 的电泳缓冲液 100mL,然后把烧杯放入微波炉加热至琼脂糖完全融化,取出烧杯待融化的凝胶液冷却至 65℃左右时,将胶液缓慢地倒入内槽板上,使其均匀分布在内槽表面,胶层厚度约 5mm 为宜。

(3)室温放置 20~30min,使其凝固。

2. 加样与电泳

(1)将装载 1%琼脂糖凝胶的内槽置于水平电泳槽中,向电泳槽中加入 0.5×TBE 电泳缓冲液,液面高出凝胶表面 1~2mm,注意加样孔中不能有气泡,以免影响加样。

(2)取 DNA 样品 10μL 加入 2μL 6×上样缓冲液混合均匀。

(3)用移液器将样品与上样缓冲液的混合液加入到加样孔中。

(4)将加样端接负极,另一端接正极,接通电源,调节电场强度为 2.5V/cm,进行电泳。待溴酚蓝指示剂移到距凝胶前沿约 1cm 处时,停止电泳关闭电源,需要 12~16h。

(5)电泳结束后,将凝胶放入溴化乙锭(EB)溶液中,染色 25min,紫外观察仪上查看电泳结果并拍照记录。切去凝胶的一角,做好正反面标记。

(三)DNA 的变性与转膜

1. DNA 的变性

(1)将凝胶用 0.25mol/L HCl 水解液处理 10min,目的是对凝胶中大于 10kb 的 DNA 进行脱嘌呤处理。

(2)用去离子水漂洗凝胶后,将其放入变性液中,室温下轻轻振荡 1h,使 DNA 变性。

(3)取出凝胶用去离子水漂洗后,将其放入中和缓冲液中,室温下轻轻振荡 30min,换一次中和液,再浸泡 15min。

(4)弃去中和液,用去离子水漂洗凝胶。

2. 转膜与固定

转膜就是将琼脂糖凝胶中的 DNA 转移到尼龙膜或硝酸纤维素膜(NC 膜),形成固相 DNA。转膜的目的是使固相 DNA 与液相的探针进行杂交。常用的转移方法有盐桥法、真空法和电转移法,本实验使用的是盐桥法(毛细转移法),该方法主要利用一种上行毛细转移系统来完成(图 13-3)。

(1)在一塑料或玻璃平台(此平台要比凝胶稍大)上铺 3 层经转移缓冲液 20×SSC 饱和过的 Whatman 3MM 滤纸,滤纸的两端要完全浸没在缓冲液中,用玻璃棒将滤纸推平,并排除滤纸与玻璃板之间的气泡。将此平台置于盛满 20×SSC 的一搪瓷盒或玻璃缸中。

(2)加数毫升 20×SSC 缓冲液于滤纸表面,将电泳后的凝胶向下倒扣在滤纸上,小心赶出凝胶与滤纸间的气泡,凝胶的四周用塑料保鲜膜包裹以防缓冲液从凝胶周围直接流至凝胶上方的滤纸中,以防止在转移过程中产生电流短路,从而使转移效率下降。

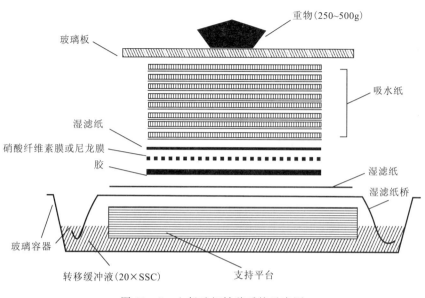

图 13-3 上行毛细转移系统示意图

(3)裁剪一块比凝胶大 1mm 的硝酸纤维素膜,并切下膜的一角,与凝胶切下的一角相一致。将膜漂浮在蒸馏水中,使其从底部开始向上完全湿润。然后置于 20×SSC 中 15min。注意操作时要戴手套,不可用手直接触摸,否则油腻的膜将不能浸润,也不能结合 DNA。

(4)加适量 20×SSC 缓冲液浸没凝胶,将湿润的硝酸纤维素膜小心覆盖在凝胶上,确保凝胶与膜之间无气泡,膜的一端与凝胶的加样孔对齐。

(5)将 3 张预先用 20×SSC 浸润过的 Whatman 3MM 滤纸(硝酸纤维素膜大小相同)平铺在膜的表面,排除气泡。

(6)裁剪与硝酸纤维素膜大小相同或稍小的吸水纸,平铺在 3MM 的滤纸上,要达到 5~8cm 厚。然后在吸水纸上置一玻璃板,其上压一重 200~500g 的物体。

(7)室温下静置 12~16h 使 DNA 充分转移,在此期间可更换吸水纸 1~2 次。

(8)毛细虹吸转移完成后,小心拆卸印迹装置。弃去吸水纸和滤纸,将凝胶和硝酸纤维素膜置于一张干燥的滤纸上,凝胶在上,用软铅笔标记凝胶和膜的加样孔位置,然后去除凝胶。

(9)取下硝酸纤维素膜,用 6×SSC 浸泡漂洗 1min,以去除琼脂糖残迹。

(10)取出硝酸纤维素膜,用滤纸吸干,然后将膜置于 2 层干燥的滤纸中,80℃烘烤 2h,此过程使 DNA 固定于硝酸纤维素膜上。此膜可用于下一步的杂交反应,如果不立即使用,可用铝箔包好,室温下置于干燥处保存。

(四)杂交

1. 探针标记

进行 Southern 印迹杂交的探针一般用放射性物质标记或用地高辛标记。放射性物质标记灵敏度高,效果好,但存在一定的风险;地高辛标记没有半衰期,安全性好。本实验主要以放射性标记来进行介绍。探针的标记方法有随机引物法、切口平移法和末端标记法。

2. 预杂交与杂交

Southern 杂交一般采取的是液-固杂交方式,即探针为液相,待分析的 DNA 为固相。杂交发生于一定条件的杂交液中并需要合适的温度,可以用杂交瓶或杂交袋并使液体不断地在硝酸纤维素膜上流动。

(1)将预杂交液放入一个杂交袋中,先预热至 42℃。

(2)将固定了 DNA 硝酸纤维素滤膜放入另一个稍宽于膜的杂交袋中,用 5~10mL 的 2×SSC 溶液浸湿硝酸纤维素膜。然后去除 2×SSC,按每平方厘米膜加 0.2mL 加入已加热至 42℃的预杂交液。

(3)鲑鱼精 DNA 置于沸水浴中 10min,迅速放置到冰上冷却 1~2min,使 DNA 变性。然后加到装有预杂交液(有硝酸纤维素膜)的杂交袋中,使其浓度达到 100μg/mL。尽可能去除杂交袋中的空气,然后封住袋口,上下颠倒数次使其混匀,置于 42℃水浴中温育 4h。

(4)取适量的探针溶液置于沸水浴中加热 10min 使其变性,然后迅速放在冰上 2min。将冰浴后的变性探针加入到已加热至 42℃的预杂交液中,混匀后即为杂交液。

(5)倒出杂交袋中的预杂交液,再加入等量新的已升温至 42℃的杂交液(含有变性的探针),加入与预杂交时等量的变性的鲑鱼精 DNA。42℃杂交 16~18h。

3. 洗膜

杂交完成后,必须将膜上未与 DNA 杂交的以及非特异性杂交的探针分子洗去。由于非特异性杂交的杂交分子稳定性较低,在一定的温度和离子强度下,非特异性杂交分子易发生解链被洗掉,而特异性杂交分子则保留在膜上。

(1)取出杂交后的硝酸纤维素膜,在 2×SSC 溶液中漂洗 5min,然后依次按照下列条件洗膜。

2×SSC,0.1% SDS	42℃	10min
1×SSC,0.1% SDS	42℃	10min
0.5×SSC,0.1% SDS	42℃	10min
0.2×SSC,0.1% SDS	56℃	10min
0.1×SSC,0.1% SDS	56℃	10min

(2)在洗膜过程中,要不断振摇,并用放射性检测仪探测膜上的放射强度。当放射强度指示数值比环境背景高 1~2 倍时,就达到了洗膜的终止点。

注:用地高辛标记的探针进行 Southern 印迹杂交的预杂交、杂交和洗膜实验操作与用放射性标记探针的印迹实验是相同的,只是在检测上有一定的差异,具体见杂交结果检测的相关内容。

(五)杂交结果的检测

1. 放射性标记探针的检测

(1)洗膜结束后,将膜浸入 2×SSC 中 2min,然后取出膜用滤纸吸干其表面的水分,并用保鲜膜包裹。

(2)将膜正面向上,放入暗盒中,将磷钨酸钙增感屏前屏置于膜下,光面向上。

(3)在暗室的红光下,将两张 X 线胶片压在杂交膜上,再压上增感屏后屏,光面向 X 线胶片。

(4)合上暗盒,置-70℃低温冰箱中曝光。根据放射性的强度曝光一定时间后,在暗室中去除X线胶片,显影、定影。如曝光不足,可再压片重新曝光。

2. 非放射性标记物探针的检测

地高辛标记探针的检测,具体步骤如下。

(1)杂交洗膜后,将膜置于漂洗缓冲液(washing buffer)中1min。

(2)将漂洗后的膜置于盛有100mL封闭液(blocking solution)的培养皿中,室温缓慢摇动30min。

(3)倒掉封闭液,加入20mL结合有碱性磷酸酶的抗地高辛单克隆抗体(Anti-DIG-AP)溶液,室温缓慢摇动30min。

(4)在100mL的漂洗缓冲液(washing buffer)中洗膜2次,每次15min。

(5)再将膜在20mL检测缓冲液(detection buffer)中平衡2次,每次2~5min。

(6)将膜的有DNA的面朝上,放在保鲜纸上,滴数滴AMPPD(1,2-二氧环已烷衍生物,它是一种生物化学与分子生物学领域中最新的、超灵敏的碱性磷酸酶底物)覆盖膜,然后用保鲜纸包裹,挤掉多余的AMPPD,使其均匀平铺在膜上,室温放置5min。在37℃温育10min,增强发光。

(7)用X线片将膜进行室温曝光15~30min,然后在暗室显影,定影。

地高辛标记探针检测所需试剂如下。

(1)漂洗缓冲液(washing buffer):0.1mol/L马来酸(maleic acid)、0.15mol/L NaCl、体积分数为0.3%的吐温-20(Tween-20,pH=7.5)。

(2)封闭液(blocking solution):0.05g/L SDS、17mmol/L Na_2HPO_4、8mmol/L NaH_2PO_4,用0.45μm的滤膜过滤除菌。

(3)检测缓冲液(detection buffer):0.1mol/L Tris-HCl(pH=9.5)、0.1mol/L NaCl。

(4)结合有碱性磷酸酶的抗地高辛单克隆抗体(Anti-DIG-AP)溶液。

(5)AMPPD:25mmol AMPPD(用前稀释)。

五、注意事项

(1)一定要在凝胶和硝酸纤维素膜上做好方向标记。

(2)在转移DNA到硝酸纤维素膜上时,玻璃板与滤纸、凝胶与滤膜之间不要有气泡存在。

(3)不同批号的硝酸纤维素膜,其浸润速率有差异。如膜在蒸馏水中几分钟后仍未浸透,应更换一张新膜,因为未均匀浸湿的硝酸纤维素膜进行DNA转移是不可靠的。

(4)杂交时,杂交液体积越小越好。但要保证膜始终由一层杂交液所覆盖,所用的液体必须足够。

(5)在预杂交和杂交时,可不必更换杂交袋,杂交袋一定要稍大于硝酸纤维素膜。

(6)注意转膜过程中滤纸、凝胶、膜的叠放次序,以及电源的方向,避免出现DNA未转移到膜上的情况出现。

 思考题

(1) 影响 Southern 印迹结果的因素有哪些?

(2) DNA 分子杂交技术的基本原理是什么?

(3) 杂交后洗膜的目的是什么?

(4) 若 Southern 杂交实验结果没有出现杂交信号或信号弱,试分析可能出现的问题及其原因。

实验三十五 Northern 印迹杂交

一、目的

(1)熟悉 Northern 印迹杂交的原理。
(2)掌握 Northern 印迹杂交的操作方法。

二、原理

1977 年,Alwine 等提出了一种用于分析细胞总 RNA 或含 poly(A)尾的 RNA 样品中特定 mRNA 分子的大小和丰度的分子杂交技术,即 Northern 印迹杂交,也称为 RNA 分子杂交,它指的是将待检测 RNA 片段从变性的琼脂糖凝胶转移到固相支持介质(一般为尼龙膜和硝酸纤维素膜)上,再与标记的核酸探针(DNA 或 RNA 探针)进行杂交,最后进行放射或非放射自显影检测的一种实验方法。杂交原理与 Southern 杂交大致相同,但由于 Northern 杂交采用 RNA 作为实验材料,因而具有一些与 DNA 分子杂交不同的特点。首先,RNA 酶对 RNA 的降解作用是通过 C2 羟基直接进行的,这一过程不需要辅助因子,因此二价金属离子螯合剂对 RNA 酶活性无任何影响。其次,RNA 分子可以自发水解,特别是在强碱条件下很容易通过 C2 羟基参与形成 $2′,3′$-磷酸二酯键环而降解,因此 RNA 的变性方法与 DNA 是不同的,不能用碱变性。总 RNA 不需要进行酶切,可直接应用于电泳。

Northern 杂交可用来检测待检测物中是否存在和探针同源的 RNA 片段。其基本过程是通过电泳的方法将不同的 RNA 分子依据其分子量大小加以区分,然后通过与特定基因互补配对的探针杂交来检测目的片段。Northern 杂交技术主要包括以下几个步骤:①RNA 的分离;②变性胶电泳;③转膜与固定;④探针制备;⑤杂交与检测。

Northern 杂交是研究基因表达及调控的分子生物学手段之一,主要是通过检测 RNA 的转录水平来分析基因的表达状况,如基因是否转录,转录物的丰度及其大小等。通过 Northern 杂交的方法可以检测到细胞在生长发育特定阶段或者胁迫与病理环境下特定基因表达情况。Northern 杂交还可用来检测目的基因是否具有可变剪切产物或者重复序列。

三、材料、器材和试剂

1. 材料

总 RNA 或者 mRNA。

2. 器材

恒温干燥箱,恒温水浴锅,离心管,镊子,剪刀,橡胶手套,解剖刀,吸水纸,玻璃板,台式离心机,−80℃冰箱,电泳仪,水平电泳槽,微量移液器,紫外观察仪,凝胶成像系统,恒温摇床,脱色摇床,漩涡振荡器,微波炉,烧杯,量筒,锥形瓶,托盘,杂交箱,杂交袋,滤纸,尼龙膜,X 线胶片盒(带增感屏),曝光暗盒,保鲜膜等。

3. 试剂

(1)RNA 提取试剂盒。

(2) 10×MOPS(吗啉代丙磺酸)电泳缓冲液:0.2mol/L MOPS(pH=7.0),0.05mol/L NaAc,0.01mol/L EDTA(pH=8.0),电泳时稀释10倍使用。

准确称取41.86g MOPS、6.8g NaAc、3.72g EDTA,先用适量的DEPC处理过的蒸馏水溶解NaAc,再将MOPS溶解其中,然后再加入EDTA,混匀后用2mol/L NaOH调节pH值至7.0,最后定容至1000mL,过滤灭菌后避光保存。

(3) TE缓冲液:10mmol/L Tris-HCl,1mmol/L EDTA(pH=8.0)。

(4) 焦碳酸二乙酯(DEPC)。

(5) DEPC处理的灭菌蒸馏水。

(6) 标准RNA相对分子质量。

(7) 溴化乙锭(10mg/mL)。

(8) 13.3mol/L(37%)甲醛。

(9) 去离子甲酰胺:将10mL甲酰胺和1g离子交换树脂混合,室温搅拌1h后用Whatman滤纸过滤,每管分装1mL置于−70℃保存。

(10) 70%乙醇。

(11) 琼脂糖。

(12) 上样缓冲液:50%甘油,1mmol/L EDTA(pH=8.0),0.5%溴酚蓝,0.5%二甲苯青。

(13) 5×甲醛凝胶变性上样缓冲液:50μL 10×MOPS,90μL甲醛,250μL甲酰胺,50μL上样缓冲液。

(14) 杂交探针:采用随机引物标记法标记的$\alpha-^{32}P$探针。

(15) 转移缓冲液1:0.01mol/L NaOH,3mol/L NaCl(用于碱性转移至带正电荷的尼龙膜)。

(16) 转移缓冲液2:20×SSC(0.3mol/L柠檬酸钠,3.0mol/L NaCl,pH=7.0),用于中性转移至不带电荷的尼龙膜。

(17) 6×SSC。

(18) 0.05mol/L NaOH。

(19) 去离子水。

(20) 50×Denhardt试剂:2%聚蔗糖(Ficoll 400),2%聚乙烯吡咯烷酮,2%牛血清蛋白组分V。

(21) 预杂交/杂交缓冲液:6×SSC,5×Denhardt试剂,0.5% SDS,100μg/mL鲑鱼精DNA(临用前加)。

(22) 洗膜液:2×SSC,0.1% SDS;1×SSC,0.1% SDS;0.5×SSC,0.1% SDS。

(23) 3mol/L NaOH。

(24) 1mol/L Tris-HCl(pH=7.2)。

(25) 3mol/L HCl。

(26) 3%双氧水。

四、实验步骤

(一) 总RNA或mRNA的提取与分离

用于Northern杂交的RNA或者mRNA必须长度完整,纯度高,没有降解,不含DNA。

RNA 分离及其具体操作参见实验十七,也可以用 Trizol 法、改良的异硫氰酸胍法或改良的 Krapp 法提取总 RNA。

(二)变性琼脂糖凝胶电泳分离 RNA

RNA 为单链分子,链内碱基容易配对形成二级结构。不同的 RNA 的分子空间结构不同。在未变性条件下,其相对分子质量与电泳移动距离没有严格的相关性。因此必须破坏 RNA 的空间结构后,在变性条件下电泳,才能使 RNA 移动距离与其相对分子质量成正比。本实验介绍甲醛变性的琼脂糖凝胶电泳分离 RNA 的方法。需注意的是,从 RNA 分离到转移固定结束之前,所有的操作必须在无 RNase 的环境中进行,并需要用 RNase 抑制剂和 0.1% 焦碳酸二乙酯(DEPC)的水溶液处理实验用品,操作中应戴手套,防止人为造成的外源 RNase 的污染而引起的 RNA 降解。

1. 用具的准备

玻璃器皿,锥形瓶,量筒,镊子,解剖刀,180℃烘烤。

电泳槽:清洗梳子和电泳槽,用 70% 乙醇冲洗,并用 3% 双氧水室温处理 10min,最后用 0.1% DEPC 水彻底冲洗,干燥备用。

2. 制备 1.2% 甲醛变性琼脂糖凝胶

称取 1.2g 琼脂糖加入锥形瓶中,加入 72mL DEPC 处理的灭菌水后,微波炉加热至琼脂糖完全融化,冷却至 60℃,加入 10mL 10×MOPS 和 18mL 37%(13.3mol/L)甲醛,再加入 1μL 10 mg/mL 溴化乙锭,混合均匀后把胶液倒入制胶板中。

3. 变性 RNA 样品制备

取 1 个用 DEPC 处理过的 0.5mL 离心管,依次加入 10×MOPS 电泳缓冲液 2μL、甲醛 3.5μL、去离子的甲酰胺 10μL、RNA 样品 4.5μL,混合均匀。将离心管置于 65℃ 水浴中保温 10min,再置于冰上 2min,然后向每管中加入 4μL 上样缓冲液,混匀。

4. 上样

将制备好的凝胶放入电泳槽中(上样孔一侧靠近负极),加入 1×MOPS 电泳缓冲液,液面高出胶面 1~2mm,小心拔出梳子使加样孔保持完好无气泡存在。用微量移液器每孔上样 20~30μL,同时加入 RNA 标准分子量作为参照。

5. 电泳

盖好电泳槽,接通电源,在 5V/cm 的电场强度下电泳 2~3h。当溴酚蓝到达凝胶的边缘 1cm 时停止电泳,关闭电源。取出凝胶在紫外观察仪上查看电泳结果,注意不要让凝胶在紫外灯下照射太长时间。

(三)将变性 RNA 转移至尼龙膜

常用的尼龙膜有两种:中性的尼龙膜和带正电荷的尼龙膜。二者都可以结合单链和双链核酸,但在不同缓冲液中结合核酸的量有所不同,相应 RNA 转移所用的缓冲液也不同。

(1)如果 RNA 需转移至中性的尼龙膜,需要先用 DEPC 处理过的蒸馏水漂洗凝胶,再用 5 倍于凝胶体积的 0.05mol/L NaOH 浸泡凝胶 20min,最后用 10 倍于凝胶体积的 20×SSC(转移缓冲液2)浸泡40min；如果RNA需转移到带正电荷的尼龙膜上，则需先用DEPC处理过的蒸馏水漂洗凝胶，再用5倍于凝胶体积的0.01mol/L NaOH、3mol/L NaCl(转移缓冲液1)浸泡凝胶20min。当凝胶经过漂洗之后，立即将凝胶移至一个玻璃器皿中，用解剖刀去除凝胶的无用部分，在凝胶左上角(加样孔端)切去一角，作为后续操作过程中凝胶方向的标记。

(2)裁剪一块比凝胶大1mm的尼龙膜，并切下膜的一角，与凝胶切下的一角相一致。将膜漂浮在去离子水表面，直至膜从下向上完全湿透为止。然后把膜置于20×SSC中浸泡5min。注意操作时要戴手套，不可用手直接触摸，否则油腻的膜将不能浸润。

(3)用长和宽均大于凝胶的一块有机玻璃或多层玻璃板作为支持物(作为转移平台)，将其放入大玻璃缸中，上铺一张Whatman 3MM滤纸，倒入20×SSC缓冲液，其液面要低于平台，滤纸的两端要完全浸没在缓冲液中，用玻璃棒将滤纸推平，并排除滤纸与玻璃板之间的气泡。设置上行毛细转移系统参见Southern杂交图13-3。

(4)将凝胶翻转后置于平台上的3MM滤纸中央，小心赶出凝胶与滤纸间的气泡，凝胶的四周用塑料保鲜膜包裹(不要覆盖凝胶)以阻止缓冲液从液池直接流至凝胶上方的吸水纸层。

(5)加适量20×SSC缓冲液浸湿凝胶，在凝胶上方放置湿润的尼龙膜，并使两者的切角相重叠。膜的一条边缘应刚好超过凝胶上部加样孔一端的边缘。

(6)将两张预先用20×SSC浸润过的Whatman 3MM滤纸(与凝胶同样大小)平铺在尼龙膜的上方，用玻璃棒去除滞留在凝胶与滤纸间的气泡。

(7)裁剪一叠比尼龙膜稍小的吸水纸，平铺在3MM滤纸上，要达到5~8cm厚。然后在吸水纸上方放置一玻璃板，其上再用500g的重物压实。

(8)RNA的转移在中性转移缓冲液中时间不超过4h，在碱性转移缓冲液中不超过1h。玻璃缸内必须要有足够的转移液，保证转移连续进行。

(9)转移结束后，去除尼龙膜上方的吸水纸和滤纸，翻转尼龙膜和凝胶，凝胶在上，置于一张干的3MM滤纸上，用铅笔在尼龙膜上标记加样孔位置。

(10)将取下尼龙膜放入含有300mL 6×SSC溶液的玻璃平皿中，然后将平皿置于恒温摇床上，室温慢摇5min。为了估计RNA转移效率，凝胶可用0.5μg/mL溴化乙锭溶液染色20min，在紫外灯下观察凝胶上残留的RNA情况并拍照。

(11)从6×SSC溶液中取出尼龙膜，将膜上的溶液滴尽后，平放在一张滤纸上，含有RNA的面向上，室温下晾干备用。

(四)预杂交与杂交

Northern杂交中，探针可以是双链DNA或单链DNA，也可以是RNA。探针可以用放射性同位素或者非同位素标记。双链DNA探针的放射性同位素标记参见Southern杂交。由于使用的探针类型和标记方法不同，Northern杂交的具体操作步骤各异，主要包括预杂交、探针的变性、杂交、洗膜及结果显示这几个步骤。预杂交和杂交过程使用的是同一缓冲液，预杂交一定时间后，更换新鲜缓冲液，加入探针进行杂交。标准杂交液是一类常用的缓冲液，用SSC与Denhardt试剂、SDS一起配制，临用前加入变性鲑鱼精DNA。本实验使用的探针为^{32}P标记的双链DNA。

1. 预杂交

(1)将预杂交液(0.2mL/cm^2)放入一个杂交袋中，预热至适宜的杂交温度(一般在水溶液中杂交时，DNA 探针的杂交温度为 68℃。而在 50%甲酰胺的溶液中杂交时，对于 RNA 探针温度为 60℃，对于 DNA 探针杂交温度为 42℃）。将固定了 RNA 的尼龙膜用 5～10mL 的 6×SSC 溶液浸湿后，去除 6×SSC 溶液，再加入已预热的预杂交液。

(2)鲑鱼精 DNA 置于沸水浴中 10min，迅速放置到冰上冷却 1～2min，使 DNA 变性。然后加到装有预杂交液（有尼龙膜）的杂交袋中，使其浓度达到 100μg/mL。尽可能去除杂交袋中的空气，然后封住袋口，上下颠倒数次使其混匀，置于 68℃水浴中缓慢摇动温育 2h。

2. 探针变性

(1)100℃下加热 ^{32}P 标记的双链 DNA 5min，使之变性，然后迅速放在冰上 2min。也可加入 1/10 体积的 3mol/L NaOH 使探针变性，室温下放置 5min 后，将探针移至冰水中，然后再加入 1/20 体积的 1mol/L Tris-HCl(pH=7.2)和 1/10 体积的 3mol/L HCl。

(2)将处理好的变性探针用 6×SSC 溶液漂洗后，加入到已加热至 68℃预杂交液中，混匀后即为杂交液。探针用量为 2～10ng/mL，对于低丰度的 mRNA，所用探针的量至少为 0.1μg，特异性活性要超过 $2×10^8$ cpm/μg。

3. 杂交

倒出杂交袋中的预杂交液，再加入等量新的已升温至 68℃的杂交液（含有变性的探针），加入与预杂交时等量的变性鲑鱼精 DNA，在 68℃杂交 16～18h。

(五)结果检测

1. 洗膜

(1)杂交结束后，弃去杂交液，在室温下将膜转移到含有 100～200mL 的 2×SSC、0.1% SDS 的塑料盒中，将盒盖好，置于水平振荡器上，缓慢振荡 10min；再换用 1×SSC、0.1% SDS 洗膜 1 次，10min。

(2)将膜转移至另一个含有 100～200mL 的 0.5×SSC、0.1% SDS 的塑料盒中，68℃下缓慢振荡 10min。更换新的 0.5×SSC、0.1% SDS 于 68℃再漂洗 1 次，10min。

2. 曝光与自显影

取出杂交膜，沥干洗膜液，将膜晾至半干，然后用保鲜膜包裹，在暗室取出 X 光片，压在杂交膜上，盖上暗盒，在－70℃曝光 24～48h。在暗室中去除 X 线胶片，显影、定影。

非放射性标记物探针（地高辛标记）的检测方法见实验三十二 Southern 印迹杂交。

五、注意事项

(1)用于 RNA 电泳、转膜的所有器械、用具均须处理以除去 RNase 酶，以免样品的降解。

(2)转膜过程中，需注意尼龙膜、凝胶、滤纸之间不要产生气泡，否则会影响转膜效果。

(3)注意转膜过程中滤纸、凝胶、尼龙膜的叠放次序，以及电源的方向，避免出现 DNA 未转移到膜上的情况。

(4)从压片曝光到显影定影的整个过程需在暗室中进行，避免 X 光片被外界光线曝光。

(5)与非变性琼脂糖凝胶相比，含甲醛的凝胶较为脆弱，需要实验时小心操作。

(6)焦炭酸二乙酯(DEPC)是高度易燃品，也是一种致癌物，操作时要做好防护。

(7)甲醛、甲酰胺易氧化,37%甲醛的 pH 值要求在 4.0 以上,如果低于此值应更换试剂后重新配制。

(8)由于尼龙膜杂交本底较高,所以适当延长预杂交时间,提高杂交液中封闭物质的量,对于克服这个缺点是有用的。

(1)Northern 印迹杂交和 Southern 印迹杂交实验的不同点是什么?

(2)简述 Northern 印迹杂交的实验原理和主要实验步骤。

实验三十六 逆转录 PCR(RT-PCR)

一、目的

(1)学习逆转录 PCR 的原理。
(2)掌握逆转录 PCR 的操作技术。

二、原理

逆转录 PCR(reverse transcription polymerase chain reaction,简称 RT-PCR)是将 RNA 的逆转录(RT)和 cDNA 的聚合酶链式反应(PCR)相结合的技术。首先要提取组织或细胞中的总 RNA,以其中的 mRNA 作为模板,采用 Oligo(dT)或随机引物利用逆转录酶反转录合成互补的 DNA(complementary DNA,简称 cDNA),再通过 PCR 技术,用两条引物将痕量的 cDNA 扩增成大量的双链 DNA 的过程(图 13-4)。

完整的逆转录反应体系需要适当的反应缓冲液、RNA 模板、逆转录酶、引物及 4 种脱氧核苷三磷酸(dNTP)。天然的逆转录酶具有逆转录、RNase H 以及 DNA 聚合酶活性。目前市售的逆转录酶大多经过基因工程技术的改造,最适反应温度大幅度提高。作为模板的 RNA 可以是总 RNA、mRNA 或体外转录的 RNA 产物。无论使用何种 RNA,关键是确保 RNA 中无 RNA 酶和基因组 DNA 的污染,为防止 RNA 在反应过程中被痕量的 RNase 降解,一般还应加入 RNase 抑制剂。用于逆转录的引物主要有随机引物、Oligo(dT)及基因特异性引物,可根据实验的具体情况选择。最常用的逆转录引物是多聚脱氧胸苷酸引物及 Oligo(dT)。此外还可以选用六聚体或八聚体随机引物。Oligo(dT)可以与 mRNA 的 poly(A)序列互补,因此特异性较高。特别是在其 3′端添加两个随机核苷酸的锚定引物,在引导合成 cDNA 时具有很高的效率。随机引物不但可与 mRNA 互补,也可与 rRNA 及 tRNA 互补,因此特异性较低。

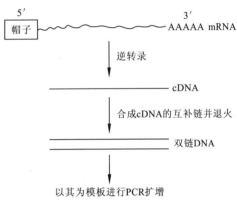

图 13-4 逆转录 PCR(RT-PCR)反应示意图

RT-PCR 技术灵敏而且用途广泛,可用于检测细胞中基因的转录产物,获取目的基因,检测细胞中 RNA 病毒的含量,直接克隆特定基因的 cDNA 序列,合成 cDNA 探针,以及构建 RNA 高效转录系统。

三、材料、器材和试剂

1. 材料

RNA 样品或 mRNA 样品。

2. 器材

移液器,冰箱,台式高速离心机,离心管,PCR仪,水平电泳槽,电泳仪,紫外观察仪,分析天平,恒温水浴锅,烧杯,微波炉。

3. 试剂

(1) 10 μmol/L Oligo(dT)18 引物。

(2) RT-PCR 试剂盒。

(3) 10 μmol/L 引物 1,10 μmol/L 引物 2。

(4) RNase 抑制剂。

(5) 10 mmol/L dNTPs。

(6) 10×PCR 缓冲液。

(7) 25 mmol/L $MgCl_2$。

(8) *Taq* DNA 聚合酶。

(9) 琼脂糖。

(10) 10 mg/mL 溴化乙锭。

(11) DNA Marker。

(12) 电泳缓冲液 5×TBE:称取 Tris 54g,硼酸 27.5g,0.5 mol/L EDTA 20mL 溶解,加蒸馏水定容至 1000mL。临用前稀释 5 倍。

(13) RNase H。

(14) DEPC-H_2O。

(15) 6×上样缓冲液(含荧光染料)。

四、实验步骤

1. 逆转录反应

(1) 取一个 0.5mL 的微量离心管,加入试剂如下:

总 RNA(要保证 RNA 的量达到 1~5μg)	2μL
10μmol/L Oligo(dT)18	1μL
DEPC-H_2O	10μL

(2) 混匀后将混合物在 65℃加热 10min,然后将离心管放到冰水浴中 2min。此步骤的目的是使 RNA 变性,去除局部的双链结构。

(3) 在离心管中再加入下列试剂:

5×RT 缓冲液	4μL
10mmol/L dNTP	1μL
RNase 抑制剂	1μL
逆转录酶	1μL

混合物的总体积为 20μL,混合均匀后,置于 37℃水浴中反应 1h。

(4) 取出离心管,再将其放入 70℃水浴中加热 15min,以使逆转录酶失活。

(5) 将离心管在冰水浴中放置 5min,加入 1μL(2U) 的 RNase H,然后在 37℃保温 20min,去除与 cDNA 互补的 RNA。-20℃保存备用。

2. PCR 扩增

(1)配制 PCR 反应体系。

取干净的 PCR 反应管,依次加入:

10×PCR 缓冲液	2μL
25mmol/L MgCl$_2$	1.5μL
10mmol/L dNTPs	1μL
10μmol/L 引物 1	1μL
10μmol/L 引物 2	1μL
cDNA 模板	1μL
Taq DNA 聚合酶(5U)	1μL
灭菌双蒸水	16.5μL

PCR 反应体系的体积为 25μL,混匀后,短暂离心,将反应管放入 PCR 仪中。

(2)设置 PCR 反应程序。

94℃,5min ⟶ 94℃,45s ⟶ 60℃,45s ⟶ 72℃,60s ⟶ 72℃,10min

循环30次(45s→60s之间)

按照设置的 PCR 反应程序,进行 PCR 扩增。

3. 电泳检测

PCR 扩增产物 5μL 加 6×上样缓冲液(含荧光染料)1.5μL,以 1‰琼脂糖凝胶为介质,点样后接通电源,以电场强度 10V/cm 电泳 30~40min。电泳结束后取出琼脂糖凝胶,置于紫外观察仪中观察并拍照,定性检测 PCR 效果。

五、注意事项

(1)实验所用的耗材如离心管、移液枪头等事先都需经过 0.1% DEPC 溶液浸泡处理,以除去 RNA 酶,防止操作过程中 RNA 降解。

(2)在 PCR 之前使用 RNase H 处理 cDNA 合成反应可以提高灵敏度。

(1)PCR 扩增时如出现了非特异性扩增条带应如何处理?

(2)为什么在做 RT-PCR 时,一定要确保无 DNA 污染?

第十四章 设计性实验

实验三十七 重要蛋白质的分离纯化

一、目的

(1)提高学生查阅文献资料,自主设计实验的能力。
(2)提高学生利用所学的生物化学与分子生物学知识来解决问题、分析问题的能力。

二、要求

(1)学生通过查阅文献资料,总结蛋白质或酶分离纯化与鉴定的基本策略及其常用方法。
(2)查阅文献资料,根据自己的兴趣,选择合适的用于分离纯化的靶蛋白。
(3)每4～5人组成一个小组,进行文献查找、总结分析和实验方案设计。
(4)根据确定的实验方案,进行具体的实验准备,包括所需试剂的配制、经费预算、仪器设备及器具。
(5)由老师和学生组成评议小组,对所提交的实验方案进行合理性、创新性评价。

三、实施

对可行的实验,由指导老师根据实验室条件,学生选题小组进行实验操作,并给出实验报告和实验结果。

四、结果分析与总结

(1)由实验小组汇报实验结果与遇到的相关问题。
(2)由老师和评价小组根据学生实验设计方案、实验结果等进行评议,并提出相应的改进措施。

(1)蛋白质或酶分离纯化与鉴定的基本策略及其常用方法。
(2)蛋白质或酶分离纯化的难点在哪些方面?

实验三十八　青豌豆素的分离纯化及其鉴定

一、目的

(1)学习亲和层析分离纯化蛋白质的基本方法。
(2)了解青豌豆素生物活性鉴定方法。

二、要求

(1)熟悉亲和层析的原理,查阅文献资料,制定实验方法,设计技术路线。
(2)进行可行性分析,确定实验所需试剂和相关器材。
(3)撰写纸质实验方案与预期成果,列出参考文献。在老师的指导下开展相关实验。

三、实验实施

1. 选取实验材料:青豌豆

2. 选择合适实验器材与试剂

3. 确定实验方法

(1)青豌豆素蛋白质的提取。
(2)亲和层析分离纯化青豌豆素蛋白质。

3. 青豌豆素生物活性测定

四、总结与分析

(1)实验结果。
(2)成功和失败的主要原因。
(3)收获和体会。

(1)为什么可以利用亲和层析来分离纯化青豌豆素?
(2)青豌豆素有什么用途?

实验三十九　卵磷脂的提取和鉴定

一、目的

(1) 学习设计提取卵磷脂的方法。
(2) 熟悉实验的实施和结果分析。

二、要求

(1) 组成实验小组，查阅文献资料，制定实验方法，设计技术路线。
(2) 进行可行性分析，确定实验所需试剂和相关器材。
(3) 撰写纸质实验方案与预期成果，列出参考文献。
(4) 选定指导老师，在老师的指导下开展相关实验。

三、实验实施

按照实验方案实施具体实验。

四、总结与分析

(1) 实验结果。
(2) 成功和失败的主要原因。
(3) 收获和体会。

(1) 本实验分离蛋黄中卵磷脂是根据什么原理？
(2) 要想获得高纯度的卵磷脂，实验中哪些地方需要注意？
(3) 为什么卵磷脂可以用作乳化剂？

实验四十　转基因植物的 PCR 鉴定

一、目的

检测外源基因在植物基因组中的整合,鉴定转基因植物。

二、要求

(1)查阅文献资料,设计实验方案,以转基因植物和非转基因植物为实验材料。
(2)实验方案要进行可行性分析。

三、实验实施

1. 选取实验材料

转基因植物(实验样品)、非转基因植物(阴性对照)。

2. 选取合适器材与试剂

3. 确定实验步骤

(1)选定 PCR 分析的外源基因。
(2)设计特异性引物。
(3)提取植物基因组 DNA。
(4)PCR 扩增外源基因。
(5)检测扩增产物。

四、总结与分析

(1)实验结果。
(2)成功和失败的主要原因。
(3)收获和体会。

(1)为什么要鉴定转基因植物?
(2)常用来鉴定转基因植物的外源基因有哪些?

实验四十一　mRNA 的差异显示技术

一、目的

(1) 学习 mRNA 差异显示技术的原理。
(2) 掌握 mRNA 差异显示技术的实验方法。

二、要求

(1) 确定选题,查阅文献资料,设计实验方案。
(2) 提出实验中的主要科学问题、重点和难点,写出实验方法和步骤。
(3) 确定实验所需器材、材料和试剂。
(4) 拟定实验提纲提交给指导老师进行审阅、修改和补充。

三、实验实施

按照拟定的实验提纲中的实验步骤,以实验小组为单位实施实验,做好实验记录。

1. 选取实验材料,设计引物

2. 选取合适器材与试剂

3. 确定实验步骤

(1) 实验样品总 RNA 的提取。
(2) 设计特异性引物。
(3) 逆转录体系的建立。
(4) PCR 扩增。
(5) mRNA 逆转录 PCR 产物的聚丙烯酰胺凝胶电泳检测。
(6) 差异显示 DNA 条带的回收。
(7) 回收条带的再次 PCR。
(8) PCR 产物的克隆与测序。
(9) 生物信息学分析。

四、总结与分析

(1) 实验结果。
(2) 成功和失败的主要原因。
(3) 收获和体会。

(1) 为什么 mRNA 差异显示要进行逆转录 PCR?
(2) 要想获得好的实验结果,哪些操作需要特别注意? 为什么?

实验四十二　土壤酶活性鉴定与分析

一、目的

(1) 学习土壤酶活性鉴定与分析的原理及方法。
(2) 了解土壤酶活性与土壤理化性质之间的相关性。

二、要求

(1) 确定选题,查阅文献资料,设计实验方案。
(2) 提出实验中的主要科学问题、重点和难点,写出实验方法和步骤。
(3) 确定实验所需器材、材料和试剂。
(4) 拟定实验提纲提交给指导老师进行审阅、修改和补充。

三、实验实施

按照拟定的实验提纲中的实验步骤,以实验小组为单位实施实验,做好实验记录。

1. 选取实验材料:适合的土壤样品

2. 选取合适器材与试剂

3. 确定实验步骤

(1) 采集土壤样品。
(2) 测定土壤理化性质,如全碳、全氮含量等。
(3) 测定土壤中相关酶的活性,如过氧化氢酶、脲酶等。

四、总结与分析

(1) 实验结果。

总结实验结果,对获得的数据进行处理与统计分析;分析土壤酶与环境因子之间的相关性;分析土壤酶活性之间的相关性。

(2) 分析成功和失败的主要原因。
(3) 总结收获和体会。

思考题

(1) 土壤酶活性与全球变化是否存在相关性?为什么?
(2) 土壤酶的种类很多,常用来分析活性的酶有哪些?

实验四十三　外源基因在大肠杆菌中的诱导表达

一、目的

(1) 学习和掌握基因重组技术原理与方法。
(2) 熟悉和掌握外源基因在大肠杆菌中诱导表达的方法、特点及实验操作方法。

二、要求

(1) 了解基因重组技术的原理与具体操作方法。
(2) 组成实验小组,查阅文献资料,制定实验方法,设计技术路线。
(3) 进行可行性分析,确定实验所需试剂和器材。
(4) 配制相关试剂和培养基,灭菌后,在老师的指导下开展相关实验。

三、实验实施

1. 选取实验材料

外源基因片段、质粒载体。

2. 选取合适器材与试剂

3. 确定实验步骤

(1) 构建重组表达质粒。
(2) 诱导基因表达。
(3) 破碎菌体,离心收集上清液备用。
(4) SDS-PAGE 检测表达蛋白。
(5) 筛选高表达菌株。

四、总结与分析

(1) 实验结果。

用考马斯亮蓝或硝酸银对 SDS-PAGE 结果进行染色,总结和分析电泳结果,对电泳结果拍照保存。

(2) 分析成功和失败的主要原因。
(3) 收获和体会。

(1) 如何分析外源基因在大肠杆菌中的诱导表达效率?
(2) 为什么表达蛋白要用 SDS-PAGE 而不是常规的 PAGE 来进行检测?

主要参考文献

陈毓荃.生物化学实验方法和技术[M].北京:科学出版社,2002.
丛峰松.生物化学实验[M].上海:上海交通大学出版社,2005.
郭蔼光,郭泽坤.生物化学实验技术[M].北京:高等教育出版社,2007.
侯新东,盛桂莲,葛台明,等.生物化学实验指导书[M].武汉:中国地质大学出版社,2011.
蒋建新.生物化学分析技术[M].北京:化学工业出版社,2013.
蒋立科,罗曼.生物化学实验设计与实践[M].北京:高等教育出版社,2007.
李林,张悦红.生物化学与分子生物学实验教程[M].北京:化学工业出版社,2006.
李卫芳,俞红云,王冬梅,等.生物化学与分子生物学实验[M].合肥:中国科学技术大学出版社,2012.
李学礼,周晓霞.生物化学与分子生物学实验技术教程[M].上海:同济大学出版社,2008.
梁宋平.生物化学与分子生物学实验教程[M].北京:高等教育出版社,2003.
林德馨.生物化学与分子生物学实验[M].2版.北京:科学出版社,2014.
刘松财,张明军,李莉.生物化学实验技术[M].长春:吉林大学出版社,2010.
刘维全,高士争,王吉贵.精编分子生物学实验指导[M].北京:化学工业出版社,2009.
刘志国.生物化学实验[M].武汉:华中科技大学出版社,2007.
骆亚萍.生物化学与分子生物学实验指导[M].长沙:中南大学出版社,2006.
马文丽.分子生物学实验手册[M].北京:人民军医出版社,2011.
钱国英.生化实验技术与实施教程[M].杭州:浙江大学出版社,2009.
曲萌,孙立伟,王艳双.分子生物学实验技术[M].上海:第二军医大学出版社,2012.
任林柱,张英.分子生物学实验原理与技术[M].北京:科学出版社,2015.
萨姆布鲁克 J,弗里奇 E F,曼尼阿蒂斯 T.分子克隆实验指南[M].金冬雁,黎孟枫,译.2版.北京:科学出版社,1999.
石庆华,张桦,王希东.生物化学实验指导[M].北京:中国农业大学出版社,2006.
宋方洲,何凤田.生物化学与分子生物学实验[M].北京:科学出版社,2008.
王金亭,方俊.生物化学实验教程[M].武汉:华中科技大学出版社,2010.
王镜岩,朱圣庚,徐长法.生物化学[M].3版.北京:高等教育出版社,2002.
王林嵩.生物化学实验技术[M].北京:科学出版社,2007.
王晓华,朱文渊.生物化学与分子生物学实验技术[M].北京:化学工业出版社,2008.
吴士良,钱晖,周亚军,等.生物化学与分子生物学实验教程[M].2版.北京:科学出版社,2009.
徐岚,钱晖.生物化学与分子生物学实验教程[M].3版.北京:科学出版社,2014.
杨安钢,刘新平,药立波.生物化学与分子生物学实验技术[M].北京:高等教育出版社,2008.
于自然,黄熙泰,李翠凤.生物化学习题及实验技术[M].2版.北京:化学工业出版社,2008.
余冰宾.生物化学实验指导[M].北京:清华大学出版社,2003.
袁榴娣.高级生物化学与分子生物学实验教程[M].南京:东南大学出版社,2006.
张龙翔,张庭芳,李令媛.生化实验方法和技术[M].2版.北京:高等教育出版社,1997.
张维娟,王玉兰.生物化学与分子生物学实验教程[M].郑州:河南大学出版社,2014.
赵亚华.生物化学实验技术教程[M].广州:华南理工大学出版社,2000.

附录 A

一、常用缓冲溶液的配制

1. 磷酸氢二钠-柠檬酸缓冲液

表 A-1 磷酸氢二钠-柠檬酸缓冲液配制表

pH 值	0.2mol/L Na_2HPO_4(mL)	0.1mol/L 柠檬酸(mL)	pH 值	0.2mol/L Na_2HPO_4(mL)	0.1mol/L 柠檬酸(mL)
2.2	0.40	19.60	5.2	10.72	9.28
2.4	1.24	18.76	5.4	11.15	8.85
2.6	2.18	17.82	5.6	11.60	8.40
2.8	3.17	16.83	5.8	12.09	7.91
3.0	4.11	15.89	6.0	12.63	7.37
3.2	4.94	15.06	6.2	13.22	6.78
3.4	5.70	14.30	6.4	13.85	6.15
3.6	6.44	13.56	6.6	14.55	5.45
3.8	7.10	12.90	6.8	15.45	4.55
4.0	7.71	12.29	7.0	16.47	3.53
4.2	8.28	11.72	7.2	17.39	2.61
4.4	8.82	11.18	7.4	18.17	1.83
4.6	9.35	10.65	7.6	18.73	1.27
4.8	9.86	10.14	7.8	19.15	0.85
5.0	10.30	9.70	8.0	19.45	0.55

Na_2HPO_4：M_r=141.98，0.2mol/L 溶液的质量浓度为 28.40g/L。

$Na_2HPO_4 \cdot 2H_2O$：M_r=178.05，0.2mol/L 溶液的质量浓度为 35.61g/L。

柠檬酸($C_6H_8O_7 \cdot H_2O$)：M_r=210.14，0.1mol/L 溶液的质量浓度为 21.01g/L。

2. 磷酸氢二钠-磷酸二氢钾缓冲液(1/15mol/L)

表 A-2 磷酸氢二钠-磷酸二氢钾缓冲液(1/15mol/L)配制表

pH 值	1/15mol/L Na_2HPO_4(mL)	1/15mol/L KH_2PO_4(mL)	pH 值	1/15mol/L Na_2HPO_4(mL)	1/15mol/L KH_2PO_4(mL)
4.92	0.10	9.90	7.17	7.00	3.00
5.29	0.50	9.50	7.38	8.00	2.00
5.91	1.00	9.00	7.73	9.00	1.00
6.24	2.00	8.00	8.04	9.50	0.50

续表 A-2

pH 值	1/15mol/L Na$_2$HPO$_4$(mL)	1/15mol/L KH$_2$PO$_4$(mL)	pH 值	1/15mol/L Na$_2$HPO$_4$(mL)	1/15mol/L KH$_2$PO$_4$(mL)
6.47	3.00	7.00	8.34	9.75	0.25
6.64	4.00	6.00	8.67	9.90	0.10
6.81	5.00	5.00	8.18	10.00	0
6.98	6.00	4.00			

Na$_2$HPO$_4$·2H$_2$O：M_r=178.05，1/15mol/L 溶液的质量浓度为 11.87g/L。
KH$_2$PO$_4$：M_r=136.09，1/15mol/L 溶液的质量浓度为 9.078g/L。

3. 磷酸氢二钠-磷酸二氢钠缓冲液(0.2mol/L)

表 A-3　磷酸氢二钠-磷酸二氢钠缓冲液(0.2mol/L)配制表

pH 值	0.2mol/L Na$_2$HPO$_4$(mL)	0.2mol/L NaH$_2$PO$_4$(mL)	pH 值	0.2mol/L Na$_2$HPO$_4$(mL)	0.2mol/L NaH$_2$PO$_4$(mL)
5.8	8.0	92.0	7.0	61.0	39.0
5.9	10.0	90.0	7.1	67.0	33.0
6.0	12.3	87.7	7.2	72.0	28.0
6.1	15.0	85.0	7.3	77.0	23.0
6.2	18.5	81.5	7.4	81.0	19.0
6.3	22.5	77.5	7.5	84.0	16.0
6.4	26.5	73.5	7.6	87.0	13.0
6.5	31.5	68.5	7.7	89.5	10.5
6.6	37.5	62.5	7.8	91.5	8.5
6.7	43.5	56.5	7.9	93.0	7.0
6.8	49.0	51.0	8.0	94.7	5.3
6.9	55.0	45.0			

Na$_2$HPO$_4$·2H$_2$O：M_r=178.05，0.2mol/L 溶液的质量浓度为 35.61g/L。
Na$_2$HPO$_4$·12H$_2$O：M_r=358.22，0.2mol/L 溶液的质量浓度为 71.64g/L。
NaH$_2$PO$_4$·H$_2$O：M_r=138.01，0.2mol/L 溶液的质量浓度为 27.6g/L。
NaH$_2$PO$_4$·2H$_2$O：M_r=156.03，0.2mol/L 溶液的质量浓度为 31.21g/L。

4. 磷酸二氢钾-氢氧化钠缓冲液(0.05mol/L)

表 A-4 磷酸二氢钾-氢氧化钠缓冲液(0.05mol/L)配制表

pH 值 (20℃)	0.2mol/L KH_2PO_4(mL)	0.2mol/L NaOH(mL)	pH 值 (20℃)	0.2mol/L KH_2PO_4(mL)	mol/L NaOH(mL)
5.8	5	0.372	7.0	5	2.963
6.0	5	0.570	7.2	5	3.500
6.2	5	0.860	7.4	5	3.950
6.4	5	1.260	7.6	5	4.280
6.6	5	1.780	7.8	5	4.520
6.8	5	2.365	8.0	5	4.680

0.2mol/L KH_2PO_4 + 0.2mol/L NaOH 的体积再加水稀释至 20mL。

5. 乙酸-乙酸钠缓冲液(0.2mol/L)

表 A-5 乙酸-乙酸钠缓冲液(0.2mol/L)配制表

pH 值	0.2mol/L NaAc(mL)	0.2mol/L HAc(mL)	pH 值	0.2mol/L NaAc(mL)	0.2mol/L HAc(mL)
3.6	0.75	9.25	4.8	5.90	4.10
3.8	1.20	8.80	5.0	7.00	3.00
4.0	1.80	8.20	5.2	7.90	2.10
4.2	2.65	7.35	5.4	8.60	1.40
4.4	3.70	6.30	5.6	9.10	0.90
4.6	4.90	5.10	5.8	9.40	0.60

NaAc·$3H_2O$:M_r=136.09,0.2mol/L 溶液的质量浓度为 27.22g/L。

6. Tris-盐酸缓冲液(0.05mol/L,25℃)

50mL 0.1mol/L 三羟甲基氨基甲烷(Tris)溶液与 xmL 0.1mol/L 盐酸混匀后,加水稀释至 100mL。

表 A-6 Tris-盐酸缓冲液配制表

pH 值	0.1mol/L 盐酸(mL)	pH 值	0.1mol/L 盐酸(mL)
7.1	45.7	8.1	26.2
7.2	44.7	8.2	22.9
7.3	43.4	8.3	19.9
7.4	42.0	8.4	17.2
7.5	40.3	8.5	14.7
7.6	38.5	8.6	12.4
7.7	36.6	8.7	10.3
7.8	34.5	8.8	8.5
7.9	32.0	8.9	7.0
8.0	29.2	9.0	5.7

三羟甲基氨基甲烷(Tris):M_r=124.14,0.1mol/L 溶液的质量浓度为 12.114g/L。

Tris 溶液能从空气中吸收 CO_2,使用时应注意将瓶盖盖严。

7. 柠檬酸-柠檬酸钠缓冲液(0.1mol/L)

表 A-7 柠檬酸-柠檬酸钠缓冲液配制表

pH 值	0.1mol/L 柠檬酸(mL)	0.1mol/L 柠檬酸钠(mL)	pH 值	0.1mol/L 柠檬酸(mL)	mol/L 柠檬酸钠(mL)
3.0	18.6	1.4	5.0	8.2	11.8
3.2	17.2	2.8	5.2	7.3	12.7
3.4	16.0	4.0	5.4	6.4	13.6
3.6	14.9	5.1	5.6	5.5	14.5
3.8	14.0	6.0	5.8	4.7	15.3
4.0	13.1	6.9	6.0	3.8	16.2
4.2	12.3	7.7	6.2	2.8	17.2
4.4	11.4	8.6	6.4	2.0	18.0
4.6	10.3	9.7	6.6	1.4	18.6
4.8	9.2	10.8			

柠檬酸($C_6H_8O_7 \cdot H_2O$):$M_r = 210.14$,0.1mol/L 溶液的质量浓度为 21.01g/L。

柠檬酸钠($Na_3C_6H_5O_7 \cdot 2H_2O$):$M_r = 294.12$,0.1mol/L 溶液的质量浓度为 29.41g/L。

二、百分浓度酸、碱溶液的配制

配制 1000mL 某百分浓度的酸、碱溶液,所需浓酸或浓碱的体积见表 A-8。

表 A-8 1000mL 某百分浓度酸、碱溶液所需浓酸、浓碱体积表　　单位:mL

溶液	浓度					
	25%	20%	10%	5%	2%	1%
HAC	248	197	97	48	19	9.5
HCl	635	497	237	116	46	23
HNO_3	313	244	115	56	22	11
H_2SO_4	168	130	61	29	12	6
$NH_3 \cdot H_2O$	—	814	422	215	87	44

三、常用酸、碱和固态化合物的部分数据

(一)实验室中常用酸、碱的相对密度及其浓度

表 A-9 常用酸、碱的相对密度及其浓度

名称	分子式	相对分子质量	相对密度	百分比浓度(%)	摩尔浓度(mol/L)
盐酸	HCl	36.47	1.18	35.4	12.0
硫酸	H_2SO_4	98.09	1.84	95.6	18.0
硝酸	HNO_3	63.02	1.40	65.3	16.0
冰醋酸	CH_3COOH	60.05	1.05	99.5	17.4
醋酸	CH_3COOH	60.05	1.04	36.0	6.3
磷酸	H_3PO_4	98.06	1.71	85.0	15.0
甲酸	HCOOH	46.02	1.20	90.0	23.0
高氯酸	$HClO_4$	100.05	1.67	70.0	12.0
氨水	$NH_3 \cdot H_2O$	35.05	0.91	25.0	13.3

(二) 常用固态化合物的浓度配制

表 A-10 常用固态化合物的浓度配制参考表

名称	分子式	相对分子质量	浓度换算	
			mol/L	g/L
草酸	$H_2C_2O_4 \cdot 2H_2O$	126.08	1	63.04
柠檬酸	$H_3C_6H_5O_7 \cdot H_2O$	210.14	0.1	7.00
氢氧化钾	KOH	56.10	5	280.50
氢氧化钠	NaOH	40.00	1	40.00
碳酸钠	Na_2CO_3	106.00	0.5	53.00
磷酸氢二钠	$Na_2HPO_4 \cdot 12H_2O$	358.20	1	358.20
磷酸二氢钾	KH_2PO_4	136.10	1/15	9.08
重铬酸钾	$K_2Cr_2O_7$	294.20	1/60	4.9035
碘化钾	KI	166.00	0.5	83.00
高锰酸钾	$KMnO_4$	158.00	0.05	3.16
乙酸钠	NaC_2H_5O	82.04	1	82.04
硫代硫酸钠	$Na_2S_2O_3 \cdot 5H_2O$	248.20	0.1	24.82

四、pH 计校正标准缓冲溶液的配制方法

酸度计(pH 计)用的标准缓冲液要求稳定性较大,温度依赖性较小,试剂易于提纯。常用标准缓冲液的配制方法如下:

(1)pH=4.0(10~20℃)。

将邻二甲酸氢钾在 105℃下干燥 1h 后,称取 5.07g,加蒸馏水溶解至 500mL。

(2)pH=6.88(20℃)。

称取在 130℃下干燥 2h 的磷酸二氢钾(KH_2PO_4)3.401g、磷酸二氢钠($Na_2HPO_4 \cdot 12H_2O$)8.95g 或无水磷酸二氢钠(Na_2HPO_4)3.54g,加蒸馏水至 500mL。

(3)pH=9.18(25℃)。

称取四硼酸钠($Na_2B_4O_7 \cdot 10H_2O$)3.8144g 或无水四硼酸钠($Na_2B_4O_7$)2.02g,加双蒸水溶解至 100mL。

五、常用试剂和电泳缓冲液的配制

1. 常用试剂母液配制

(1)10mol/L NaOH 溶液。

取氢氧化钠(分析纯,相对分子质量为 40)80g,先用 160mL 双蒸水搅拌溶解后,再加双蒸水定容至 200mL。

(2)0.2mol/L 葡萄糖溶液。

葡萄糖(分析纯,相对分子质量为 198.17)3.96g,用双蒸水溶解后定容至 100mL,高压灭菌 30min,置冰箱贮存备用。

(3)0.5mol/L EDTA(pH=8.0)溶液。

称取 EDTA-2Na(乙二胺四乙酸二钠,分析纯,相对分子质量为 372.24)18.6g,先用 70mL 双蒸水,加 10mL 10mol/L NaOH 溶液,加热搅拌溶解后,再用 10mol/L NaOH 溶液调节 pH 值至 8.0,加双蒸水定容至 100mL,高压灭菌 20min。

(4)20%SDS 溶液。

称取固体 SDS(十二烷基硫酸钠,相对分子质量为 288.44)20g,加 70mL 双蒸水于 42℃水溶解,加双蒸水定容至 100mL。

(5)3mol/L NaAc 溶液。

称取无水乙酸钠(分析纯,相对分子质量为 82.03)123.04g,先加入双蒸水 400mL,加热搅拌溶解,再加双蒸水定容至 500mL。高压灭菌 20min。

(6)5mol/L NaCl 溶液。

称取氯化钠 292.2g,先加 800mL 双蒸水(注意:氯化钠的溶解度为 36g,此浓度已接近氯化钠的饱和度,较难溶解,搅拌溶解后,加双蒸水定容至 1000mL,高压灭菌 20min。

(7)10 mg/ml 溴化乙锭溶液(简称 EB)。

戴手套谨慎称取溴化乙锭(相对分子质量为 394.33)约 200mg 于棕色试剂瓶内,按 10 mg/mL 的浓度加双蒸水配制,溶解后贮存于 4℃冰箱备用(EB 是 DNA 的诱变剂,亦是极强的致癌物,使用时要小心谨慎)。

2. 常用电泳缓冲液配制

(1)50×TAE 缓冲液。

称取 Tris 242.2g,先用 300mL 双蒸水加热搅拌溶解后,加 57mL 冰乙酸,加 100mL 500 mmol/L EDTA(pH=8.0),用冰乙酸调节 pH 值至 8.0,然后加双蒸水定容至 1000mL。

(2)10×TBE 缓冲液。

称取 Tris 108g,硼酸(分析纯)55g,加入 40mL 500mmol/L EDTA,先加 800mL 双蒸水,加热溶解后,再加双蒸水定容至 1000mL。

(3)5×Tris-甘氨酸电泳缓冲液。

称取 Tris 15.1g,甘氨酸 94g,SDS 5g,加双蒸水 800mL 溶解后,最后加双蒸水定容至 1000mL。

(4)6 倍电泳上样缓冲液Ⅰ。

称取溴酚蓝 200mg,放入烧杯中,加双蒸水 10mL,搅拌使其溶解,再称取蔗糖 50g,加双蒸水溶解后移入溴酚蓝溶液中,摇匀后再加双蒸水定容至 100mL,加 NaOH 1~2 滴,调至蓝色,存放在 4℃冰箱备用。

(5)6 倍电泳上样缓冲液Ⅱ。

称取溴酚蓝 250mg,加双蒸水 10mL,在室温下过夜,再称取 250mg 二甲苯青蓝于 10mL 双蒸水溶解,加入 40g 蔗糖,加双蒸水溶解后,合并三溶液,加双蒸水定容至 100mL,存放在 4℃冰箱备用。

(6)5×SDS-PAGE 上样缓冲液。

0.25mol/L Tris-HCl 溶液(pH=6.8),10% SDS,0.5%溴酚蓝,50%甘油,5% β-巯基乙醇。

量取 1mol/L Tris-HCl 溶液(pH=6.8)1.25mL,甘油 2.5mL,称取 SDS 固体粉末 0.5g,溴酚蓝 25mg。加入去离子水溶解后定容至 5mL。小份(500μL)分装后,于室温保存,使用前将 25μL 的 β-巯基乙醇加入到每小份中去。加入 β-巯基乙醇的上样缓冲液可以在室温下保存一个月左右。

六、电泳染色方法

生物高分子经电泳分离后需经染色使其在支持物(如琼脂唐、聚丙烯酰胺凝胶等)相应位置上显示出谱带,从而检测其纯度、含量及生物活性。

(一)核酸染色

1. RNA 染色法

(1)焦宁 Y(pyronine Y):此染料对 RNA 染色效果好,灵敏度高,可检出 0.01μg 的 RNA。脱色后凝胶本底色浅而 RNA 色带稳定,抗光,不易褪色。此染料最适浓度为 0.5%。方法:0.5%焦宁 Y 溶于乙酸-甲醇-水(体积比为 1∶1∶8)和 1%乙酸镧的混合液中染 16h(室温),用乙酸-甲醇-水(体积比为 0.5∶1∶8.5)脱色。

(2)甲苯胺蓝 O(toluidine blue O):其最适浓度为 0.7%,染色效果较焦宁 Y 稍差些,因凝胶本底脱色不完全,较浅的 RNA 色带不易检出。方法:0.7%甲苯胺蓝溶于 15%乙酸中,染

1～2h,用 7.5%乙酸脱色。

2. DNA 染色法

(1)甲基绿(methyl green):一般将 0.25%甲基绿溶于 0.2mol/L pH=4.1 的乙酸缓冲液中,用氯仿反复抽提至无紫色,室温下染 1h。此法适用于检测天然 DNA。

(2)二苯胺(diphenylamine):DNA 中的 α-脱氧核糖在酸性环境中与二苯胺试剂染色 1h,再在沸水浴中加热 10min 即可显示蓝色区带。此法可区别 DNA 和 RNA。

3. RNA、DNA 共用染色法——荧光染料溴乙锭(ethidium bromide,简称 EB)

可用于观察琼脂糖电泳中的 RNA、DNA 带。EB 能插入核酸分子中的碱基对之间,导致 EB 与核酸结合。可在紫外分析灯(254nm)下观察荧光。如将已染色的凝胶浸泡在 1mmol/L $MgSO_4$ 中 1h,可以降低未结合的 EB 引起的背景荧光,有利于检测极少量的 DNA。

EB 染料的优点:操作简单。凝胶可用 0.5～1mg/mL 的 EB 染色,染色时间取决于凝胶浓度,低于 1%的琼脂糖凝胶染 15min 即可。多余的 EB 不干扰在紫外灯下检测荧光。染色后不会使核酸断裂,而其他染料做不到这点,因此可将染料直接加到核酸样品中,这样可以随时用紫外灯追踪检查。灵敏度高,对 1ng RNA、DNA 均可染色。

注意:EB 染料是一种强烈的诱变剂,操作时应戴上手套,加强防护。

(二)蛋白质染色

1. 氨基黑 10B

将凝胶于 12.5%三氯乙酸中固定 30min,然后用 0.05%氨基黑 10B(12.5%三氯乙酸配制)染色 3h,再经 12.5%三氯乙酸脱色,直至背景清晰为止。蛋白质条带呈蓝绿色或蓝色。

2. 考马斯亮蓝 R250

将凝胶浸入固定液[V(乙醇):V(冰醋酸):V(水)=5:1:4]固定 1h,然后用 0.25%考马斯亮蓝 R250 染 0.5～1h。染色后的胶片用水冲去表面染料,用脱色液[V(乙醇):V(冰醋酸):V(水)=5:1:5]脱色至条带清晰为止。该方法的灵敏度比氨基黑高 5 倍。

(三)同工酶染色

1. 过氧化物酶

染色液组成:70.4mg 抗坏血酸,20mL 联苯胺贮液(2g 联苯胺溶于 18mL 冰醋酸中再加水 72mL),20mL 0.6%过氧化氢,60mL 水。

染色方法:电泳完毕,剥取凝胶,用蒸馏水漂洗数次后,放入染色液,约 1～5min 出现清晰的过氧化物酶区带,迅速倾出染色液,用蒸馏水洗涤数次,于 7%乙酸中保存。

2. 酯酶同工酶

染色液组成:坚牢兰 RR 盐 30mg 溶于 30mL pH=6.4 的 0.1mol/L 磷酸缓冲液中,2mL 1%α-醋酸萘酯(少许丙酮溶解,用 80%酒精配),1mL 2%β-醋酸萘酯(配制同 α-醋酸萘酯),混匀即可。

染色方法:电泳完毕,剥取凝胶,立即转移至上述染色液中,37℃保温数分钟,当呈现棕红色的酯酶同工酶谱带时,迅速倾出染色液,用蒸馏水漂洗,于 7%乙酸中保存。

3. 细胞色素氧化酶同工酶

染色液组成:1％二甲基对苯二胺 3mL,1％α-萘酚(溶于 40％乙醇)3mL,0.1mol/L pH=7.4 的磷酸缓冲液 75mL,混匀后即可。

染色方法:剥取凝胶,放入上述染色液中,在 37℃保温数分钟,直至条带清晰时,立即倒掉染色液,用无离子水冲洗数次,立即照像或记录结果,否则天蓝色的酶带会褪去,在水中只能短期保存。

4. 酸性磷酸酯酶同工酶

染色液组成:100mg α-磷酸萘酯钠盐、100mg 坚牢兰 RR 盐、100mL 0.2mol/L,pH=5.0 的醋酸缓冲液。

染色方法:取经蒸馏水漂洗数次的凝胶浸入染色液,在 37℃保温至出现玫瑰红区带为止,用 7％乙酸终止反应及保存。

5. 碱性磷酸酯酶同工酶

染色液组成:100mg α-萘酚酸性磷酸钠盐、100mg 坚牢兰 RR 盐、100mL 0.1mol/L Tris-HCl (pH=8.5)、10％ $MgCl_2$ 10 滴,1％ $MnCl_2$ 10 滴。

染色方法:凝胶置于混合液中 25℃保温 2~8h,待出现橘红色的酶带后,用水冲洗,拍照。

6. 超氧化物歧化酶同工酶

(1)正染色法。

正染色液:10mmol/L pH=7.2 的磷酸缓冲液中含 2mmol/L 茴香胺,0.1mmol/L 核黄素。

正染色:凝胶在室温下于上述缓冲液中浸泡 1h,快速水洗两次,光照 5~15min 显示棕色 SOD 活性谱带。染色后的凝胶经蒸馏水漂洗数次用于照相或制成干胶片。

(2)负染色法。

负染色液:0.05mol/L pH=7.8 的磷酸缓冲液中含有 0.028mol/L 四甲基乙二胺,$2.8×10^{-5}$mol/L 核黄素,$1.0×10^{-2}$mol/L EDTA。

7. 乳酸脱氢酶同工酶

染色液组成:NAD 50mg,NBT 30mg,PMS 2mg,1mol/L D,L-乳酸钠 10mL,0.1mol/L NaCl 5.2mL,0.5mol/L Tris-HCl 缓冲液(pH=7.4) 15.2mL,加水至 100mL。该溶液应避免低温保存,一周内有效,如溶液呈绿色,即失效。

染色方法:将凝胶浸入上述染色液 1h 左右,凝胶片上可显示出蓝紫色的乳酸脱氢酶同工酶区带图谱,染色后的凝胶用重蒸水冲洗两次,放入 50％~70％乙醇中保存。

1mol/L D,L-乳酸钠溶液(pH=7.0)的配制:称取 6.07g $Na_2CO_3·H_2O$ 溶解于 50mL 水中,置冰浴中并在搅拌时慢慢加入 85％的 D,L-乳酸 10.6mL,加水至 100mL。

七、离心力与离心机转速测算

离心机转子的半径也就是离心管中轴底部到离心机转轴中心的距离,单位为 cm。r/min 表示离心机每分钟的转速。相对离心力以地心引力即重力加速度的倍数来表示,一般用 g 表示。

相对离心力$(g) = 1.119 \times 10^{-5} \times$ 离心机的转子半径$(cm) \times$ 转速^2(r/min)

将离心机转数换算为离心力时,首先在半径标尺上取已知的半径,在转速标尺上取已知的离心机转速,然后在这两点间画一条直线,在图中间相对离心力标尺上的交叉点即为相应的离心力数值(图 A-1)。

注意:若已知的转速值处于转速标尺的右侧,则读数取相对离心力标尺右侧的数值。同样方式,转速值处于转速标尺左侧,则读数取相对离心力标尺左侧的数值。

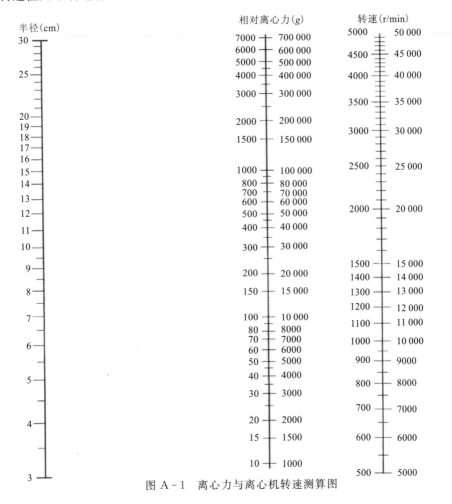

图 A-1　离心力与离心机转速测算图

八、常用层析介质数据

(一) Sephadex 凝胶

表 A-11　**Sephadex 凝胶的技术数据**

型号	颗粒直径 (μm)	相对分子质量	
		肽和蛋白质	葡聚糖
Sephadex G-10	40~120	<700	<700
Sephadex G-15	40~120	<1500	<1500

续表 A-11

型号	颗粒直径（μm）	相对分子质量 肽和蛋白质	相对分子质量 葡聚糖
Sephadex G-25 粗颗粒	100～300		
Sephadex G-25 中颗粒	50～150	1000～5000	100～5000
Sephadex G-25 细颗粒	20～80		
Sephadex G-25 超细颗粒	10～40		
Sephadex G-50 粗颗粒	100～300		
Sephadex G-50 中颗粒	50～150		
Sephadex G-50 细颗粒	20～80	1500～30 000	500～10 000
Sephadex G-50 超细颗粒	10～40		
Sephadex G-75	40～120	3000～80 000	1000～50 000
Sephadex G-75 超细颗粒	10～40	3000～70 000	
Sephadex G-100	40～120	4000～150 000	1000～100 000
Sephadex G-100 超细颗粒	10～40	4000～100 000	
Sephadex G-150	40～120	5000～400 000	1000～150 000
Sephadex G-150 超细颗粒	10～40	5000～150 000	
Sephadex G-200	40～120	5000～800 000	1000～200 000
Sephadex G-200 超细颗粒	10～40	5000～250 000	

（二）商品琼脂糖凝胶

表 A-12　商品琼脂糖凝胶的技术数据

型号	筛孔（目）	颗粒直径（μm）	分级范围（$\times 10^6$）	琼脂糖浓度（%）
Sepharose 2B		60～250	0～40	2
Sepharose 4B		40～190	0～20	4
Sepharose 6B		40～210	0～4	6
Sepharose CL-2B		60～200	0～40	2
Sepharose CL-4B		60～140	0～20	4
Sepharose CL-6B		45～155	0～4	6
Bio-Gel A-0.5m	50～100	150～300		

续表 A-12

型号	筛孔(目)	颗粒直径(μm)	分级范围($\times 10^6$)	琼脂糖浓度(%)
Bio-Gel A-0.5m	100~200	75~150	0.01~0.5	10
Bio-Gel A-0.5m	200~400	40~75		
Bio-Gel A-1.5m	50~100	150~300		
Bio-Gel A-1.5m	100~200	75~150		
Bio-Gel A-1.5m	200~400	40~75	0.01~1.5	8
Bio-Gel A-5m	50~100	150~300		
Bio-Gel A-5m	100~200	75~150	0.01~5	
Bio-Gel A-5m	200~400	40~75		6
Bio-Gel A-15m	50~100	150~300		
Bio-Gel A-15m	100~200	75~150	0.04~15	
Bio-Gel A-15m	200~400	40~75		4
Bio-Gel A-50m	50~100	150~300		
Bio-Gel A-50m	100~200	75~150	0~0.1	50
Bio-Gel A-150m	50~100	150~300		2
Bio-Gel A-150m	100~200	75~150	1~150	1

(三)聚丙烯酰胺凝胶

表 A-13 聚丙烯酰胺凝胶的技术数据

型号	排阻下限 (相对分子质量)	分级分离范围 (相对分子质量)	膨胀后柱床 体积(mL/g 干凝胶)	膨胀需最少时间 (室温,h)
Bio-gel-P-2	1600	200~2000	3.8	2~4
Bio-gel-P-4	3600	500~4000	5.8	2~4
Bio-gel-P-6	4600	1000~5000	8.8	2~4
Bio-gel-P-10	10 000	5000~17 000	12.4	2~4
Bio-gel-P-30	30 000	20 000~50 000	14.9	10~12
Bio-gel-P-60	60 000	30 000~70 000	19.0	10~12
Bio-gel-P-100	100 000	40 000~100 000	19.0	24
Bio-gel-P-150	150 000	50 000~150 000	24.0	24
Bio-gel-P-200	200 000	80 000~300 000	34.0	48
Bio-gel-P-300	300 000	100 000~400 000	40.0	48

九、硫酸铵饱和度的常用表

1. 调整硫酸铵溶液饱和度计算表(25℃)

表 A-14 调整硫酸铵溶液饱和度计算表(25℃)

硫酸铵初浓度饱和度(%)	硫酸铵终浓度饱和度(%)																
		10	20	25	30	33	35	40	45	50	55	60	65	70	75	80	90	100
		每升溶液加固体硫酸铵的质量(g)*																
	0	56	114	144	176	196	209	243	277	313	351	390	430	472	516	561	662	767
	10		57	86	118	137	150	183	216	251	288	326	365	406	449	494	592	694
	20			29	59	78	91	123	155	189	225	262	300	340	382	424	520	619
	25				30	49	61	93	125	158	193	230	267	307	348	390	485	583
	30					19	30	62	94	127	162	198	235	273	314	356	449	546
	33						12	43	74	107	142	177	214	252	292	333	426	522
	35							31	63	97	129	164	200	238	278	319	411	506
	40								31	63	97	132	168	205	245	285	375	469
	45									32	65	99	134	171	210	250	339	431
	50										33	66	101	137	176	214	302	392
	55											33	67	103	141	179	264	353
	60												34	69	105	143	227	314
	65													34	70	107	190	275
	70														35	72	153	237
	75															35	115	198
	80																77	157
	90																	79

*表示在25℃下,硫酸铵溶液由初浓度调到终浓度时,每升溶液所加固体硫酸铵的克数。

2. 调整硫酸铵溶液饱和度计算表(0℃)

表 A-15 调整硫酸铵溶液饱和度计算表(0℃)

硫酸铵初浓度饱和度(%)	硫酸铵终浓度饱和度(%)																
		20	25	30	35	40	45	50	55	60	65	70	75	80	85	90	95	100
		每100mL溶液加固体硫酸铵的质量(g)*																
	0	10.6	13.4	16.4	19.4	22.6	25.8	29.1	32.6	36.1	39.8	43.6	47.6	51.6	55.9	60.3	65.0	69.7
	5	7.9	10.8	13.7	16.6	19.7	22.9	26.2	29.6	33.1	36.8	40.5	44.4	48.4	52.6	57.0	61.5	66.2
	10	5.3	8.1	10.9	13.9	16.9	20.0	23.3	26.6	30.1	33.7	37.4	41.2	45.2	49.3	53.6	58.1	62.7
	15	2.6	5.4	8.2	11.1	14.1	17.2	20.4	23.7	27.1	30.6	34.3	38.1	42.0	45.0	50.3	54.7	59.2

续表 A-15

		\multicolumn{17}{c}{硫酸铵终浓度饱和度(%)}
		20	25	30	35	40	45	50	55	60	65	70	75	80	85	90	95	100
		\multicolumn{17}{c}{每100mL溶液加固体硫酸铵的质量(g)*}
硫酸铵初浓度饱和度(%)	20	0	2.7	5.5	8.3	11.3	14.3	17.5	20.7	24.1	27.6	31.2	34.9	38.7	42.7	46.9	51.2	55.7
	25		0	2.7	5.6	8.4	11.5	14.6	17.9	21.1	24.5	28.0	31.7	35.5	39.5	43.6	47.8	52.2
	30			0	2.8	5.6	8.6	11.7	14.8	18.1	21.4	24.9	28.5	32.3	36.2	40.2	44.5	48.8
	35				0	2.8	5.7	8.7	11.8	15.1	18.4	21.8	25.4	29.1	32.9	36.9	41.0	45.3
	40					0	2.9	5.8	8.9	12.0	15.3	18.7	22.2	25.8	29.6	33.5	37.6	41.8
	45						0	2.9	5.9	9.0	12.3	15.5	19.0	22.6	26.3	30.2	34.2	38.3
	50							0	3.0	6.0	9.2	12.5	15.9	19.4	23.0	26.8	30.8	34.8
	55								0	3.1	6.2	9.5	12.9	16.4	19.7	23.5	27.3	31.3
	60									0	3.1	6.3	9.7	13.2	16.8	20.1	23.1	27.9
	65										0	3.1	6.3	9.7	13.2	16.8	20.5	24.4
	70											0	3.2	6.5	9.9	13.4	17.1	20.9
	75												0	3.2	6.6	10.1	13.7	17.4
	80													0	3.3	6.7	10.3	13.9
	85														0	3.4	6.8	10.5
	90															0	3.4	7.0
	95																0	3.5
	100																	0

* 表示在0℃下,硫酸铵溶液由初浓度调到终浓度时,每100mL溶液所加固体硫酸铵的克数。

十、与DNA凝胶电泳有关的数据

(一)琼脂糖凝胶浓度与线性DNA分辨范围

表 A-16 琼脂糖凝胶浓度与线性DNA分辨范围

琼脂糖凝胶浓度(%)	线性DNA长度(bp)
0.5	1000~30 000
0.7	800~12 000
1.0	500~10 000
1.2	400~7000
1.5	200~3000
2.0	50~2000

(二)聚丙烯酰胺凝胶对 DNA 的分辨范围

表 A-17 聚丙烯酰胺凝胶对 DNA 的分辨范围

聚丙烯酰胺凝胶浓度(%)	分离范围(bp)
3.5	100～2000
5.0	80～500
8.0	60～400
12.0	40～200
15.0	25～150
20.0	6～100

(三)电泳指示剂在非变性聚丙烯酰胺凝胶中的迁移

表 A-18 非变性聚丙烯酰胺凝胶浓度与电泳指示剂迁移时所对应的 DNA 长度

凝胶浓度(%)	溴酚蓝(bp)	二甲苯青 FF(bp)
3.5	100	460
5.0	65	260
8.0	45	160
12.0	20	70
15.0	15	60
20.0	12	45

注:表中溴酚蓝与二甲苯青 FF 所对应的数字是迁移率与染料相同的双链 DNA 片段的粗略大小(核苷酸对)。

(四)电泳指示剂在变性聚丙烯酰胺凝胶中的迁移

表 A-19 变性聚丙烯酰胺凝胶浓度与电泳指示剂迁移时所对应的 DNA 长度

凝胶浓度(%)	溴酚蓝(bp)	二甲苯青 FF(bp)
5.0	35	140
6.0	26	106
8.0	19	75
10.0	12	55
20.0	8	28

注:同表 A-18。

十一、常用核酸与蛋白质的换算数据

(一) 分光光度换算

$1A_{260}$ 双链 DNA 的质量浓度相当于 $50\mu g/mL$；
$1A_{260}$ 单链 DNA 的质量浓度相当于 $33\mu g/mL$；
$1A_{260}$ 双链 RNA 的质量浓度相当于 $40\mu g/L$。

(二) DNA 物质的量换算

$1\mu g$ 1000 bp DNA 的物质的量为 1.52pmol 或 3.03pmol 末端；
$1\mu g$ pBR322 DNA 的物质的量为 0.36pmol；
1pmol 1000bp DNA 的质量为 $0.66\mu g$；
1pmol pBR322 的质量为 $2.8\mu g$；
1kb 双链 DNA（钠盐）的相对分子质量为 6.6×10^5；
1kb 单链 DNA（钠盐）的相对分子质量为 3.3×10^5；
1kb 双链 RNA（钠盐）的相对分子质量为 3.4×10^5；
脱氧核糖核苷的平均相对分子质量 = 324.5。

(三) 蛋白质物质的量换算

100pmol M_r = 100 000 的蛋白质的质量为 $10\mu g$；
100pmol M_r = 50 000 的蛋白质的质量为 $5\mu g$；
100pmol M_r = 10 000 的蛋白质的质量为 $1\mu g$；
氨基酸的平均相对分子质量 = 126.7。

(四) 蛋白质/DNA 换算

1kb DNA 相当于 333 个氨基酸编码容量，相当于 M_r 为 3.7×10^4 的蛋白质；
M_r = 10 000 的蛋白质相当于 270bp DNA；
M_r = 30 000 的蛋白质相当于 810bp DNA；
M_r = 50 000 的蛋白质相当于 1.35kb DNA；
M_r = 100 000 的蛋白质相当于 2.7 kb DNA。

十二、常用蛋白质相对分子质量标准参照物

表 A-20 常用蛋白质相对分子质量标准参照物

蛋白质（高相对分子质量标准参照）	M_r	蛋白质（中相对分子质量标准参照）	M_r	蛋白质（低相对分子质量标准参照）	M_r
肌球蛋白	212 000	磷酸化酶 B	97 400	溶菌酶	14 400
β-半乳糖苷酶	116 000	牛血清清蛋白	66 200	肌球蛋白(F1)	8100

续表 A-21

蛋白质(高相对分子质量标准参照)	M_r	蛋白质(中相对分子质量标准参照)	M_r	蛋白质(低相对分子质量标准参照)	M_r
磷酸化酶 B	97 000	谷氨酸脱氢酶	55 000	肌球蛋白(F2)	6200
牛血清清蛋白	66 200	卵清蛋白	42 700	肌球蛋白(F3)	2500
过氧化氢酶	57 000	醛缩酶	40 000		
醛缩酶	40 000	碳酸酐酶	31 000		
大豆胰蛋白酶抑制剂	21 500	马心肌球蛋白	16 900		

十三、十进位数量词头及符号

表 A-21 十进位数量词头及符号

词头	符号	系数	词头	符号	系数
atto——阿	a	$\times 10^{-18}$	deci——分	d	$\times 10^{-1}$
femto——飞	f	$\times 10^{-15}$	deca——十	da	$\times 10$
pico——皮	p	$\times 10^{-12}$	hecto——百	h	$\times 10^2$
nano——纳	n	$\times 10^{-9}$	kilo——千	k	$\times 10^3$
micro——微	μ	$\times 10^{-6}$	mega——兆	M	$\times 10^6$
mili——毫	m	$\times 10^{-3}$	giga——吉	G	$\times 10^9$
centi——厘	c	$\times 10^{-2}$	tera——太	T	$\times 10^{12}$

十四、常用培养基的配制

1. LB 液体培养基(luria-bertani,LB)

配制每升培养基,应在 950mL 去离子水中加入:

胰蛋白胨(tryptone)	10g
酵母提取物(yeast extract)	5g
氯化钠	10g

摇动容器直至溶质完全溶解,用 5mol/L 氢氧化钠(约 0.2mL)调节 pH 值至 7.0,加入去离子水至总体积为 1L,在 1.034×10^5 Pa 高压下蒸气灭菌 25min。

2. LB 固体培养基

配制每升培养基,应在 950mL 去离子水中加入:

胰蛋白胨(tryptone)　　　　　　　　10g

酵母提取物(yeast extract)	5g
琼脂粉	15g
氯化钠	10g

加入去离子水至总体积为1L,在 $1.034×10^5$ Pa 高压下蒸气灭菌25min,灭菌完成后,取出培养基,待其温度约为60℃时,摇匀后到培养基平板。

3. SOB 培养基

配制每升培养基,应在950mL 去离子水中加入:

胰化蛋白胨(tryptone)	20g
酵母提取物(yeast extract)	5g
氯化钠	0.5g

摇动容器使溶质完全溶解,然后加入10mL 250mmol/L 氯化钾溶液(在100mL 去离子水中溶解1.86g 氯化钾配制成250mmol/L 氯化钾溶液),用5mol/L 氢氧化钠(约0.2mL)调节pH 值至7.0,然后加入去离子水至总体积为1L,在 $1.034×10^5$ Pa 高压下蒸气灭菌25min。该溶液在使用前加入5mL 经灭菌的2mol/L 氯化镁溶液。

4. SOC 培养基

配制每升培养基,应在950mL 去离子水中加入:

胰化蛋白胨(tryptone)	20g
酵母提取物(yeast extract)	5g
氯化钠	0.5g

摇动容器使溶质完全溶解后,加入10mL 250mmol/L 氯化钾溶液,用5mol/L 氢氧化钠(约0.2mL)调节pH 值至7.0,然后加入去离子水至总体积为1L,在 $1.034×10^5$ Pa 高压下蒸气灭菌25min。灭菌后,待培养基降温至60℃或60℃以下,然后加入经除菌的1mol/L 葡萄糖溶液(1mol/L 葡萄糖溶液的配制方法如下:在90mL 的去离子水中溶解18g 葡萄糖,待糖完全溶解后,加入去离子水至总体积为100mL,然后用 $0.22\mu m$ 滤膜过滤除菌)。